新世紀科技叢書

工程力學

王聰榮　劉瑞興　編著

Engineering Mechanics

Engineering Mechanics

gineering Mechanics

國家圖書館出版品預行編目資料

工程力學／王聰榮,劉瑞興編著.－－初版一刷.－
－臺北市：三民，2011
面；　公分.－－(新世紀科技叢書)

ISBN 978-957-14-5221-0　(平裝)

1. 工程力學

440.13　　98013064

© 工程力學

編著者	王聰榮　劉瑞興
發行人	劉振強
著作財產權人	三民書局股份有限公司
發行所	三民書局股份有限公司 地址　臺北市復興北路386號 電話　(02)25006600 郵撥帳號　0009998-5
門市部	(復北店) 臺北市復興北路386號 (重南店) 臺北市重慶南路一段61號
出版日期	初版一刷　2011年10月
編號	S 444850

行政院新聞局登記證局版臺業字第〇二〇〇號

ISBN　978-957-14-5221-0　(平裝)

http://www.sanmin.com.tw　三民網路書店

序　言

工程力學主要探討「靜力學」以及「材料力學」二大部分，力學為工程學科的基礎，對於相關工程學科的學子而言，是非常重要的基礎課程，因此本書在編排上以條理分明、重點清晰為原則，著重於高中職與大學力學課程之銜接，強調簡明的觀念、清晰的重點與精要的解題技巧，不同於一般坊間的書籍，以便讓讀者易學、易懂、易記、輕鬆掌握學習重點。

本書內容主要分為兩大部分共十四章，分別為一～八章「靜力學」以及九～十四章「材料力學」，在靜力學部分主要強化力學基本工具、力學基本概念、力系的合成、剛體靜力平衡、重心、結構分析、摩擦學、慣性矩等觀念作詳細的介紹；而材料力學方面則就材料在彈性範圍內的應力與應變、軸向負載構件、扭轉、剪力與彎矩、樑之應力、平面應力、樑之撓曲、靜不定樑等觀念作詳細的介紹，相當適用於初學者自習、就業考試、升學考試及基礎工程力學授課之用。

本書之完成要特別感謝何永隆老師提供相當多的資料與建議，同時要感謝國立台灣科技大學博士班陳文立同學、碩士班丁鈺峯同學及國立台北科技大學碩士班曾俊偉同學之協助，更要感謝三民書局大力協助，讓本書得以出版。

本書雖經嚴謹校正，然疏漏及錯誤之處難免產生，尚祈教師先進、業界前輩及同學不吝賜教，謝謝您的支持與鼓勵，敝人將竭盡所能以使同學能順利學習工程力學。

王聰榮、劉瑞興　謹識

工程力學

ENGINEERING MECHANICS

目次

第 3 章 力系的合成

第 4 章 剛體靜力平衡

第 5 章 重 心

第 6 章 結構分析

第 7 章 摩擦學

第 8 章 慣性矩

第9章 張力與壓力

第10章 剪　力

第11章 樑之剪力圖與彎曲力矩圖

第 12 章　樑之應力

第 13 章　軸的強度與應力

第 14 章　合應力

第 1 章 力學基本工具

1-1 常用三角函數

一、直角三角形的邊角關係

㈠直角三角形中，利用三角函數的幫忙，可使我們在解析力學時，得以快速的求解。

㈡三角函數基本公式介紹：

$\sin\theta = \frac{a}{c}$　　$\csc\theta = \frac{c}{a}$

$\cos\theta = \frac{b}{c}$　　$\sec\theta = \frac{c}{b}$

$\tan\theta = \frac{a}{b}$　　$\cot\theta = \frac{b}{a}$

圖 1-1-1　三角函數

二、特別角三角函數

θ	0°	30°	45°	60°	90°
$\sin\theta$	$\frac{\sqrt{0}}{2}$	$\frac{\sqrt{1}}{2}$	$\frac{\sqrt{2}}{2}$	$\frac{\sqrt{3}}{2}$	$\frac{\sqrt{4}}{2}$
$\cos\theta$	$\frac{\sqrt{4}}{2}$	$\frac{\sqrt{3}}{2}$	$\frac{\sqrt{2}}{2}$	$\frac{\sqrt{1}}{2}$	$\frac{\sqrt{0}}{2}$
$\tan\theta$	0	$\frac{1}{\sqrt{3}}$	1	$\sqrt{3}$	∞ or 不存在

特別說明

$\frac{\sqrt{0}}{2}=0$；$\frac{\sqrt{1}}{2}=\frac{1}{2}=0.5$；$\frac{\sqrt{2}}{2}=0.707$；$\frac{\sqrt{3}}{2}=0.866$

$\frac{\sqrt{4}}{2}=1$；$\frac{1}{\sqrt{3}}=0.577$；$\sqrt{3}=1.732$

三、畢氏定理常用特殊邊長

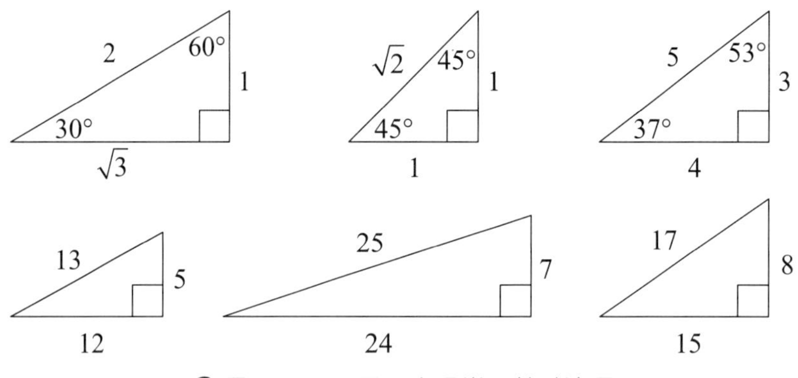

圖 1–1–2　畢氏定理常用特殊邊長

四、三角函數之應用

(一)由基本公式可知 $\sin\theta = \frac{a}{c}$，邊長 a 可用斜邊與角度表示，數學式表為 $a = c\sin\theta$。

(二) $\cos\theta = \frac{b}{c}$　$\therefore b = c\cos\theta$。

(三) $\tan\theta = \frac{a}{b}$　$\therefore a = b\tan\theta$。

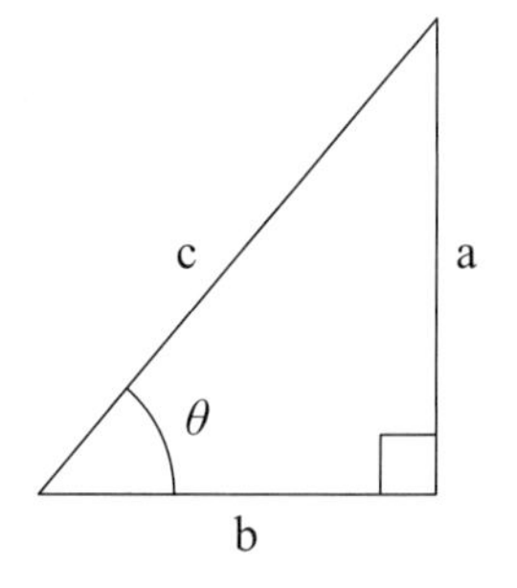

圖 1–1–3　直角三角形的邊角關係

五、正弦定理

(一)設 α、β、γ 分別為 a、b、c 之對邊長。

(二) $\frac{a}{\sin\alpha} = \frac{b}{\sin\beta} = \frac{c}{\sin\gamma}$

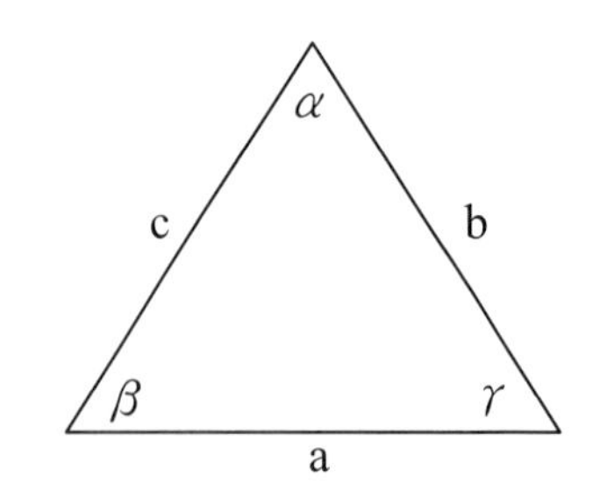

圖 1–1–4　三角形的邊角關係

六、餘弦定理

(一)設 α、β、γ 分別為 a、b、c 之對邊長。

㈡餘弦定理：

1. $a^2 = b^2 + c^2 - 2bc\cos\alpha$

2. $b^2 = a^2 + c^2 - 2ac\cos\beta$

3. $c^2 = a^2 + b^2 - 2ab\cos\gamma$

1-2 向量介紹

一、純量與向量

㈠純量：只有「大小」而無關方向之物理量。如：長度、溫度、時間、面積、質量、能量、速率、功、……。

㈡向量：具有「大小」及「方向」之物理量。如：位移、速度、加速度、動量、力、力矩……。

二、向量的分類

㈠自由向量 (free vector)：只具有大小及方向的向量，如：力偶矩、角速度、……，可視為自由向量。

㈡滑動向量 (sliding vector)：具有大小、方向以及固定的作用線。

㈢固定向量 (fixed vector)：具有大小、方向以及固定的作用點，又稱「拘束向量」。

特別說明

1. 分析外效應時，可視「外力」為滑動向量。

2. 分析內效應時，就必須將外力視為固定向量。

三、力的單位

力學的四種基本量是長度、質量、時間和力。以全世界通用的 SI 制為例：

表 1-2-1　力學的四種基本量

量	因次符號	單位	符號
質量	m	公斤	kg
長度	L	米	m
時間	t	秒	s
力	F	牛頓	N

四、單位向量

㈠單位向量 (unit vector)：單位向量為其大小為 1 的向量。

㈡單位向量功用是用來表示空間中的某一指向。

㈢ $\vec{i}$，$\vec{j}$，$\vec{k}$ 各為 x、y、z 三個方向的單位向量。

㈣找單位向量 $\vec{e}_V$ 時，只要把該向量除上自己的大小就可以得到。

$$\vec{e}_V = \frac{\vec{V}}{|\vec{V}|} = \frac{V_x\vec{i} + V_y\vec{j} + V_z\vec{k}}{|\vec{V}|}$$

$|\vec{V}|$ 為向量 $\vec{V}$ 的大小，所以 $|\vec{V}| = \sqrt{V_x^2 + V_y^2 + V_z^2}$

五、向量的表示法

㈠以圖形表達：

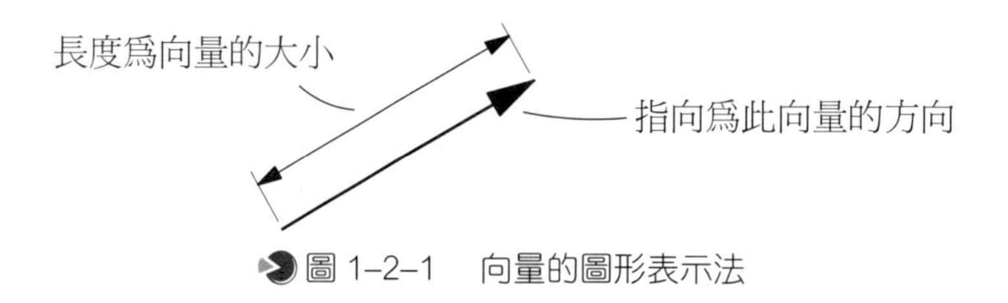

圖 1–2–1 向量的圖形表示法

㈡以數學式表達：

$$\vec{V} = |V| \cdot \vec{e}_V$$

㈢使用卡式直角坐標表達：

先在空間中建立一組直角坐標系 x–y–z，此時向量可寫成：

$$\vec{V} = V_x\vec{i} + V_y\vec{j} + V_z\vec{k}$$

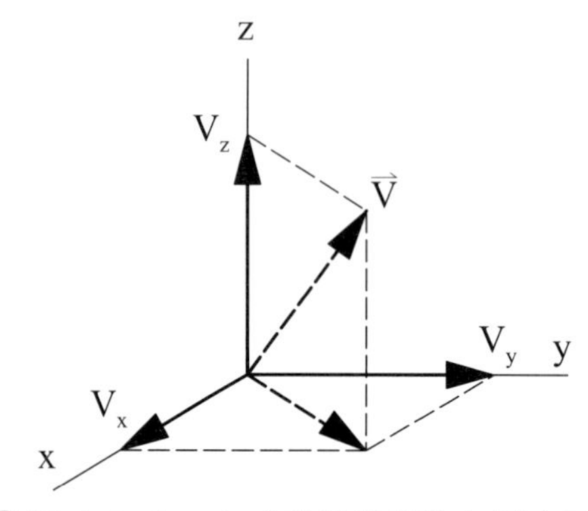

圖 1–2–2 卡式直角坐標的向量表示法

特別說明

1. 描述向量的坐標系有很多種，卡式直角坐標只是其中一種，也是靜力學中最常使用的。

2. 解析空間力系使用卡式直角坐標最為方便。

1-3 向量運算

一、向量的合成

(一)兩向量 V_1 與 V_2 如圖 1-3-1 所示。

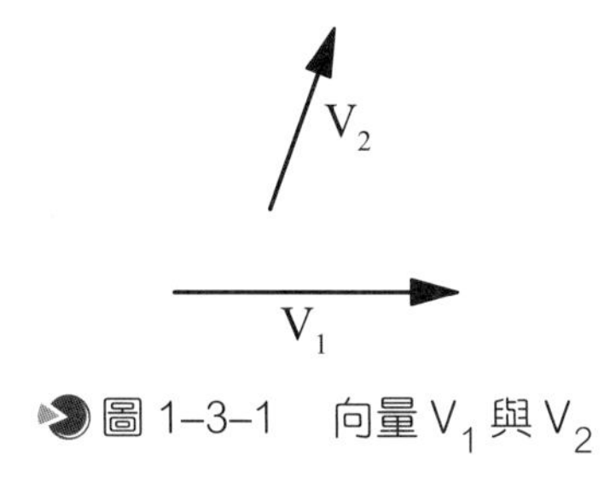

圖 1-3-1　向量 V_1 與 V_2

(二)其向量的加法有下列兩種：

1. 三角形法。

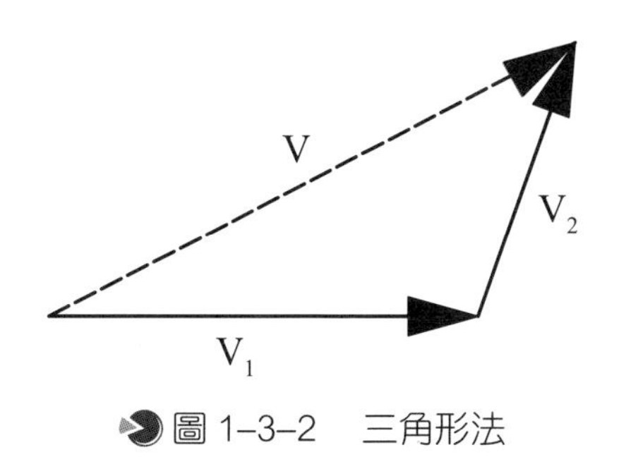

圖 1-3-2　三角形法

2. 平行四邊形法。

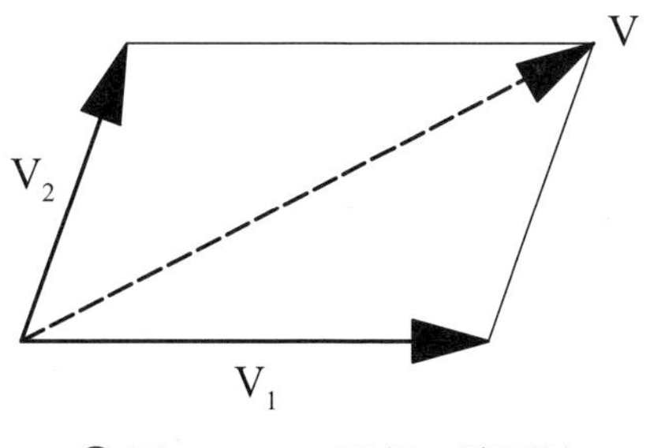

圖 1-3-3　平行四邊形法

二、向量的分解（坐標表示法）

㈠空間中有一向量 $\vec{V}$，若任意給定一組坐標來描述之，則可將向量 $\vec{V}$ 任意的分解至所給定坐標的方向。

㈡圖 1–3–4 中選定 1–2 這組坐標系，可將 V 分解為 V_1 與 V_2 的組合。

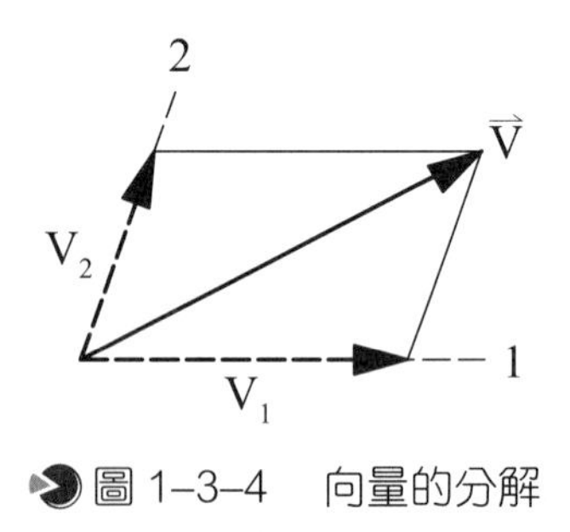

圖 1–3–4　向量的分解

㈢圖 1–3–5 中選定 x–y 這組坐標系，可將 V 分解為 V_x 與 V_y 的組合。

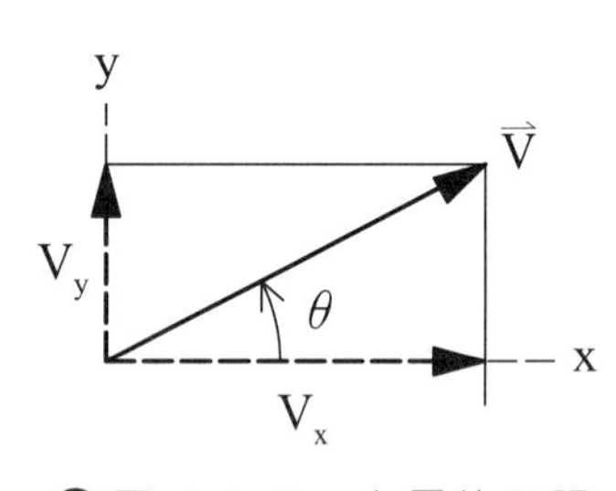

圖 1–3–5　向量的分解

特別說明

1. 向量的本質（大小與方向）與坐標系無關，但向量的分量與其選定的坐標系有關，如上圖所示，同一個向量 $\vec{V}$ 因為選了不同的坐標系，導致有不同的分量。
2. 若選定直角坐標系來描述向量，則坐標的分量 = 投影量。

   x 方向的分量 $V_x = |V|\cos\theta$

   y 方向的分量 $V_y = |V|\sin\theta$

   其中 $|V|$ 為大小，而 $\cos\theta$ 和 $\sin\theta$ 為方向。

三、向量的內積

㈠定義：$\vec{a}\cdot\vec{b}=|\vec{a}||\vec{b}|\cos\theta$

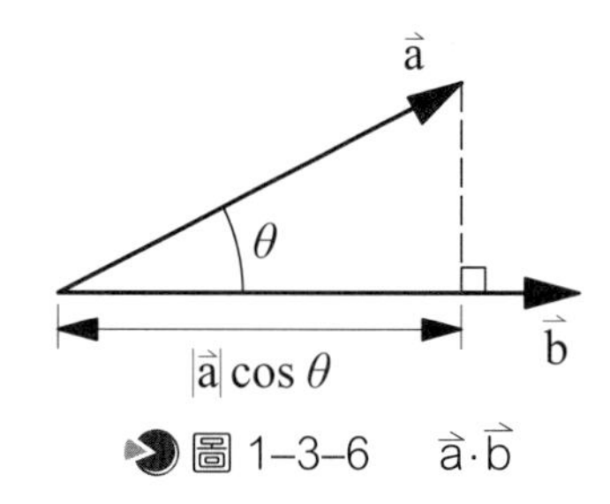

圖 1–3–6　$\vec{a}\cdot\vec{b}$

$$\vec{a}\cdot\vec{b}=(a_1\vec{i}+a_2\vec{j}+a_3\vec{k})\cdot(b_1\vec{i}+b_2\vec{j}+b_3\vec{k})$$
$$=a_1b_1+a_2b_2+a_3b_3$$
$$=|\vec{a}||\vec{b}|\cos\theta$$

㈡兩向量若夾角為 90 度時，$\because \cos 90°=0$　$\therefore\ \vec{a}\cdot\vec{b}=0$

㈢兩向量若夾角為 0 度時，$\because \cos 0°=1$　$\therefore\ \vec{a}\cdot\vec{b}=|\vec{a}||\vec{b}|$

㈣ $\vec{i}\cdot\vec{j}=\vec{j}\cdot\vec{k}=\vec{k}\cdot\vec{i}=0$、$\vec{i}\cdot\vec{i}=\vec{j}\cdot\vec{j}=\vec{k}\cdot\vec{k}=1$

上述結果必須充分理解，而不需強記。

㈤以卡式直角坐標描述向量 $\vec{a}$、$\vec{b}$：

1. $\vec{a}=a_1\vec{i}+a_2\vec{j}+a_3\vec{k}$
2. $\vec{b}=b_1\vec{i}+b_2\vec{j}+b_3\vec{k}$
3. $\vec{a}\cdot\vec{b}=a_1b_1+a_2b_2+a_3b_3$

特別說明

以卡式直角坐標描述向量時，內積為兩向量的分量相乘之和。

四、向量的外積

㈠以卡式直角坐標描述向量 $\vec{a}$、$\vec{b}$

㈡ $\vec{a}=a_1\vec{i}+a_2\vec{j}+a_3\vec{k}$、$\vec{b}=b_1\vec{i}+b_2\vec{j}+b_3\vec{k}$

㈢ $\vec{a}$ 與 $\vec{b}$ 的外積表示為 $\vec{a}\times\vec{b}$

㈣ $\vec{a}\times\vec{b}$ 定義為：

$$\vec{a}\times\vec{b}=\vec{n}|\vec{a}||\vec{b}|\sin\theta=|\vec{a}\times\vec{b}|\vec{n}$$
$$=(a_2b_3-a_3b_2, a_3b_1-a_1b_3, a_1b_2-a_2b_1)$$
$$=\begin{vmatrix} a_2 & a_3 \\ b_2 & b_3 \end{vmatrix}\vec{i}-\begin{vmatrix} a_1 & a_3 \\ b_1 & b_3 \end{vmatrix}\vec{j}+\begin{vmatrix} a_1 & a_2 \\ b_1 & b_2 \end{vmatrix}\vec{k}$$
$$=\begin{vmatrix} \vec{i} & \vec{j} & \vec{k} \\ a_1 & a_2 & a_3 \\ b_1 & b_2 & b_3 \end{vmatrix}$$

特別說明

1. $\vec{a}\times\vec{b}$ 為一向量，大小為 $|\vec{a}||\vec{b}|\sin\theta$，如圖 1–3–6 所示。
2. $\vec{a}\times\vec{b}$ 之方向為 $\vec{a}$ 與 $\vec{b}$ 形成之平面的法線方向 $\vec{n}$。

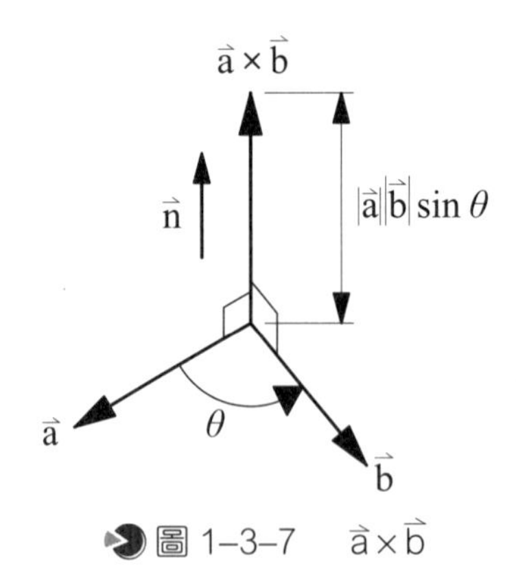

圖 1–3–7　$\vec{a}\times\vec{b}$

五、投影量與投影向量

$\vec{a}$ 向量在 $\vec{b}$ 向量上之投影量為：

$$|\vec{a}|\cos\theta=\frac{\vec{a}\cdot\vec{b}}{|\vec{b}|}=\vec{a}\cdot\vec{e}_b$$

(一) $\vec{a}\cdot\vec{b}=|\vec{a}||\vec{b}|\cos\theta$ 可移項為 $|\vec{a}|\cos\theta=\dfrac{\vec{a}\cdot\vec{b}}{|\vec{b}|}=\vec{a}\cdot\vec{e}_b$

(二) $\vec{a}$ 向量在 $\vec{b}$ 向量上之投影向量為：

$$|\vec{a}|\cos\theta\vec{e}_b=(\vec{a}\cdot\vec{e}_b)\cdot\vec{e}_b$$

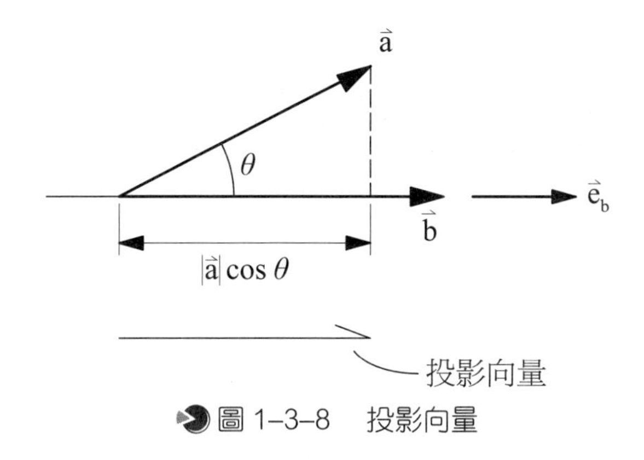

圖 1–3–8 投影向量

㈢由圖 1–3–7 所示可知投影向量的大小為投影量而方向為 $\vec{b}$ 的方向。

本章重點精要

1. 直角三角形基本公式介紹

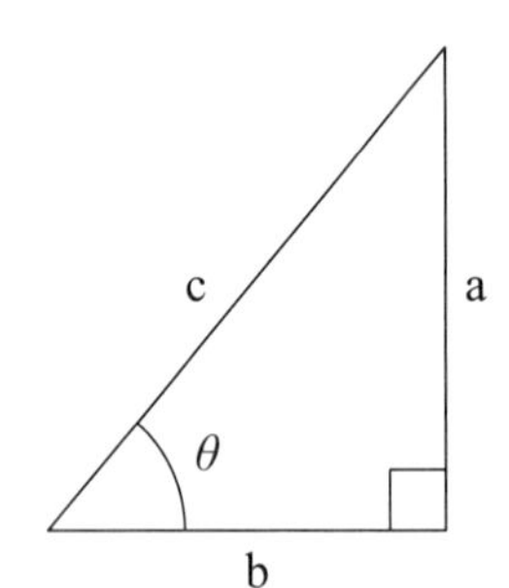

$\sin\theta = \dfrac{a}{c}$　　$\csc\theta = \dfrac{c}{a}$

$\cos\theta = \dfrac{b}{c}$　　$\sec\theta = \dfrac{c}{b}$

$\tan\theta = \dfrac{a}{b}$　　$\cot\theta = \dfrac{b}{a}$

2. 特別角三角函數

θ	0°	30°	45°	60°	90°
$\sin\theta$	$\frac{\sqrt{0}}{2}$	$\frac{\sqrt{1}}{2}$	$\frac{\sqrt{2}}{2}$	$\frac{\sqrt{3}}{2}$	$\frac{\sqrt{4}}{2}$
$\cos\theta$	$\frac{\sqrt{4}}{2}$	$\frac{\sqrt{3}}{2}$	$\frac{\sqrt{2}}{2}$	$\frac{\sqrt{1}}{2}$	$\frac{\sqrt{0}}{2}$
$\tan\theta$	0	$\frac{1}{\sqrt{3}}$	1	$\sqrt{3}$	∞ or 不存在

註：$\dfrac{\sqrt{0}}{2} = 0;\ \dfrac{\sqrt{1}}{2} = \dfrac{1}{2} = 0.5;\ \dfrac{\sqrt{2}}{2} = 0.707;\ \dfrac{\sqrt{3}}{2} = 0.866$

$\dfrac{\sqrt{4}}{2} = 1;\ \dfrac{1}{\sqrt{3}} = 0.577;\ \sqrt{3} = 1.732$

3. 畢氏定理常用特殊邊長

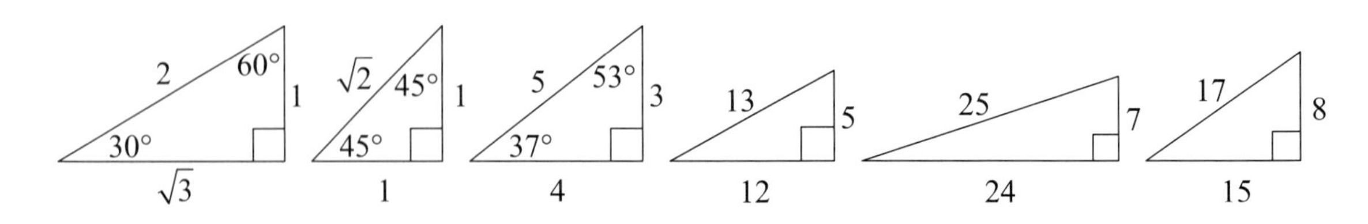

4. 正弦定理：$\dfrac{a}{\sin\alpha} = \dfrac{b}{\sin\beta} = \dfrac{c}{\sin\gamma}$

5. 餘弦定理：$a^2 = b^2 + c^2 - 2bc\cos\alpha$、$b^2 = a^2 + c^2 - 2ac\cos\beta$、$c^2 = a^2 + b^2 - 2ab\cos\gamma$

6. 向量的分類：自由向量 (free vector)、滑動向量 (sliding vector)、固定向量 (fixed vector)。

7. 分析外效應時，可視「外力」為滑動向量。

8. 分析內效應時，就必須將外力視為固定向量。

9. $\vec{e}_v = \dfrac{\vec{V}}{|\vec{V}|} = \dfrac{V_x\vec{i} + V_y\vec{j} + V_z\vec{k}}{|\vec{V}|}$

10. $|\vec{V}|$ 為向量 $\vec{V}$ 的大小，所以 $|\vec{V}| = \sqrt{V_x^2 + V_y^2 + V_z^2}$

11. 向量的表示法：以圖形表達、以數學式表達、以卡式直角坐標表達。

12. 向量合成法：三角形法、平行四邊形法。

13. x 方向的分量 $V_x = |V|\cos\theta$、y 方向的分量 $V_y = |V|\sin\theta$

14. 向量的內積 $\vec{a}\cdot\vec{b} = |\vec{a}||\vec{b}|\cos\theta$

15. $\vec{i}\cdot\vec{j} = \vec{j}\cdot\vec{k} = \vec{k}\cdot\vec{i} = 0$、$\vec{i}\cdot\vec{i} = \vec{j}\cdot\vec{j} = \vec{k}\cdot\vec{k} = 1$

16. 以卡式直角坐標描述向量 $\vec{a}\cdot\vec{b} = a_1b_1 + a_2b_2 + a_3b_3$

17. 向量的外積 $\vec{a}\times\vec{b} = \begin{vmatrix} \vec{i} & \vec{j} & \vec{k} \\ a_1 & a_2 & a_3 \\ b_1 & b_2 & b_3 \end{vmatrix} = |\vec{a}\times\vec{b}|\vec{n}$

18. $\vec{a}$ 向量在 $\vec{b}$ 向量上之投影向量為 $|\vec{a}|\cos\theta\vec{e}_b = (\vec{a}\cdot\vec{e}_b)\cdot\vec{e}_b$

學習評量練習

1. 試述正弦定理。
2. 試述餘弦定理。
3. 試述向量的分類。
4. 試述單位向量。
5. 試述向量的內積。
6. 試述向量的外積。

第 2 章　力學基本概念

2-1 力學簡介

一、力學概述

㈠力學 (mechanics) 係研究物體受力作用後，保持靜止或運動之科學。

㈡力學主要研究力的作用及作用所產生之效應（運動或變形）之科學。

㈢力學為凡研習機械、土木、水利、航空等工程者，力學均為其必修的基礎科學。

㈣力學分為三大領域：

1. 應用力學 (applied mechanics)。
2. 材料力學 (mechanics of materials)。
3. 流體力學 (fluid mechanics)。

二、工程力學的研究範圍

㈠應用力學：包括靜力學 (statics)、動力學 (dynamics) 兩部分：

1. 靜力學：研究物體之平衡條件。物體平衡時，為靜止或等速度直線運動。即為討論受平衡力系的作用下，處於平衡狀態之物體。
2. 動力學：討論物體受力後，產生運動之情形。即受不平衡力系作用之物體運動效應，又細分為兩部分：
   (1)運動學：研究物體運動時，時間與空間之關係，不討論影響運動之因素；也就是與外力及重量無關。如速度、加速度、位移等。
   (2)動力學：研究物體之運動和影響運動的因素間的關係；即力、時間和空間三者間之關係。

㈡材料力學：為物體受力變形之效應，則屬材料力學之範圍，因此亦被稱為變形體力學 (deformable body mechanics)。

㈢流體力學：討論流體所表現之力學效應。

三 特別說明

1. 工程上許多的設計是以物體在保持靜止或平衡的狀態為基準。
2. 靜力學是考慮物體在保持靜止或平衡的狀態受力之科學。
3. 靜力學可視為動力學中加速度為零的一項特例。
4. 應用力學僅研究物體受力後的運動效應，而不探討物體之變形狀況。
5. 應用力學所討論之物體皆被假想為剛體 (rigid body)，即為物體受力時，物體間之兩定點距離保持不變。
6. 應用力學被稱為剛體力學 (rigid body mechanics)。

2-2 基本觀念

一、力學四個基本量

(一)力 (F)：通常力可視為一物體作用於另一物體上之推或拉的力量。若要完整地描述一個力量，必須要包含三個要素：大小、方向和施力點。

(二)長度 (L)：長度是用來描述一點在空間中的位置，以及描述物體的大小。

(三)質量 (M)：質量是物體的一種特性，可以用來表示不同物體受力後的不同反應。

(四)時間 (t)：時間是用來表示事件發生的先後次序與長短。

二、純量與向量

(一)純量 (scalars quantities)：有大小而無方向之量。僅須標明其數值及單位，就可完全表示此量。如距離、路徑、面積、速率、慣性矩、質量、時間、密度、功、功率等。

(二)向量 (vectors quantities)：具有大小及方向之力量，如力、力矩、彎矩、位移、速度、力偶、加速度、衝量、動量、重量等。

2-3 力的特性

一、力的特性

(一)力的定義是一個物體對另一物體之作用。

(二)力不單獨存在，必須是成對的，即作用力和反作用力同時發生。

㈢兩力若要對物體產生相同之效應，此兩力必須具有相同的大小、方向與作用點。

二、力之效應

㈠力的外效應：物體受力作用而改變其運動狀態，或產生之阻力或反作用力，為應用力學所研究之問題。

㈡力的內效應：物體受力而產生變形，使物體內部為抵抗力之作用而產生內應力，為材料力學所研究之問題。

三、力的三要素

㈠大小。

㈡方向。

㈢作用點，如圖 2–3–1 所示。

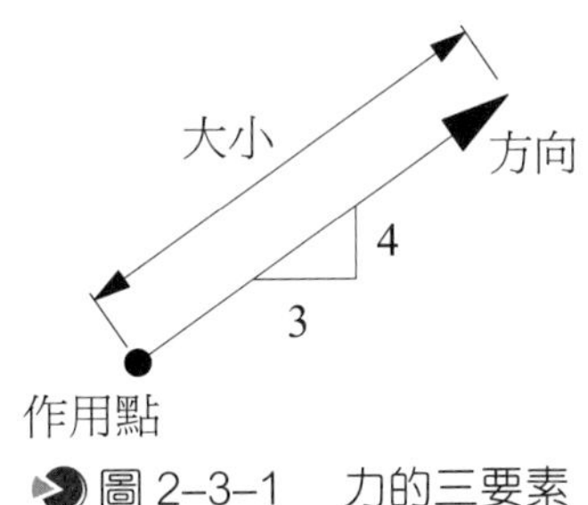

圖 2–3–1　力的三要素

四、依力之分布情況分類

㈠集中力：是指作用力集中於一點者，如圖 2–3–2 所示。

㈡分布力：是指作用力分布於一段長度或某一面積者，又分均佈負荷及均變負荷。如圖 2–3–3 及圖 2–3–4 所示。

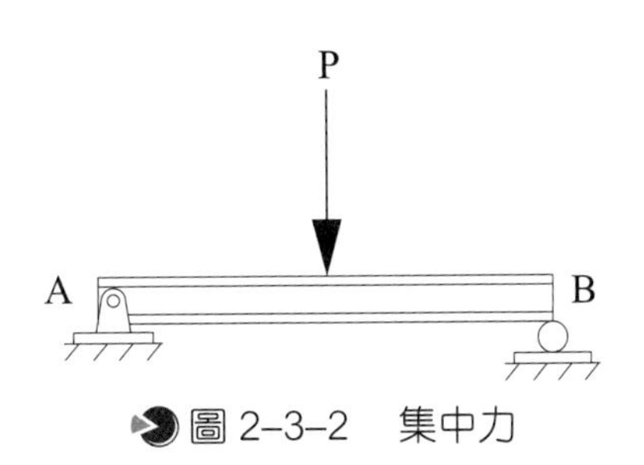

圖 2–3–2　集中力

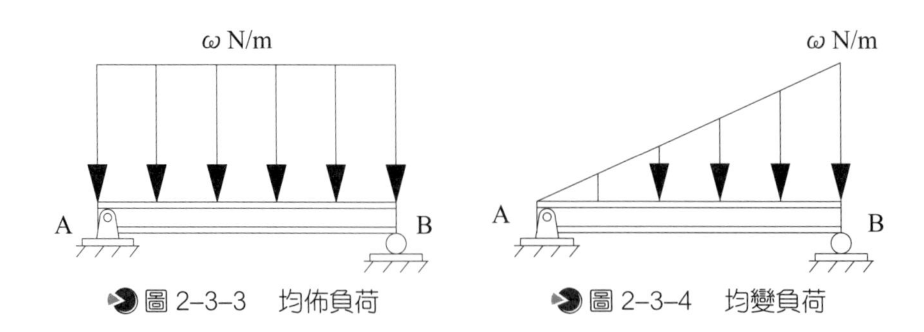

圖 2-3-3　均佈負荷　　圖 2-3-4　均變負荷

五、力的單位

㈠絕對單位（SI 單位）：

1. 1 牛頓：1 kg 物體產生 1 m/sec^2 之加速度所需之力（MKS 制）。

2. 1 達因：1 g 物體產生 1 cm/sec^2 之加速度所需之力（CGS 制）。

3. 1 磅達：1 磅的物體產生 1 呎/秒^2 之加速度所需之力（FPS 制）。

㈡重力單位：

1. 1 千克：質量 1 千克（公斤）在 45° 海平面所受之引力大小稱為 1 公斤重（MKS 制）。

2. 1 克：質量 1 克在 45° 海平面所受之引力大小稱為 1 克重（CGS 制）。

3. 1 磅：質量 1 磅在 45° 海平面所受之引力大小稱為 1 磅重（FPS 制）。

特別說明

1. SI 力單位為牛頓、達因、磅達。
2. 1 克重 = 980 達因
3. 1 牛頓 = 105 達因
4. 1 千克重 = 9.8 牛頓
5. 1 牛頓 = 1 千克－米/秒^2

六、內力與外力

㈠外力：從物體的外面加於其上之力稱為外力 (external force)。外力反應出物體之外效應，使物體產生運動或靜止不動。

㈡內力：物體受外力作用後，內部相應所生的抵抗力稱為內力 (internal force)。內力通常是成對出現，且大小相等方向相反，隨外力之作用而產生，當外力移去時，內力亦隨之消失。

七、接觸力與超距力

㈠接觸力 (contact force)：相互接觸之兩物體間產生之作用力，如推力、壓力、摩擦力、正向力等。

㈡超距力 (body force)：不相互接觸之兩物體間產生之作用力，如重力、靜電力、磁力等。

八、力的可傳性原理 (principle of transmissibility)

㈠一力之作用點，可沿其作用線，任意改變其位置，而不影響力之外效應（物體的運動效果不變)，稱之為力的可傳性。

㈡研究力對一物體產生的運動效果時可將力量視之為滑動向量，但是力的可傳性只適用於剛體，若為非剛體則會改變材料之內力。

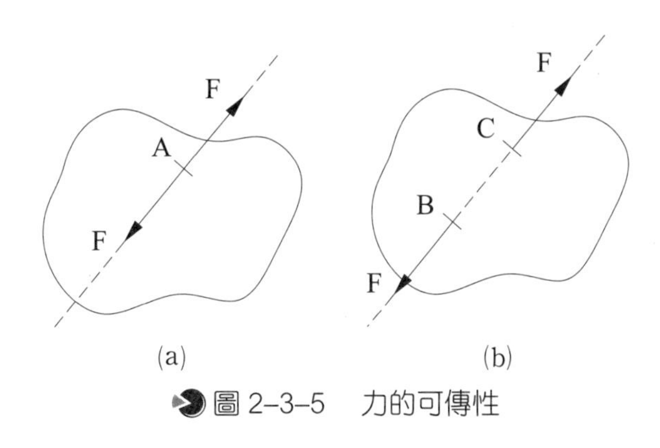

圖 2–3–5　力的可傳性

九、力的向量表示法

㈠力的大小為 F，且通過 A 與 B 兩點。

㈡若將 F 以向量示之，需經下列步驟：

1. 尋找力量通過的兩坐標點 $A(a_1, a_2, a_3)$, $B(b_1, b_2, b_3)$

2. 找到 AB 方向的單位向量 $\vec{e}_{AB} = \dfrac{\overrightarrow{AB}}{|\overrightarrow{AB}|}$

3. 力 $\vec{F} = F\vec{e}_{AB}$

十、質點、剛體、變形體

㈠質點 (particle) ：為一個只有質量而無實體的物體，當一個物體被理想化而視為一個質點時，因其幾何形狀不列入考慮，力學原理的應用將變得相當簡單。質點即形狀、大小可忽略，僅具有位置、質量的點。

㈡剛體 (rigid body)：可視為由一大群質點組合而成的物體，質點彼此間的距離不因受外力作用而改變。剛體，為一理想之物體，宇宙間沒有真正之剛體。

㈢變形體 (deformable body)：受力後會變形之物體。又可分為：

1. 彈性體 (elastic)：當外力除去後，可恢復原來形狀者。
2. 非彈性體 (inelastic)：當外力除去後，無法恢復原來形狀者。

特別說明

1. 應用力學主要為探討力所產生之外效應，並將受力之物體假想為一剛體。
2. 剛體受力時，其內部任意兩點間之距離保持不變。作用在剛體上之力，可視為滑動向量。
3. 剛體為一理想物體，而實際之結構、機件並非絕對剛體，受力後會產生些微之變形（材料力學則必須考慮變形）。
4. 對於結構之平衡或機器之運動情形並不會產生很大之影響。
5. 假想機件、結構為剛體可以簡化問題之分析，以省去繁雜運算。
6. 在分析力所產生之內效應時，物體不得視為剛體，此時物體為一可變形之物體。
7. 力的可傳性原理對剛體恆成立。
8. 靜力學與動力學中所考慮之物體為質點或剛體。
9. 材料力學中所考慮之物體為變形體。

2-4 牛頓定律

一、牛頓的三個運動定律 (Newton's three laws of motion)

㈠第一定律

作用於一質點上的合力為零時，則此質點若最初為靜止將保持靜止不動，或最初在運動將沿一直線作等速度運動。(靜者恆靜，動者恆動)

㈡第二定律

作用於一質點上的合力不為零時，則此質點將在合力的作用方向上產生加速度，且此加速度的大小和合力的大小成正比，與質量的大小成反比。合力為 F，質量為

m，此定律可以表示為 $F = ma$。

㈢第三定律

兩質點的作用力與反作用力，其大小相等、方向相反、且作用在同一線上。

二、牛頓的萬有引力定律 (Newton's law of gravitational attraction)

㈠牛頓提出三個運動定律後，又發表了兩個質點間會互相吸引的定律。

㈡用數學式表示成：

$$F = \frac{Gm_1m_2}{r^2}$$

式中 F: 兩質點間的吸引力

G: 萬有引力常數，根據實驗結果，$G = 66.73 \times 10^{-12}\ m^3/(kg \cdot s^2)$

m_1，m_2: 兩質點的質量

r: 兩質點間的距離

2-5 基本單位運算

一、基本單位

量	因次符號	美國慣用單位		SI 單位	
		單位	符號	單位	符號
質量	M	斯勒格	Slug	公斤	kg
長度	L	呎	ft	米	M
時間	T	秒	s	秒	S
力	F	磅	lb	牛頓	N

二、SI 制度字首符號

㈠ SI 制度為國際通用單位制度，常以符號表示字首。

㈡常用字首

倍數或約數	指數形式	字首	SI 符號
1 000 000 000	10^9	giga	G
1 000 000	10^6	mega	M
1 000	10^3	kilo	K

0.001	10^{-3}	milli	M
0.000 001	10^{-6}	micro	μ
0.000 000 001	10^{-9}	nano	N

2-6 力的合成的基本觀念

一、力的合成

將作用於物體的力系，合併成一單力而不改變物體之外效應的方法。此一單力即為合力，合力不一定比原來的力量大。

二、二力的合成圖解法

㈠平行四邊形法：F_1、F_2 兩向量之合向量，以 F_1、F_2 為邊做一平行四邊形，連接對角線，則 R 為 F_1 和 F_2 之合向量，如圖 2–5–1 所示。

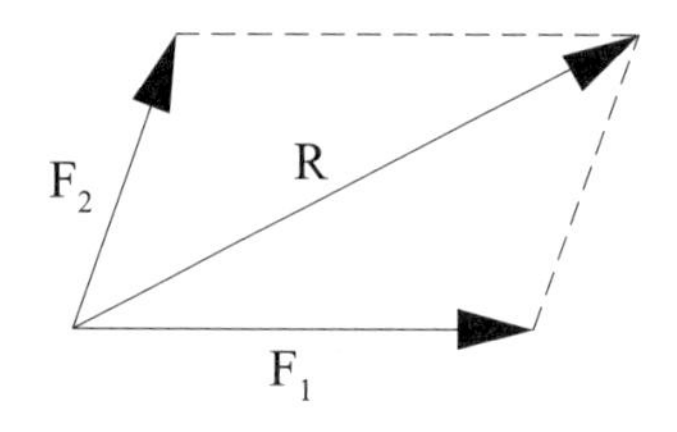

圖 2–5–1　平行四邊形法

㈡三角形法：把 F_1 和 F_2 首尾相接，連接第三邊，則向量 R 即為合向量，如圖 2–5–2 所示。

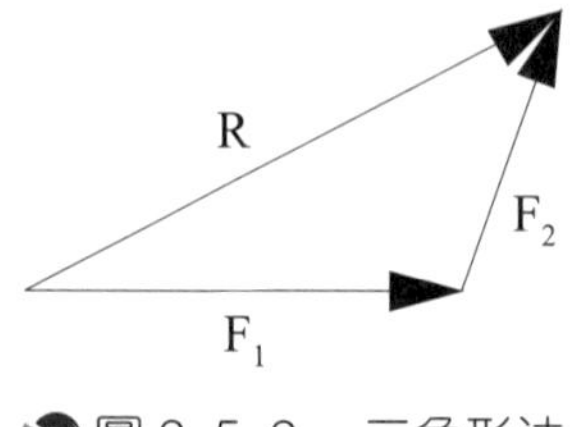

圖 2–5–2　三角形法

三、二力的合成代數法

利用餘弦定理，如圖 2–5–3 所示。

(一)合力大小：

$$R = \sqrt{F_1{}^2 + F_2{}^2 + 2F_1F_2\cos\theta}$$

(二)合力方向：

$$\tan\phi = (\frac{F_2\sin\theta}{F_1 + F_2\cos\theta})$$

θ 為 F_1 與 F_2 之夾角。ϕ 為合力與水平方向之夾角。

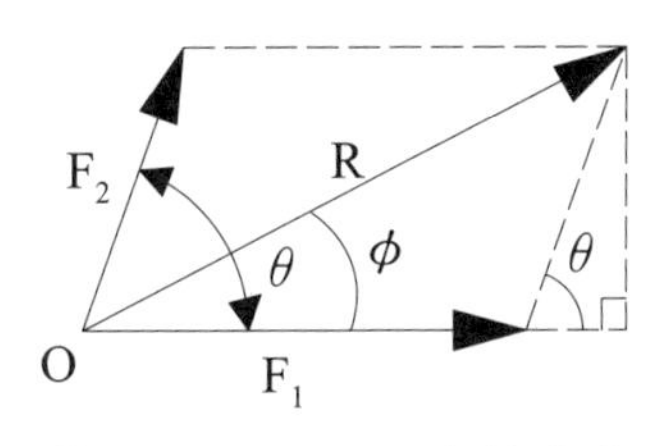

圖 2-5-3　二力的合成

特別說明

1. 使得合力最大時，需 $\theta = 0°$，∵此時 $\vec{F}_1$ 與 $\vec{F}_2$ 同向，且合力：$\vec{R} = \vec{F}_1 + \vec{F}_2$。
2. 要使得合力最小時，需 $\theta = 180°$，∵此時 $\vec{F}_1$ 與 $\vec{F}_2$ 反向，且合力：$\vec{R} = |\vec{F}_1 - \vec{F}_2|$。
3. 由上分析知，合力之大小 R 的可能範圍為 $|F_1 - F_2| \leq R \leq F_1 + F_2$。
4. 若 $\theta = 120°$，$F_1 = F_2$ 時，則合力 $R = F_1 = F_2$。
5. 二力之合力的大小隨二力之夾角增大而減少（$0° \leq \theta \leq 180°$）。
6. 合力可大於、小於、等於分力。

四、二力以上力系之合成圖解法

用首尾相接，缺口就是合力（力的多邊形可求合力之大小及方向，與力量先後次序無關）。

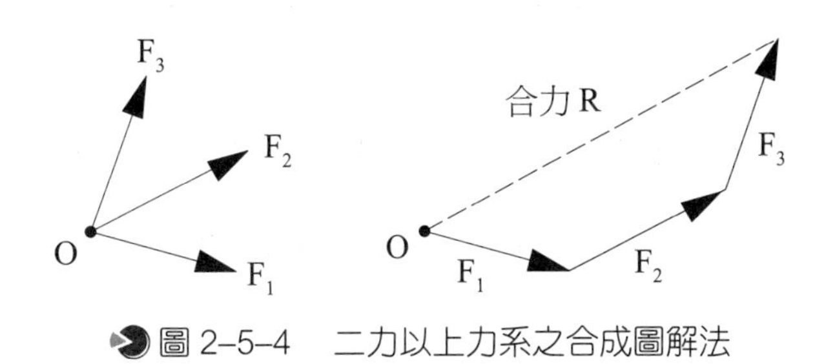

圖 2-5-4　二力以上力系之合成圖解法

五、二力以上力系之合成代數解法

㈠合力大小：

先將力量分解成 x、y 軸，再同向相加，反向相減求出 ΣF_x、ΣF_y 之合力。

$\Sigma F_x = F_1\cos\theta_1 - F_2\cos\theta_2 - F_3\cos\theta_3$

$\Sigma F_y = F_1\sin\theta_1 + F_2\sin\theta_2 - F_3\sin\theta_3$

合力大小：$R = \sqrt{(\Sigma F_x)^2 + (\Sigma F_y)^2}$

㈡合力方向：$\tan\alpha = \dfrac{\Sigma F_y}{\Sigma F_x}$　$\therefore \alpha = \tan^{-1}\dfrac{\Sigma F_y}{\Sigma F_x}$

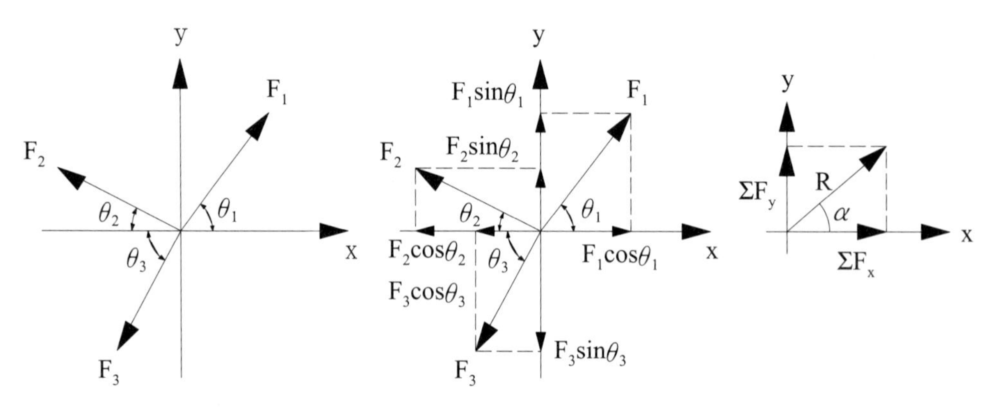

圖 2–5–5　二力以上力系之合成代數解法

範例 1

二力作用於一物體上，一力為 10 kN，另一力為 20 kN，二力之夾角為 60°，則其合力大小為多少 kN？

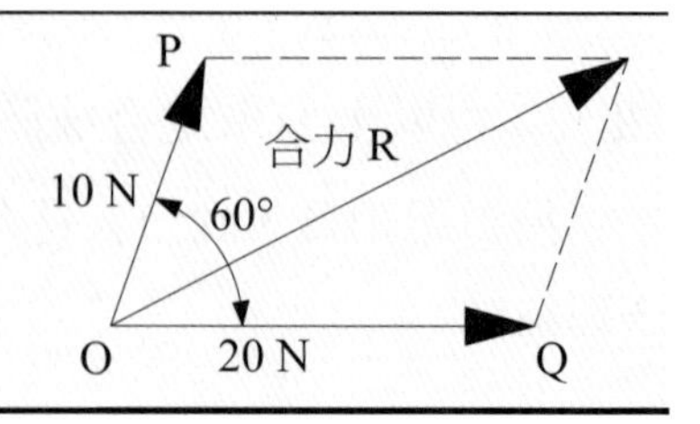

解題觀念

本題是非常標準的問合力的問題，利用三角函數的餘弦定理，即可求出。

解 合力 $R = \sqrt{(10)^2 + (20)^2 + 2\times 10\times 20\cos 60^\circ} = 26.46\ \text{kN}$

範例 2

如圖所示，有 P、Q 分別為 8 N 和 5 N，二力相交於一點，其夾角為 60°，求其合力之大小為若干牛頓？

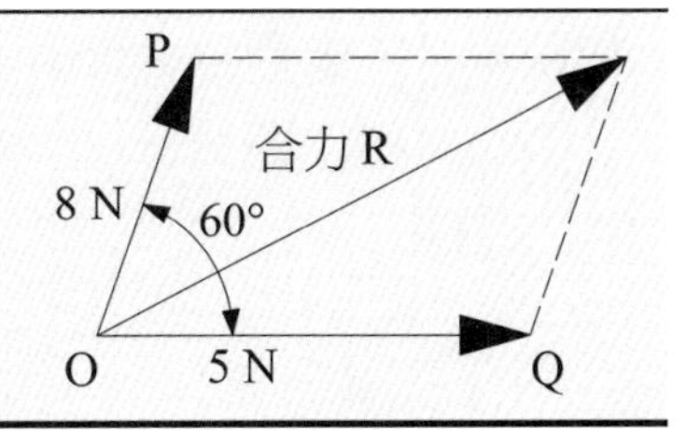

解題觀念

除了可以求合力之外，我們也能求出合力的角度，利用的觀念為

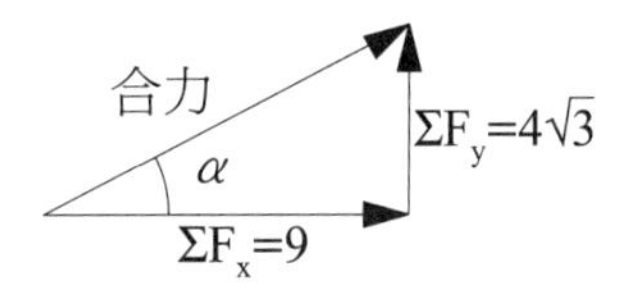

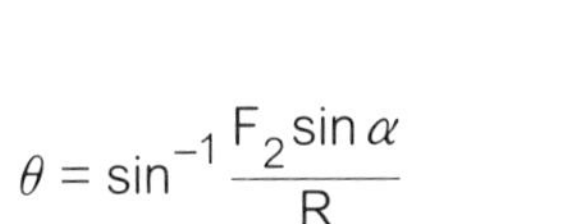

$$\theta = \sin^{-1}\frac{F_2\sin\alpha}{R}$$

解 由公式，

$$合力\ R = \sqrt{F_1^{\ 2} + F_2^{\ 2} + 2F_1F_2\cos\theta} = \sqrt{5^2 + 8^2 + 2\times5\times8\cos60^\circ} \doteqdot 11.4\ N$$

$$\tan\alpha = \frac{\Sigma F_y}{\Sigma F_x} = \frac{8\sin60^\circ}{8\cos60^\circ + 5} = \frac{8(\frac{\sqrt{3}}{2})}{9} = \frac{4\sqrt{3}}{9}$$

範例 3

如圖所示，P 及 Q 夾角 120° 相交於一點，已知 P = 400 N，利用正弦定理求出 Q 與 R 各為多少 N？

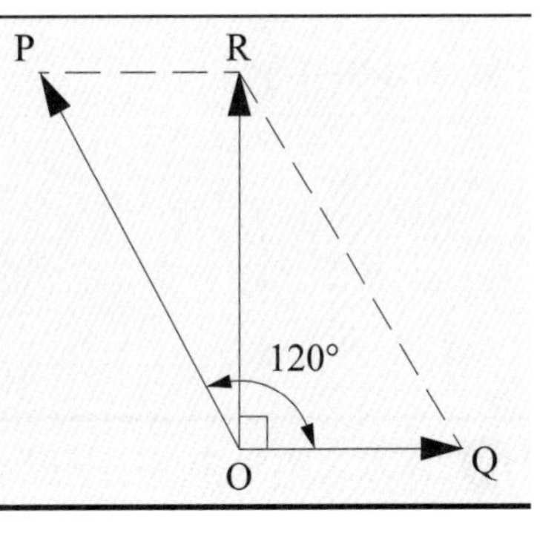

解題觀念

除了利用餘弦定理，也可利用正弦定理來求出。

解 $\frac{P}{2} = \frac{Q}{1} = \frac{R}{\sqrt{3}} = \frac{400}{2}$　　$\therefore Q = 200\ N$，$R = 200\sqrt{3}\ N$

範例 4

如圖所示，求合力之大小。

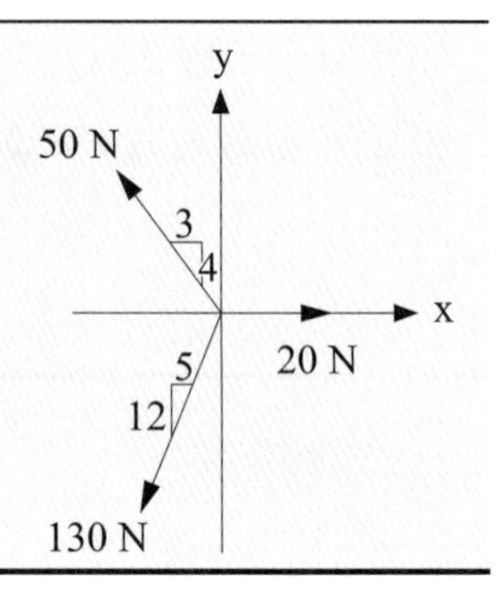

解 $\Sigma F_x = 30 + 50 - 20 = 60\ \text{N}$（←）

$\Sigma F_y = 120 - 40 = 80\ \text{N}$（↓）

合力 $= \sqrt{60^2 + 80^2} = 100\ \text{N}$

$\tan\alpha = \dfrac{80}{60} = \dfrac{4}{3}$

$\therefore \alpha = 53°$

（註：牛頓之代號為 N）

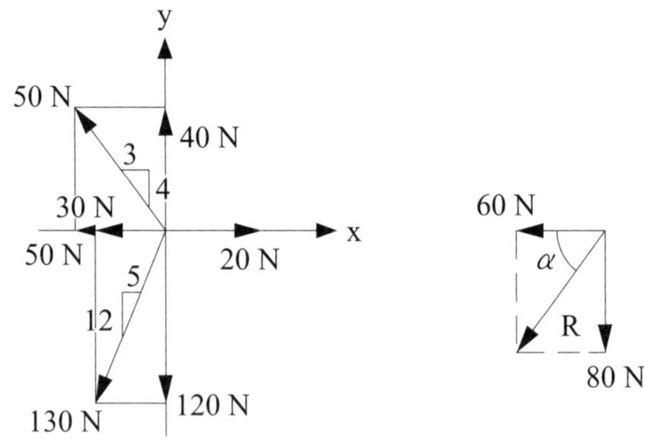

範例 5

如圖所示，三同平面共點力之合力在水平方向，試求合力之大小方向。

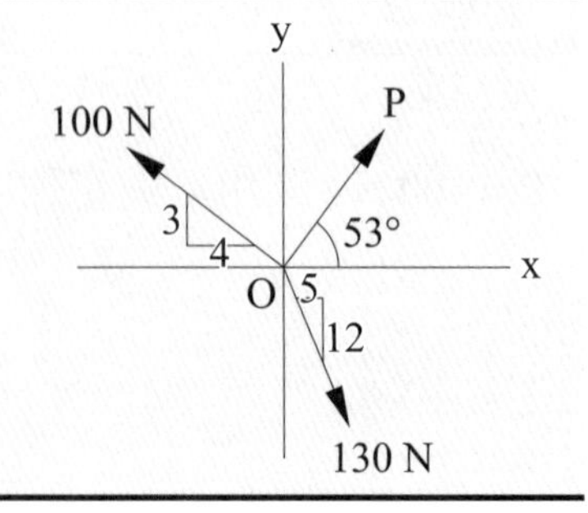

解 合力在水平方向

$\therefore \Sigma F_y = 0 = 60 + \dfrac{4}{5}P - 120$

$\therefore \dfrac{4}{5}P = 60 \quad \therefore P = 75\ \text{N}$

$\therefore$ 合力 $= \Sigma F_x = 50 + \dfrac{3}{5} \times 75 - 80 = 15\ \text{N}\ (\rightarrow)$

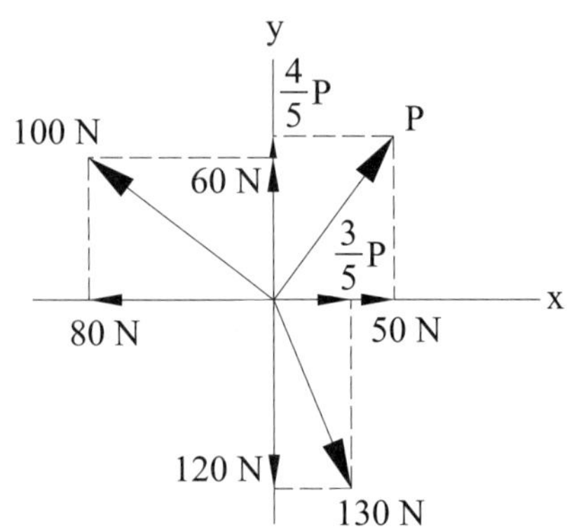

2-7 力的分解的基本觀念

一、力的分解

作用於物體上的數個力，可在不改變外效應的狀況下分解成分力，分力的值不一定較原來之總力為小。

二、力的比例法分解

如圖 2-7-1 所示，可由比例法分解力。

例：

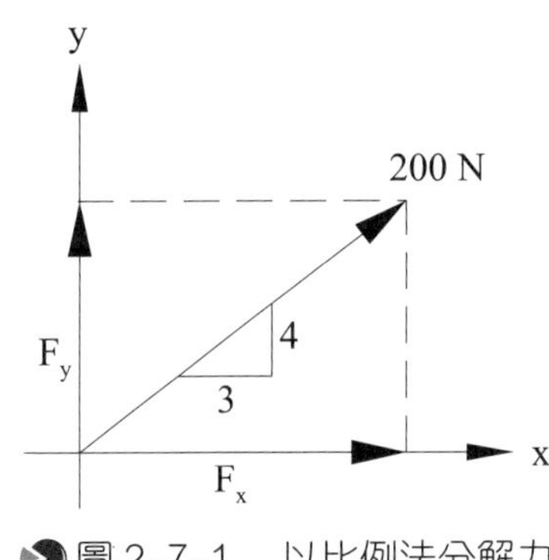

圖 2-7-1　以比例法分解力

200 N 分 x、y 軸，可由三角形比例比出

$$\frac{F_y}{3}=\frac{F_x}{4}=\frac{200}{5} \quad \therefore F_x = 160 \text{ N}$$

$$F_y = 120 \text{ N}$$

三、一力分成二垂直分力

如圖所示，一力 R 分解成二垂直分力 F_x、F_y，則(同平面之力為了方便計算，常分解成互相垂直之兩分力)

x 軸分量：$F_x = R\cos\theta$

y 軸分量：$F_y = R\sin\theta$

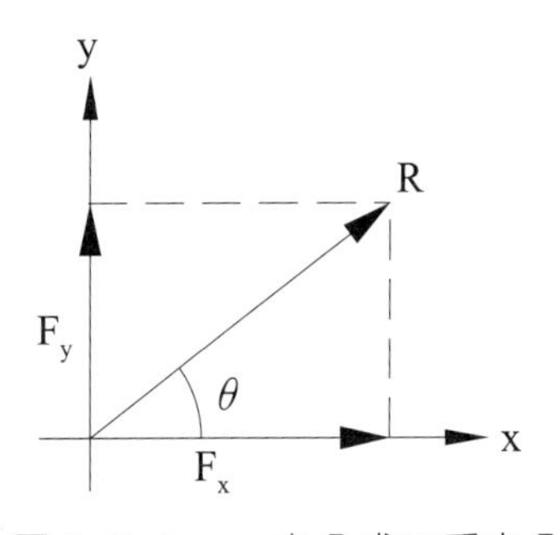

圖 2-7-2　一力分成二垂直分力

一單力可分解成二個分力，三個分力，……，無限多個分力。

四、一力分成二垂直分力（以向量的概念）

一力可利用平行四邊形法分解成任意兩方向的分量。

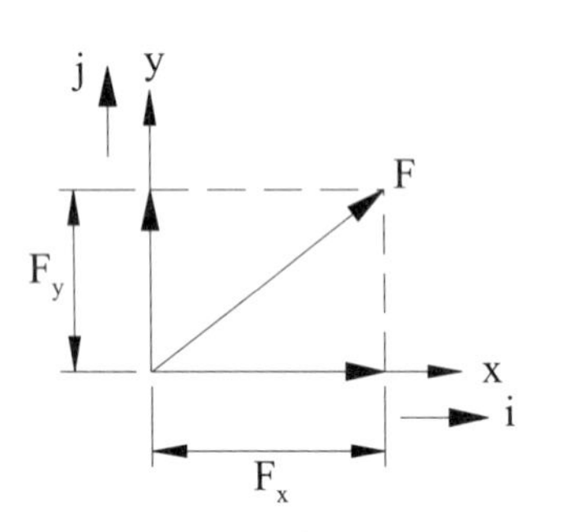

圖 2-7-3　以平行四邊形法分解力

五、一力在平面上的分量

若已知一力與 x 夾 θ，

則 $\vec{F}=\vec{F}_x\vec{i}+\vec{F}_y\vec{j}=F\cos\theta\vec{i}+F\sin\theta\vec{j}$

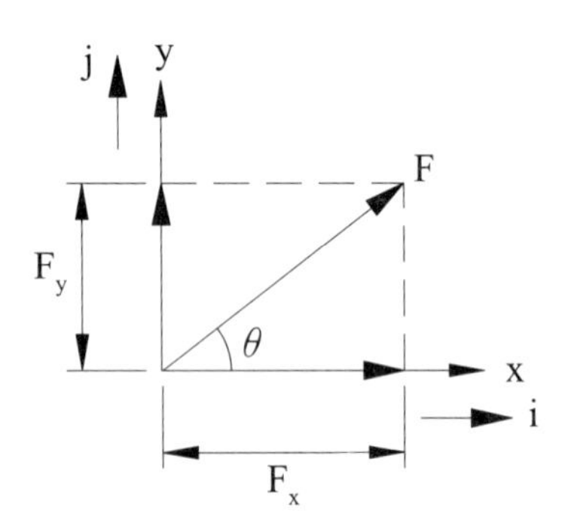

圖 2-7-4　力在平面上的分量

六、一力在空間中的分量

(一)空間中通常將力分解為沿著 x、y、z 三個坐標軸之分力。

(二) $\vec{F}$ 與 x、y、z 三軸之夾角為 θ_x、θ_y、θ_z，則：

$F_x=F\cdot\cos\theta_x$

$F_y=F\cdot\cos\theta_y$

$F_z=F\cdot\cos\theta_z$

(三)向量式如下：

$\vec{F}=F\cos\theta_x\vec{i}+F\cos\theta_y\vec{j}+F\cos\theta_z\vec{k}$

（其中 $\vec{i}$、$\vec{j}$、$\vec{k}$ 分別表示三個軸之單位向量。）

(四) $\cos\theta_x$、$\cos\theta_y$、$\cos\theta_z$ 稱為「方向餘弦」，

且 $\cos^2\theta_x+\cos^2\theta_y+\cos^2\theta_z=1$。

範例 6

如圖所示，一力 F = 100 N 與水平夾角 30°，將其分解為水平與垂直兩分力。

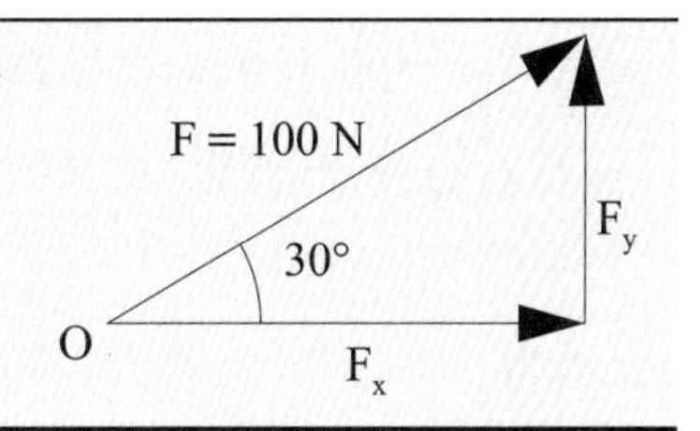

解題觀念

所有的向量我們都可以分解，只是如何分解，往往會是下筆的困難處，在這裡給各位的建議是「將向量分解成慣用的 x、y、z 軸」，如何分解呢？這時候就要看題目給我們的提示。給角度時，我們利用三角函數的關係，找出分力的比例。給邊長關係時，就比較直接，可以找出分力的關係，但記住，一定要分清楚坐標，千萬不能搞混。

解 水平分力 $F_x = F\cos 30° = 50\sqrt{3}$ N（→）

垂直分力 $F_y = F\sin 30° = 50$ N（↑）

範例 7

如圖所示，將 650 N 之力分解為二分力，一力 P 垂直斜面 AB，另一力 Q 沿斜面 AB。

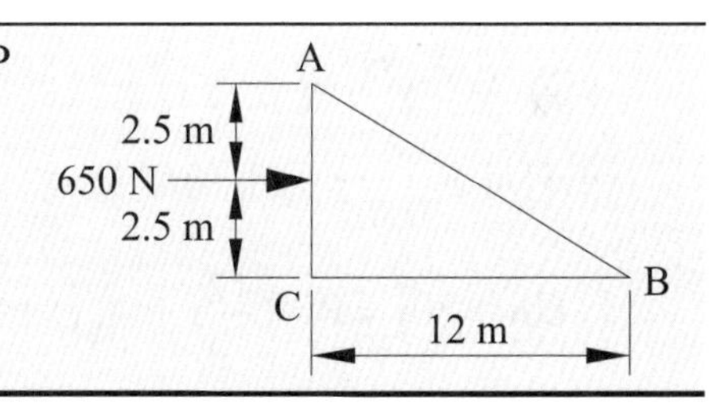

解題觀念

這一類的題目很多人做不習慣，主要是因為是將力分解在不習慣的坐標，但其實觀念是相同的，主要也是要利用力的平移以及角度或是邊長關係來找分力的大小。

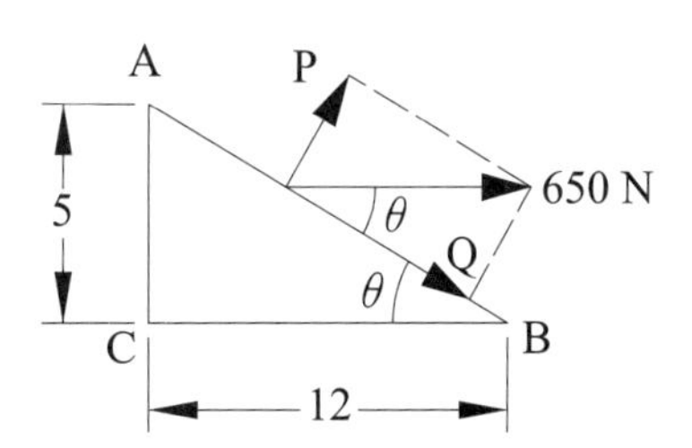

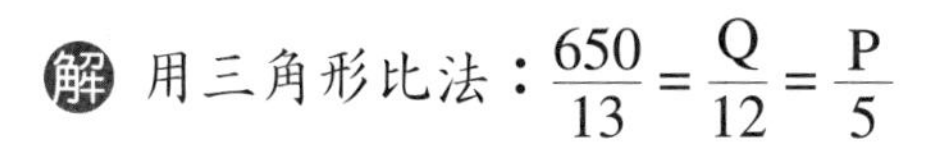

解 用三角形比法：$\dfrac{650}{13} = \dfrac{Q}{12} = \dfrac{P}{5}$

$\therefore$ Q = 600 N，P = 250 N

範例 8

如圖所示，將 100 N 分解為沿 AB 之分力為 P 及沿 AC 之分力為 Q 之大小。

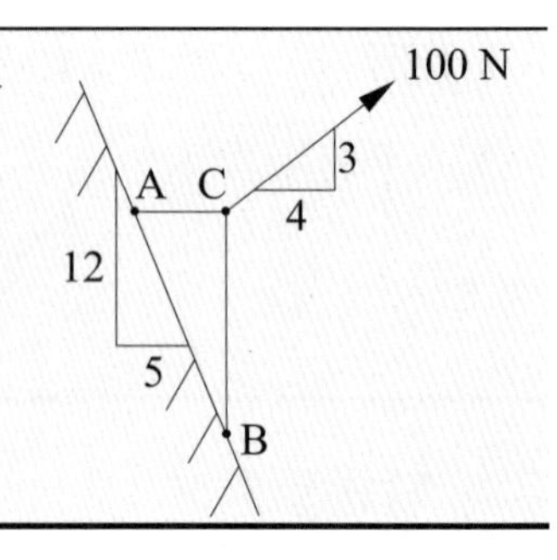

解題觀念

這題可以算是上一題的延伸題型，只是這題比上題來說較為困難，主要是更難分解，可以利用 $F_{合力} = \Sigma F_i$（i 指的是分力數目）或是利用比的方式來找出。

解 $F_{合力} = \Sigma F_i$ 法

a.先將 100 N 的力量寫成向量。寫成 $100 \times (\frac{3}{5}\vec{i} + \frac{4}{5}\vec{j}) = 60\vec{i} + 80\vec{j}$

b.沿 AB 方向的力為 P，沿著 AB 方向的單位向量為 $(\frac{12}{13}\vec{i} - \frac{5}{13}\vec{j})$

c.沿 AC 方向的力為 Q，沿著 AC 方向的單位向量為 $1\vec{i}$

d.利用 $F_{合力} = \Sigma F_i$ 的觀念

$$60\vec{i} + 80\vec{j} = P \times (\frac{12}{13}\vec{i} + \frac{5}{13}\vec{j}) + Q \times (\vec{i})$$

$$60\vec{i} + 80\vec{j} = (P\frac{12}{13} + Q)\vec{i} - P\frac{5}{13}\vec{j}$$

解聯立可得

$P = -208$ N，$Q = 252$ N

註

1. 此法雖然觀念較為簡單，但計算比較複雜。
2. P 的負值表示我們之前所設的方向是相反的，並非計算錯誤。

範例 9

如圖所示，將 450 N 之力分解為沿 OA 及 OB 方向之兩分力，則沿 OB 方向之分力為何？

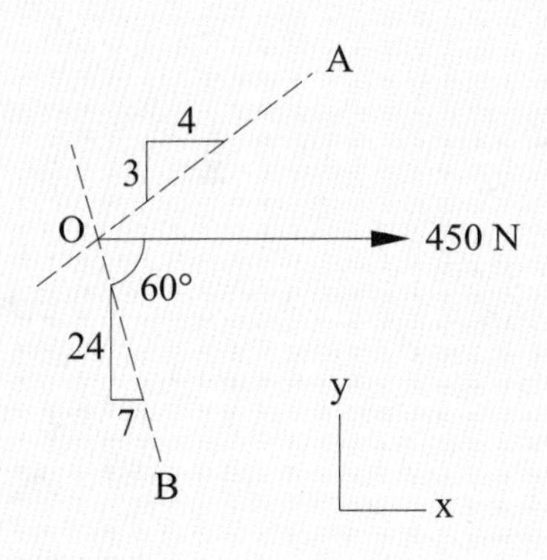

解題觀念

利用角度及邊長的關係，來找單位向量。

解 a.將 450 N 沿著我們所設定的 x，y 軸做分解，寫成 $450\vec{i}$。

b.我們將沿著 $\overline{OA}$ 的力大小設為 F，利用邊長關係找出單位向量，而單位向量為 $(\frac{4}{5}\vec{i}+\frac{3}{5}\vec{j})$。

c.我們將沿著 $\overline{OB}$ 的力大小設為 Q，利用角度關係找出單位向量，而單位向量為 $(\frac{1}{2}\vec{i}-\frac{\sqrt{3}}{2}\vec{j})$。

d.因為是將 450 N 的力量沿著 $\overline{OA}$，$\overline{OB}$ 分解，所以

$$450\vec{i}=F(\frac{4}{5}\vec{i}+\frac{3}{5}\vec{j})+Q(\frac{1}{2}\vec{i}-\frac{\sqrt{3}}{2}\vec{j})$$

$$450\vec{i}+0\vec{j}=(F\frac{4}{5}+Q\frac{1}{2})\vec{i}+(F\frac{3}{5}-Q\frac{\sqrt{3}}{2})\vec{j}$$

利用方程式可解出

F = 392.530 N，Q = 271.953 N

範例 10

如圖所示，已知一力 F = 120 N 作用在一固定托架上，試將此力分解為沿 x，y 方向之分量（已知：$\sin 50° = 0.766$，$\sin 70° = 0.9397$）。

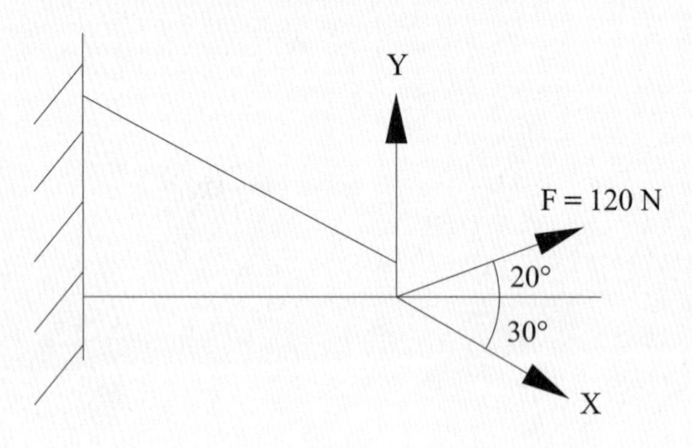

解題觀念

利用力的可傳性，我們可以將力平移，畫出一個封閉三角形，因為知道三角形三個角度，利用正弦定理找出邊長的關係。

解 $\dfrac{F}{\sin 60°} = \dfrac{x}{\sin 70°} = \dfrac{y}{\sin 50°}$

$\Rightarrow x = 130.207 \text{ N}$

$y = 106.146 \text{ N}$

2-8 力　矩

一、物理涵義

(一)一力對物體的影響除了會使物體有朝作用力方向移動之傾向外，並有使物體繞著某一軸旋轉之傾向，此軸只要不與力作用線相交或平行，則任何軸線都可以。

(二)旋轉傾向即為力對該軸所產生之力矩 (moment)。

二、力矩大小

力矩大小為：$M = F \cdot d$

（d 稱為「力臂」，為力作用線與轉軸之垂直距離）

三、力矩方向

力矩之方向會沿著轉軸，實際方向須搭配右手定則決定。

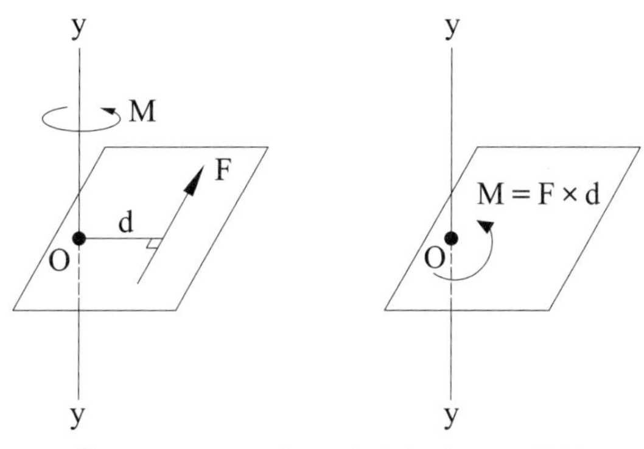

圖 2-8-1 力矩的方向會延著轉軸

四、一力對一點產生之力矩

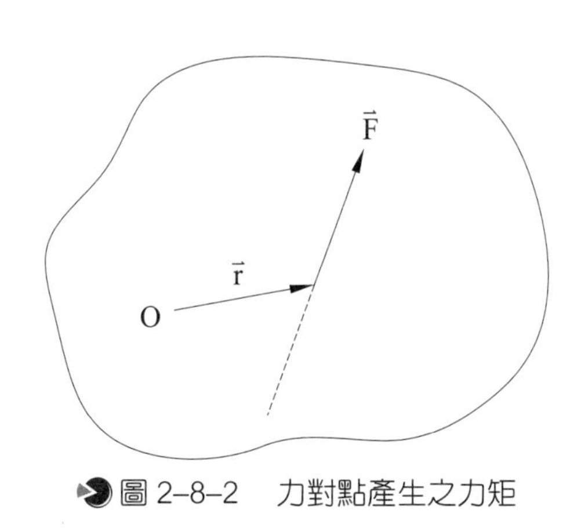

圖 2-8-2 力對點產生之力矩

㈠ $\vec{r}$ 為 O 點至 $\vec{F}$ 作用線上任一點之位置向量，若以直角坐標表示 $\vec{r}$ 與 $\vec{F}$，

則 $\vec{r} = x\vec{i} + y\vec{j} + z\vec{k}$，$\vec{F} = F_x\vec{i} + F_y\vec{j} + F_z\vec{k}$

㈡公式：$\vec{M}_O = \vec{r} \times \vec{F}$

$$= (x\vec{i} + y\vec{j} + z\vec{k}) \times (F_x\vec{i} + F_y\vec{j} + F_z\vec{k})$$

$$= \begin{vmatrix} \vec{i} & \vec{j} & \vec{k} \\ x & y & z \\ F_x & F_y & F_z \end{vmatrix}$$

五、一力對一軸產生之力矩

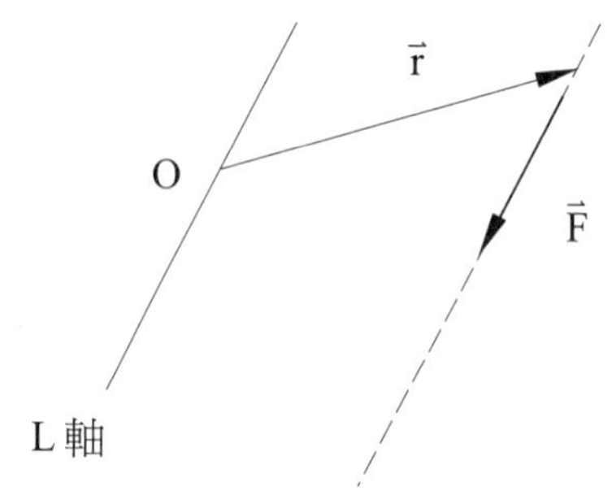

圖 2-8-3　力對軸產生之力矩

(一) $\vec{r}$ 為 L 軸上任一點 O 至 $\vec{F}$ 作用線上任一點所形成之位置向量，若以直角坐標表示 $\vec{r}$ 與 $\vec{F}$，則 $\vec{r} = x\vec{i} + y\vec{j} + z\vec{k}$，$\vec{F} = F_x\vec{i} + F_y\vec{j} + F_z\vec{k}$

(二)一力對任一軸 L 的力矩，為 $\vec{F}$ 對 L 軸上的任一點 O 產生的力矩，在 L 軸上的投影向量。

(三)公式：$\vec{M}_L = [(\vec{r} \times \vec{F}) \cdot \vec{e}_L]\vec{e}_L$

特別說明　解題步驟

1. 找 L 軸上任一點 O 至 $\vec{F}$ 作用線上任一點所形成之位置向量 $\vec{r} = x\vec{i} + y\vec{j} + z\vec{k}$
2. 找 L 軸上的單位向量 $\vec{e}_L = l\vec{i} + m\vec{j} + n\vec{k}$
3. 代入公式求解

$$[(\vec{r} \times \vec{F}) \cdot \vec{e}_L] = \begin{vmatrix} l & m & n \\ x & y & z \\ F_x & F_y & F_z \end{vmatrix}$$

六、力矩原理與特性

(一)合力對一軸（或一點）取力矩，等於其分力對一軸（或一點）取力矩，此稱之為「力矩原理」。

(二) R 為合力，P、Q 為分力，A 點到 R、P、Q 之垂直距離分別為 r、p、q，則由力矩原理得：$\sum M_A = Rr = Pp + Qq$

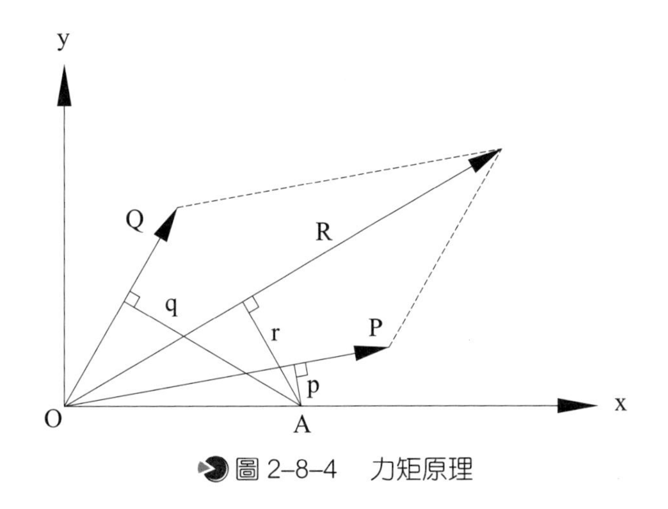

圖 2-8-4 力矩原理

七、力矩原理之應用

(一)求解合力之作用線位置。

(二)求解物體之重心。

特別說明

1. 把作用力沿其作用線任意移動不會改變其力矩。

2. 若作用力剛好平行或相交於某一軸，則此力對該軸之力矩為零。

範例 11

如圖所示，F_1、F_2 二力對 O 點之力矩值大小為多少？

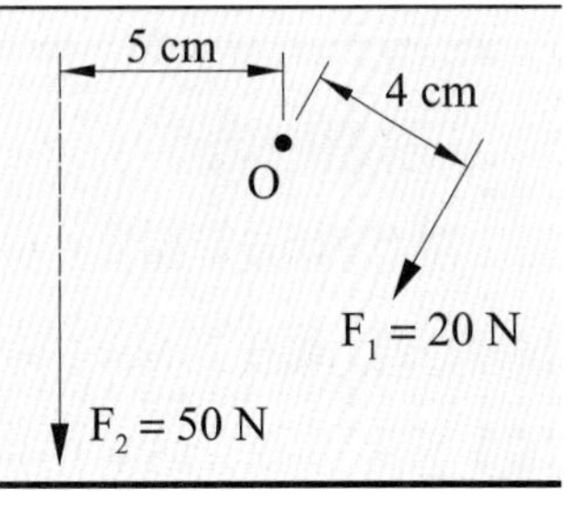

解題觀念

這一題主要是要確認各位的觀念是否正確，力矩為力乘以力臂，而力必須以力臂互相垂直才行。

解 $\Sigma M_O = 50 \times 5 - 20 \times 4 = 170\ \text{N} \cdot \text{cm}$ (↺)

範例 12

如圖所示，300 N 之力對 A 點之力矩大小為何？

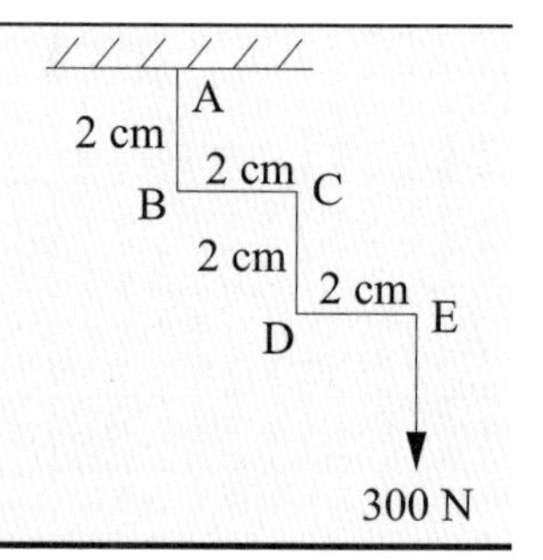

解題觀念

首先了解力臂即作用力與相對應點之「垂直距離」，後代入 M = F·d 即為所求。

解 $\Sigma M_A = 300 \times 4 = 1200\ \text{N}\cdot\text{m}$ (↻)

範例 13

如圖所示，求對 A 點的力矩。

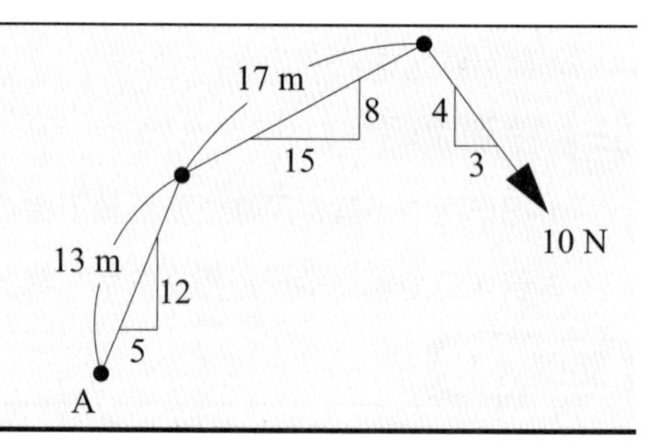

解題觀念

在力學中反見傾斜立刻分解為水平分力與垂直分力，此題僅在分解力後代入 M = F × d 即為所求。

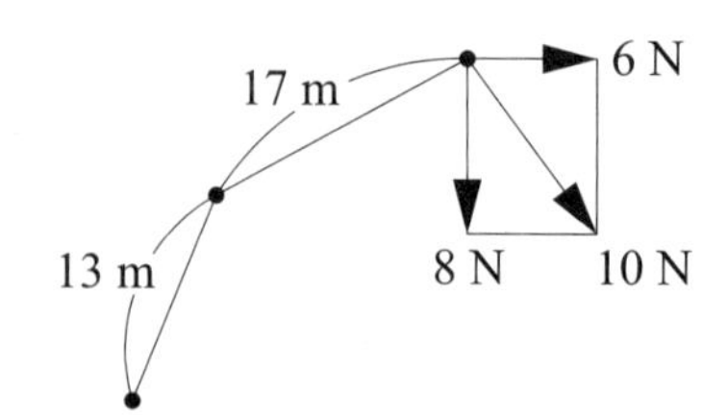

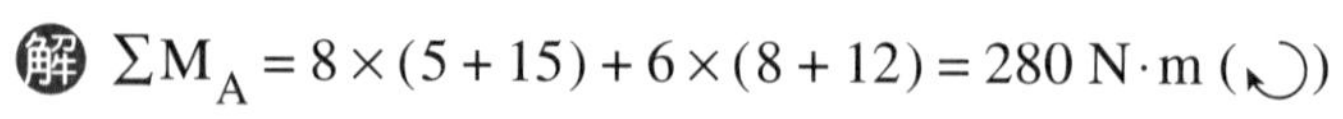

解 $\Sigma M_A = 8 \times (5 + 15) + 6 \times (8 + 12) = 280\ \text{N}\cdot\text{m}$ (↻)

範例 14

如圖所示，若 F = 50 N，則此 F 力對 O 點力矩及 O 點至 F 之垂直距離 d 各為若干？

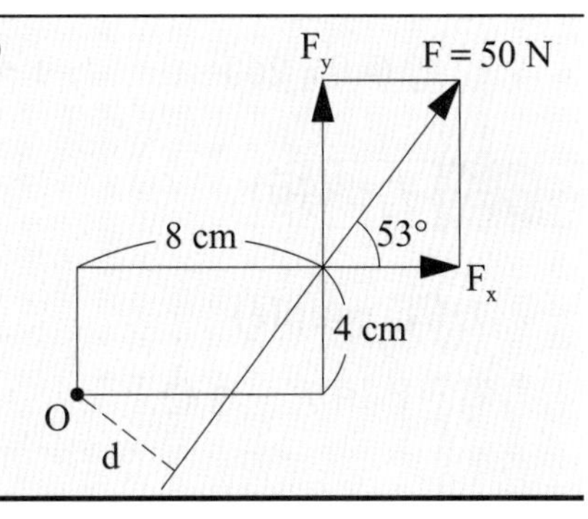

解題觀念

力臂為作用力與相對應點之「垂直距離」。

解 $\Sigma M_A = F_y \times 8 - F_x \times 4 = 40 \times 8 - 30 \times 4 = 200\ N \cdot m$ (↶)

又 $F \times d = \Sigma M_A$

$50 \times d = 200 \quad \therefore d = 4\ cm$

範例 15

如圖所示，試求 260 N 之力對 O 點之力矩，並求 260 N 至 O 點之垂直距離。

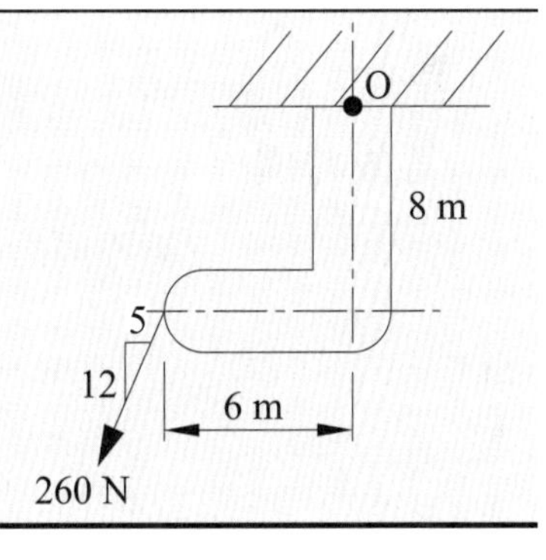

解題觀念

這兩個問題，一個是單純求力矩問題，而另一個問題是要求作用力 260 N 到 O 點的垂直距離，而求合力位置的問題也是利用力矩的方式來求出。利用 $\sum_i F_i \times d_i = F_{合力} \times d$ 來求出位置。

解 a.把 260 N 之力分解成水平與垂直分力

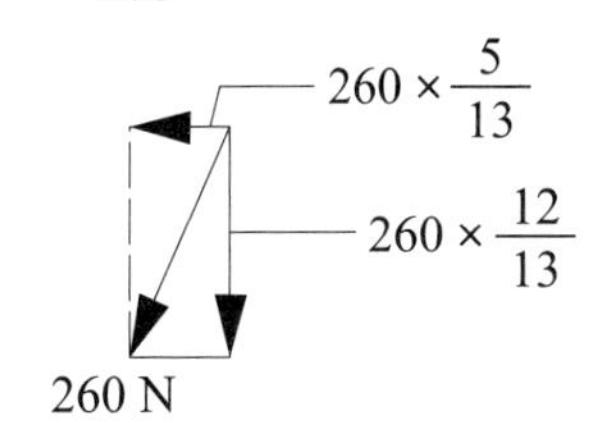

$$M = 260 \times \frac{12}{13} \times 6 - 260 \times \frac{5}{13} \times 8$$

$$= 640\ N \cdot m\ (↶)$$

b. 260 N 至 O 點之垂直距離為 d，利用 $\sum_i F_i \times d_i = F_{合力} \times d$

則 $640 = 260 \times d \quad \therefore d = 2.46$ m

2-9 力偶矩

一、力偶 (couple)

(一)力偶即作用於一物體之兩力，其大小相等，方向相反，且不在同一直線上之平行力。

(二)力偶不能使物體移動，只能使其轉動。

二、力偶之特性

(一)力偶為自由向量，沒有固定的作用點。

(二)力偶對力偶平面上任一點之力矩大小皆相等。

三、力偶矩

力偶矩的大小 $C = F \cdot d$（d：力偶臂）

四、力偶矩的方向

垂直於力偶平面，方向須由右手定則決定。

五、等效力偶

力偶有下列三種不同的轉換方式，均不會改變其外效應。

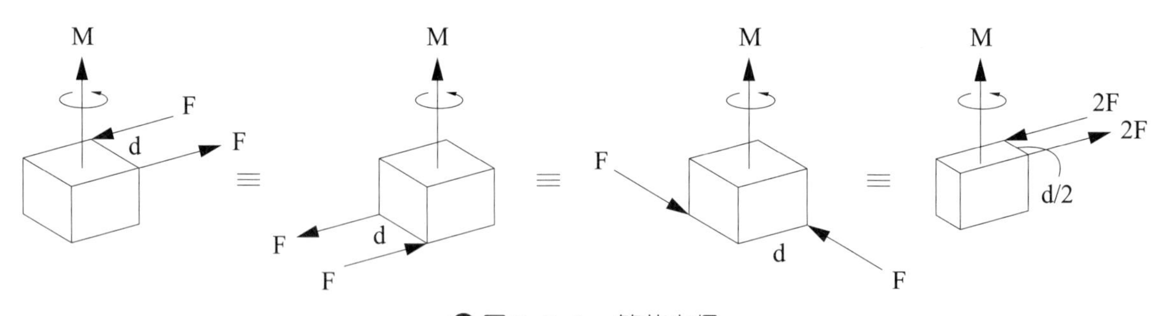

圖 2-9-1　等效力偶

六、力偶特性

㈠力偶可在同一平面內任意轉動或移動。

㈡力偶可由一平面移至另一平行之平面。

㈢力偶矩的大小保持不變時，力偶力與力偶臂可任意調整。

討 論

上述三種轉換雖不會改變外效應，但會改變內效應。

七、平面中「力」與「力偶」之關係

㈠一單力可分解為一單力加上一力偶

圖 2–9–2 (a)到(c)的過程為分解的過程。

㈡一單力與一力偶可合成為一單力

圖 2–9–2 (c)到(a)的過程為合成的過程。

討 論

㈠分解後之單力與原力大小方向均相同，但位置不同，如圖 2–9–2 (c)所示。

㈡分解後之力偶等於原有力對指定點之力矩。

㈢一力與一力偶的合成可使得力的作用線平移至另一平行的位置，如圖 2–9–2 (a)所示。

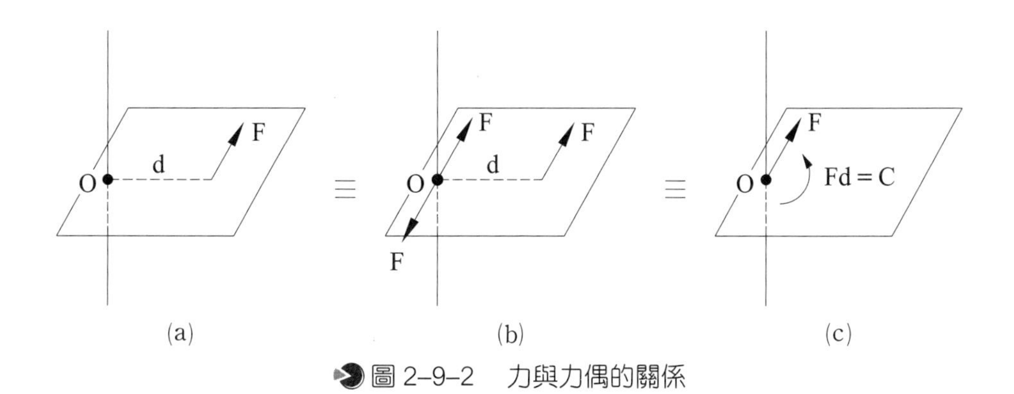

圖 2–9–2　力與力偶的關係

範例 16

如圖所示，力偶矩的大小為若干 N·m？

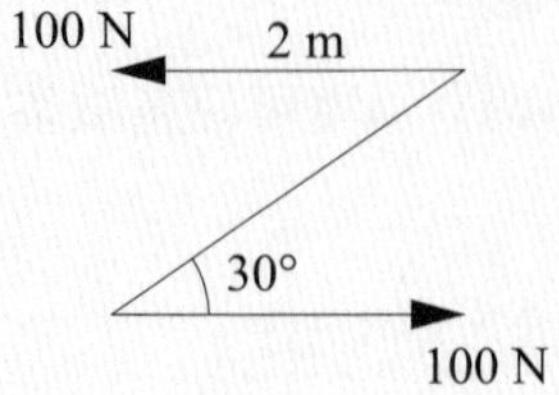

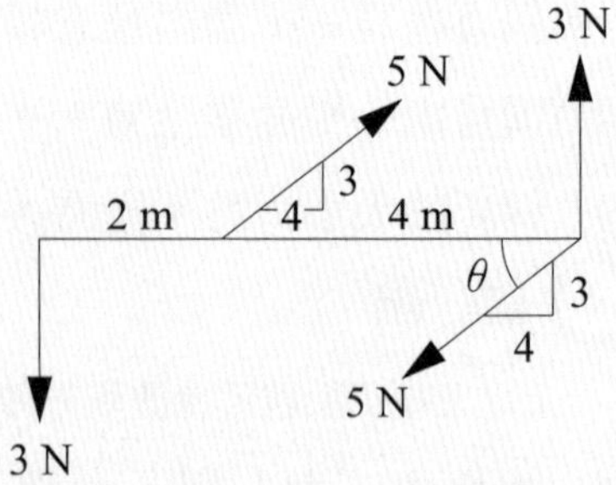

解題觀念

這也是力偶的基本題型，主要是觀察讀者是否會找出兩個力之間的垂直距離。

解 左圖中，$C = 100 \times 2 \times \sin 30° = 100$ N·m (↺)

右圖中，$C = 3 \times 6 - 5 \times (4\sin\theta) = 18 - 20 \times (\frac{3}{5}) = 6$ N·m (↺)

範例 17

如圖所示，將 40 N 之力如何移動，即可以此單力代替如右圖所示之力系？

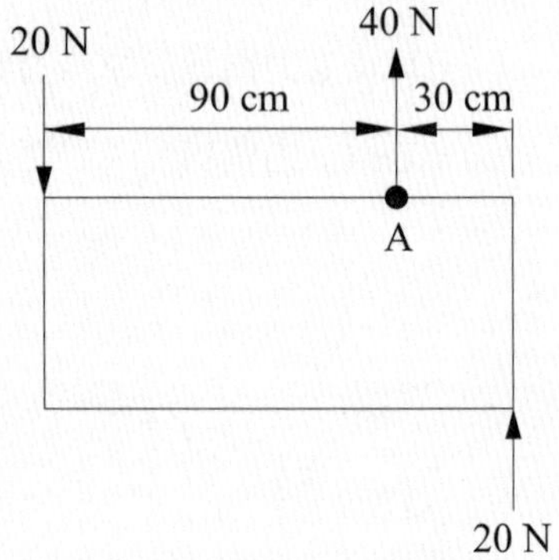

解題觀念

這是一個單力，以及一個力偶的力系，其用來平衡的單力即為之前的題目內的單力，而單力的位置主要是要靠力矩原理 $F \times d = F \times a + M$ 來求出。其中，F 為題目內的單力，d 表示為平衡單力距離某點的位置，a 表示為單力 F 在原本題目距離某點的位置，M 為題目內的力矩。

解　合力 = 40 N（↑），由力矩原理，

合力對 A 點之力矩 = 各分力對 A 點力矩代數和。

∴對 A 點：$40 \cdot x = -20 \times 90 - 20 \times 30$　∴ $x = -60$ cm

負表與假設反向　∴合力在 40 N（A 點）右方 60 cm

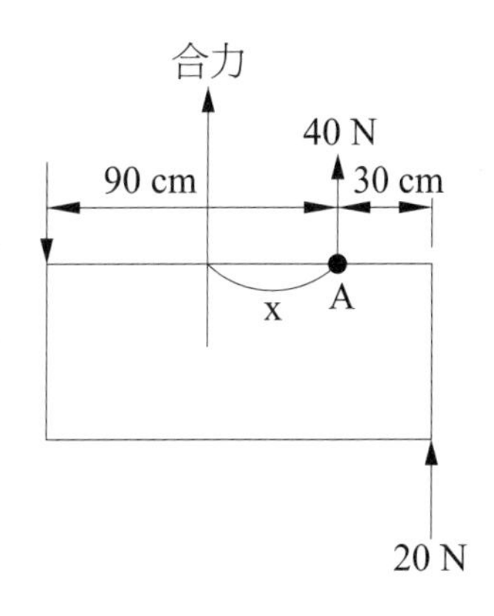

範例 18

如圖所示，作用於槓桿之水平力 F = 200 N 分解成作用於 O 點之一力與一力偶。則此力偶矩為多少 N·m？

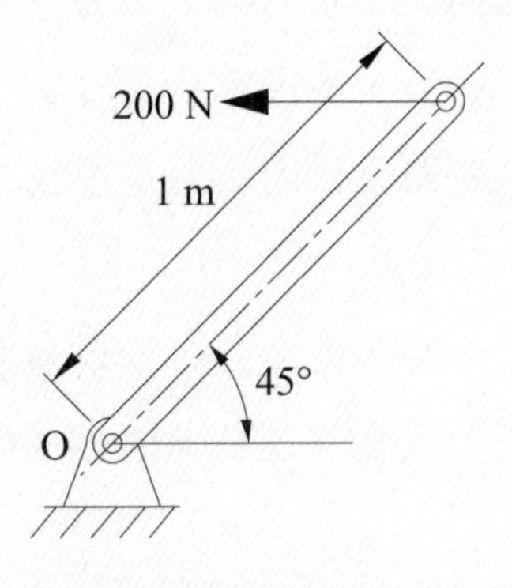

解題觀念

不同於前題，本題是要將一單力對某點的力矩以及受力，作等效平移的方式。求的東西雖然不一樣，但觀念是相同的，等效的力偶，即為單力對某點的力矩。

解　在 O 點施一大小相等方向相反之 200 N 力，則得逆時針之一力偶如下：

$C = F \times d = 200 \times 1 \times \sin 45° = 100\sqrt{2}$ N·m (↺)

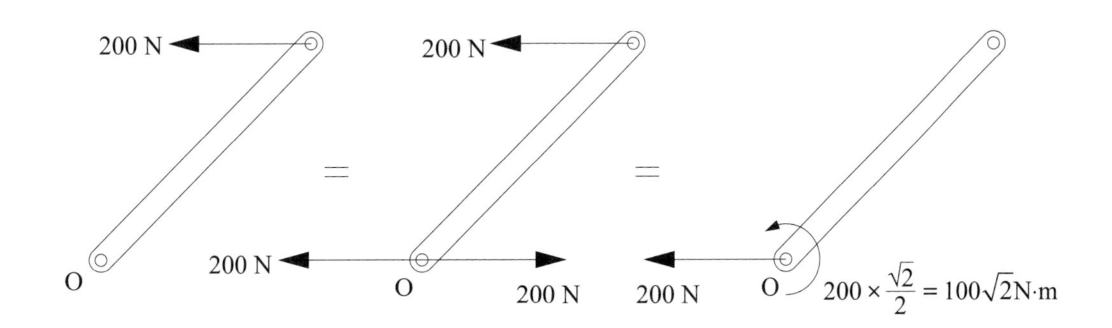

本章重點精要

1. 力學分為三大領域，即(1)應用力學 (applied mechanics)，(2)材料力學 (mechanics of materials)，(3)流體力學 (fluid mechanics)。
2. 基本量：力、長度、質量及時間。
3. 純量 (scalars quantities)：有大小而無方向之量。僅須標明其數值及單位，就可完全表示此量。如距離、路徑、面積、速率、慣性矩、質量、時間、密度、功、功率等。
4. 向量 (vectors quantities)：具有大小及方向之力量，如力、力矩、彎矩、位移、速度、力偶、加速度、衝量、動量、重量等。
5. 力的定義是一個物體對另一物體之作用。力不單獨存在，必須是成對的，即作用力和反作用力同時發生。
6. 兩力若要對物體產生相同之效應，此兩力必須具有相同的大小、方向與作用點。
7. 力的外效應：物體受力作用而改變其運動狀態，或產生之阻力或反作用力，為應用力學所研究之問題。
8. 力的內效應：物體受力而產生變形，使物體內部為抵抗力之作用而產生內應力，為材料力學所研究之問題。
9. 力的三要素：大小、方向、作用點。
10. 力為 SI 單位時為牛頓，$1\ \text{N}$（牛頓）$= (1\ \text{kg}) \cdot (1\ \text{m/s}^2)$
11. 外力：從物體的外面加於其上之力稱為外力 (external force)。外力反應出物體之外效應，使物體產生運動或靜止不動。
12. 內力：物體受外力作用後，內部相應所生的抵抗力稱為內力 (internal force)。內力通常是成對出現，且大小相等方向相反，隨外力之作用而產生，當外力移去時，內力亦隨之消失。
13. 接觸力 (contact force)：相互接觸之兩物體間產生之作用力，如推力、壓力、摩擦力、正向力等。

14.超距力 (body force)：不相互接觸之兩物體間產生之作用力，如重力、靜電力、磁力等。

15.力的可傳性原理：一力之作用點，可沿其作用線，任意改變其位置，而不影響力之外效應（物體的運動效果不變），稱之為力的可傳性。

16.質點：為一個只有質量而無實體的物體，當一個物體被理想化而視為一個質點時，因其幾何形狀不列入考慮，力學原理的應用將變得相當簡單。

17.剛體：可視為由一大群質點組合而成的物體，質點彼此間的距離不因受外力作用而改變。

18.牛頓第一定律：作用於一質點上的合力為零時，則此質點若最初為靜止將保持靜止不動，或最初在運動將沿一直線作等速度運動。

19.牛頓第二定律：作用於一質點上的合力不為零時，則此質點將在合力的作用方向上產生加速度，且此加速度的大小和合力的大小成正比，與質量的大小成反比。合力為 F，質量為 m，此定律可以表示為 $F = ma$。

20.牛頓第三定律：兩質點的作用力與反作用力，其大小相等、方向相反、且作用在同一線上。

21.向量合成圖解法：平行四邊形法、三角形法。

22.向量合成代數法：合力 $R = \sqrt{F_1^2 + F_2^2 + 2F_1F_2\cos\theta}$

23.向量合成代數法：合力的方向 $\tan\phi = (\dfrac{F_2\sin\theta}{F_1 + F_2\cos\theta})$

24.一力在平面上的分量：$\vec{F} = \vec{F}_x\vec{i} + \vec{F}_y\vec{j} = F\cos\theta\vec{i} + F\sin\theta\vec{j}$

25.一力在空間中的分量：若已知一力與三坐標軸 x, y, z 各夾 α, β, γ

則 $\vec{F} = F_x\vec{i} + F_y\vec{j} + F_z\vec{k} = F(\cos\alpha\vec{i} + \cos\beta\vec{j} + \cos\gamma\vec{k})$

26.力矩大小：力矩大小為 $M = F \cdot d$。

27.力矩原理：合力對一軸（或一點）取力矩，等於其分力對一軸（或一點）取力矩，此稱之為「力矩原理」。

28.力偶 (couple)：作用於一物體之兩力，其大小相等，方向相反，且不在同一直線上之平行力。

29.力偶矩：力偶矩的大小 $C = F \cdot d$（d：力偶臂）

學習評量練習

1. 二力作用於一物體上，一力為 10 kN，另一力為 20 kN，二力之夾角為 30°，則其合力大小為多少 kN？

2. 如圖，有兩力 P 與 Q 相交於 O 點，若兩力之夾角為 θ，試求該合力 R 與 x 軸之夾角 α 為若干？

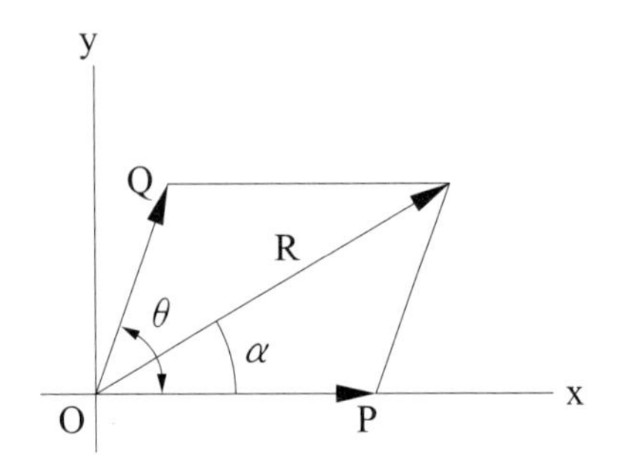

3. 如圖所示，水平力 R = 100 N，分解成沿 BC 和沿 AB 之分力為 Q 和 P，P 與 Q 為多少？

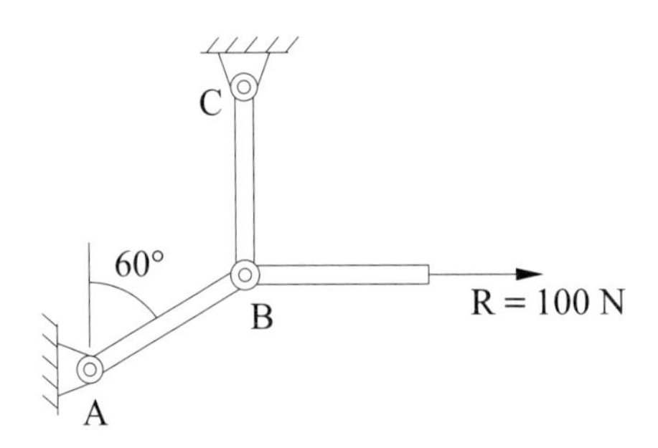

4. 如圖所示之同平面共點力系中，求此力系之合力大小為若干？

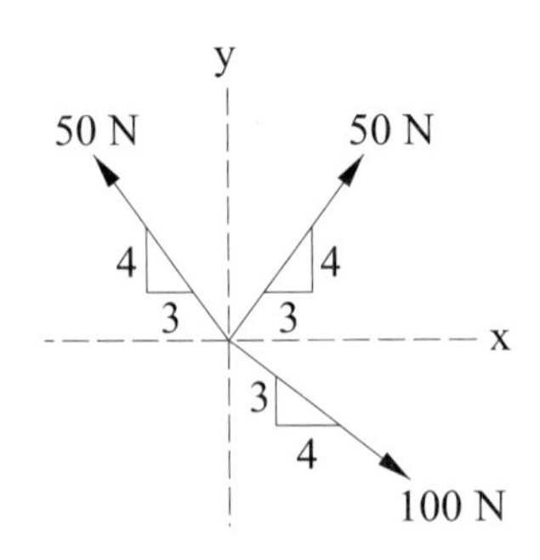

5. 如圖所示，$T_1 = 80$ N，$T_2 = 80$ N 作用於一滑輪，其對滑輪中心 O 點之力矩為多少？

6. 如圖所示為作用在皮帶輪系統的平面力系（包括二水平力與二個垂直力），該力系對 O 點所產生的力矩大小為多少？

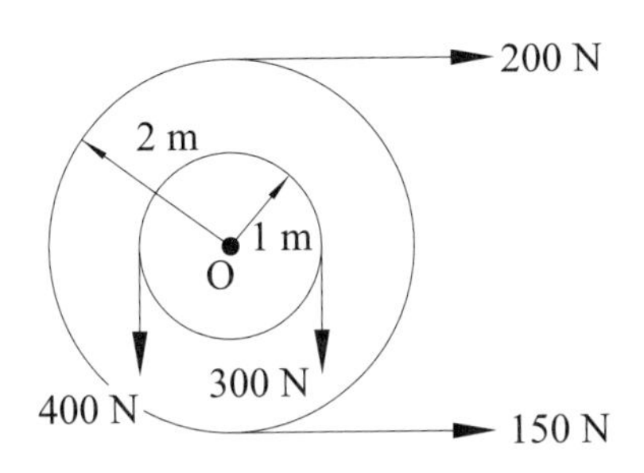

7. 如圖所示，有一 12 N 垂直向下的外力，作用在 8 m 長的水平桿件右側，如將該力以作用在桿件左側端點的等效垂直單力 F 與力偶 C 來取代，則 F 與 C 各為多少？

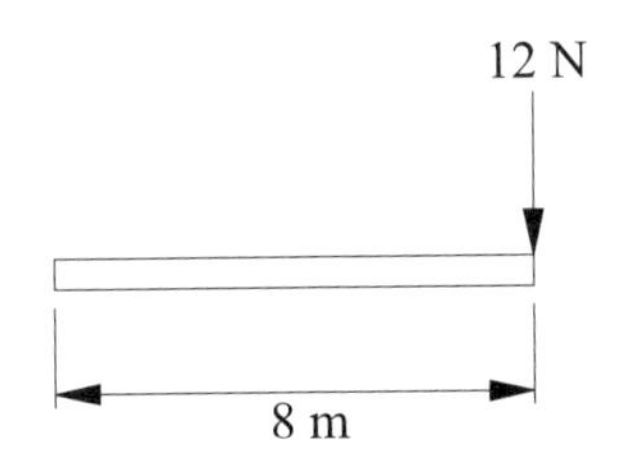

8. 如圖所示為一同平面平行力系，其合力之作用位置到 A 點之距離為多少 m？

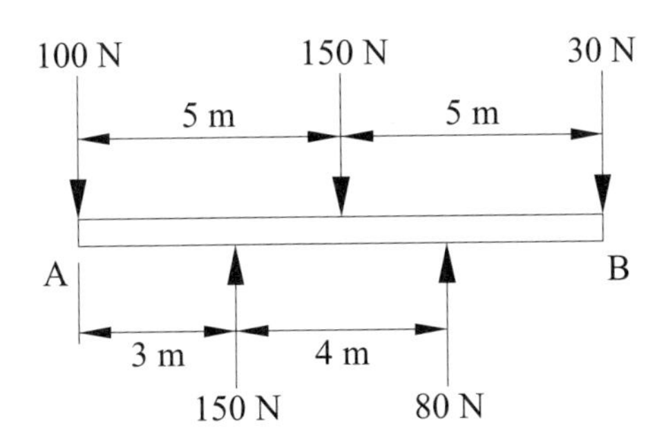

9.如圖所示，其合力偶矩為若干 N·m？

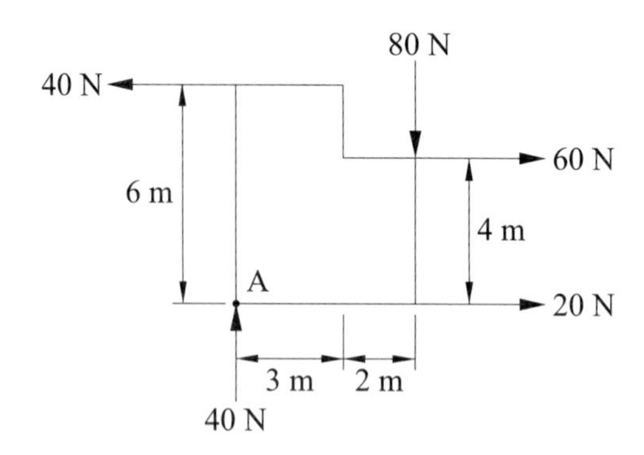

10.如圖，不計重力，則作用力 $\vec{F}$ 對 O 點之力矩 (moment) 為多少？

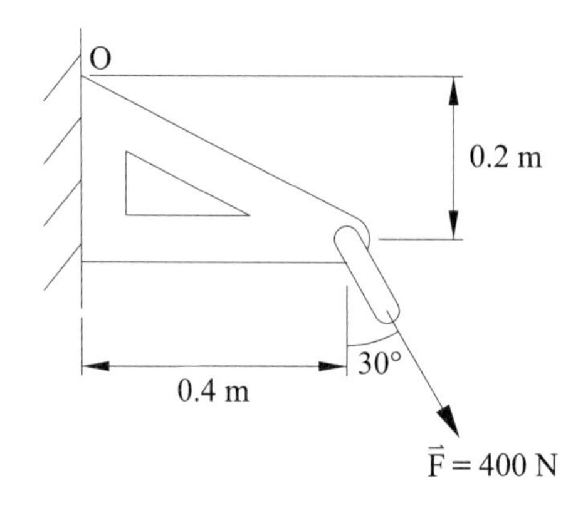

11.如圖所示，求拖曳吊車之舉升繩索上 120 N 之張力對 A 點之力矩為多少？

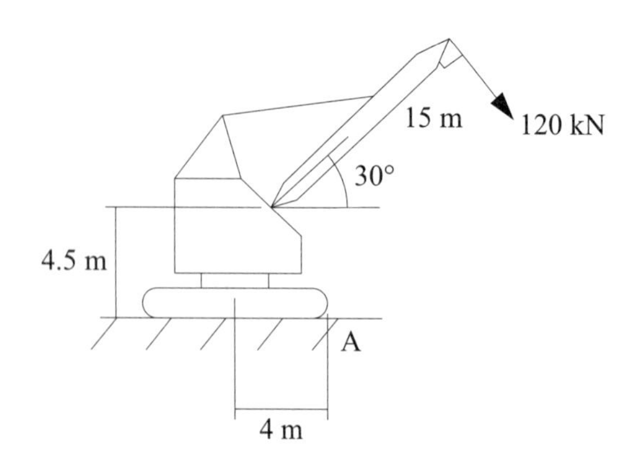

12.如圖所示，則作用於 A 點之彎矩為多少？

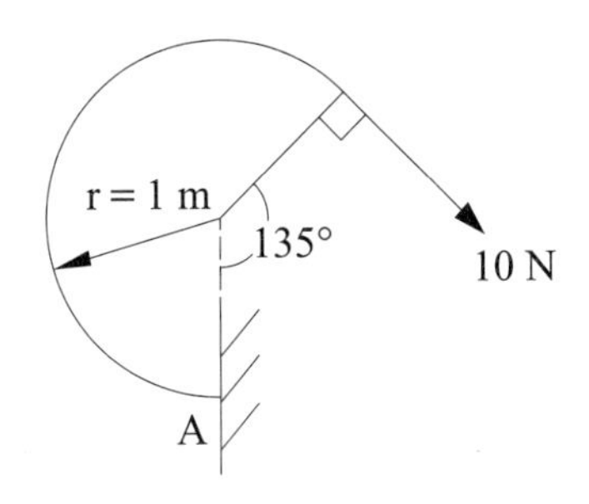

13.如圖所示，欲使 200 N 力對軸 O 點之力矩 M_O 為最大值，則所須之角度 θ 為多少？

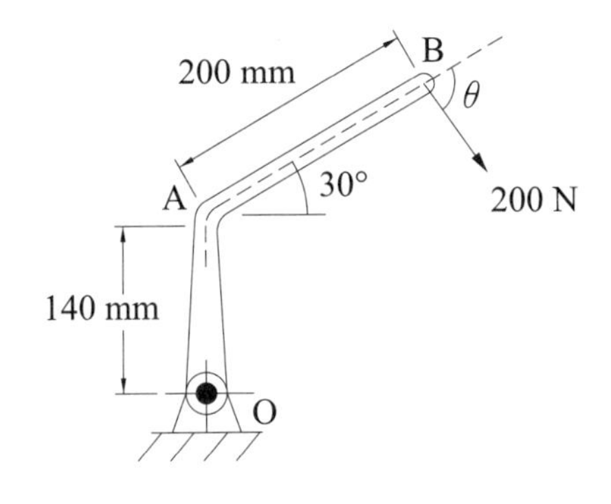

筆記欄

第3章 力系的合成

3-1 力　系

一、力　系

㈠兩個或兩個以上之力同時作用於一剛體或質點上，此作用力為力系 (force system)。

㈡力系依是否同平面主要分為同平面與空間力系（不同平面）。

㈢力系依作用力位置分為共線、共點、平行、不共點不平行力系。

二、力系分類

㈠共線力系 (collinear force system)

力系中之各力皆作用於同一作用線上，圖 3–1–1 ⒜所示。

㈡同平面共點力系 (concurrent force system)

力系中各力皆於同一平面上且各力之作用線相交於一點，圖 3–1–1 ⒝所示。

㈢同平面平行力系 (parallel, coplanar force system)

力系中各力皆於同一平面上且各力之作用線相互平行，圖 3–1–1 ⒞所示。

㈣同平面不共點不平行力系 (non-concurrent, non-parallel, coplanar force system)

力系中各力皆於同一平面上，但各力之作用線既不相交於一點亦不相互平行，圖 3–1–1 ⒟所示，亦稱同平面一般力系。

㈤空間共點力系 (concurrent force system in space)

力系中之各力其作用線交於一點，而各力並不在同一平面上，圖 3–1–1 ⒠所示。

㈥空間平行力系 (parallel force system in space)

力系中之各力其作用線相互平行，而各力並不在同一平面上，圖 3–1–1 ⒡所示。

㈦空間不共點不平行力系 (non-concurrent, non-parallel force system in space)

力系中之各力其作用線既不交於一點亦不相互平行，且各力並不在同一平面上，

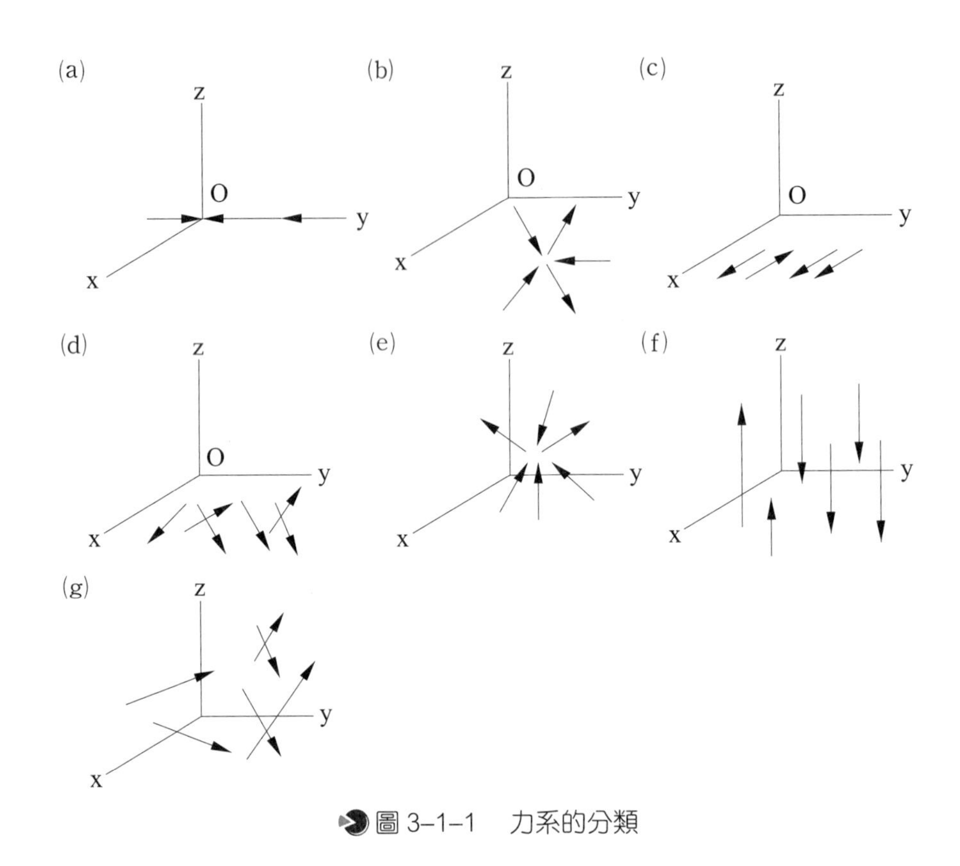

圖 3–1–1　力系的分類

圖 3–1–1 (g)所示。

三、等值力系

㈠兩力系若對同一剛體產生相同之「外效應」，則稱此兩力系互為「等效力系」(equivalent force system) 或「等值力系」。

㈡一力系對剛體所產生之外效應為零，則稱此力系為平衡力系 (balanced force system)，亦即作用於剛體之力系為平衡力系，則此力系不會改變剛體之運動狀態，即靜者恆靜，動者恆作等速度直線運動。

㈢等值力系條件：

1. 兩力系的「合力」相等 ⇒ 平移運動相同。
2. 兩力系對任一點的「合力矩」相等 ⇒ 旋轉運動相同。

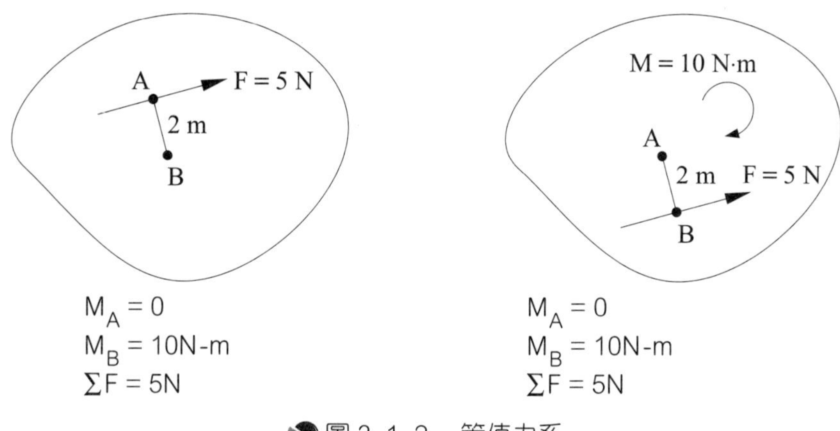

圖 3–1–2　等值力系

四、合成力系

㈠將作用於物體的力系，合併成一單力而不改變物體之外效應的方法。此一單力即為合力，合力不一定比原來的力量大。

㈡力系中求得最簡單之單一等效力系。

五、平衡力系

㈠若一力系作用於任一物體上，不改變其運動狀態時，稱此力系為平衡力系（即物體靜止或作等速直線運動）。

㈡條件：

1. 合力 $\vec{R} = 0$
2. 合力矩 $\Sigma M = 0$

3–2 平面力系的合成

一、目的

由「等效力系」之觀念，把複雜力系合成為最簡單的力系。

二、作法

㈠代數解法：

1. 建立一組直角坐標系（通常題目會給定）。
2. 將所有作用力與力偶移動至坐標原點 O，在原點可得一等效單力 $\vec{R}$ 與等效力偶 $\vec{M}_O$。

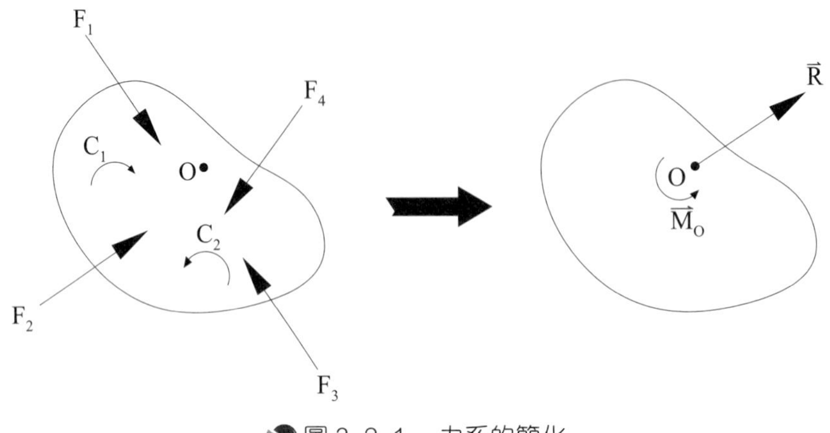

圖 3–2–1　力系的簡化

3. $\vec{R}=\Sigma F_x\vec{i}+\Sigma F_y\vec{j}$

4. 合力大小：$R=\sqrt{(\Sigma F_x)^2+(\Sigma F_y)^2}$，方向：$\theta=\tan^{-1}\dfrac{\Sigma F_y}{\Sigma F_x}$

5. 由兩力系「合力矩相等」，可求出合力作用線之位置：

　由力矩原理：$\Sigma M_O=R\cdot d$，移項得：$d=\dfrac{\Sigma M_O}{R}$

㈡圖解法：

1. 用首尾相接，缺口就是合力。

2. 力的多邊形可求合力之大小及方向，與力量先後次序無關。

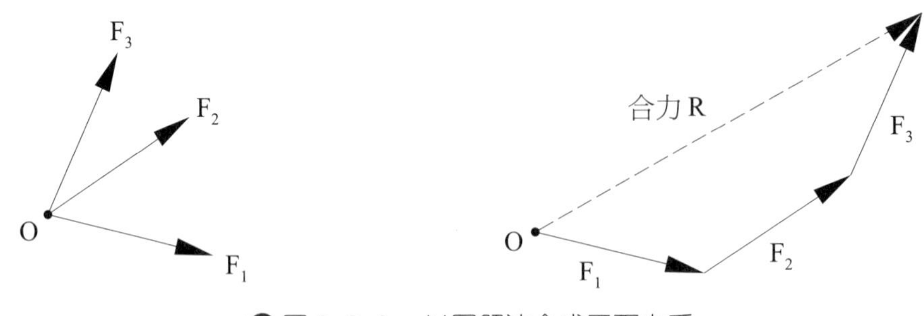

圖 3–2–2　以圖解法合成平面力系

三、平面力系合成之可能情形

㈠若 $\vec{R} \neq 0$ 且 $\Sigma M = 0$，則力系之合力為「一單力」。

㈡若 $\vec{R} = 0$ 且 $\Sigma M \neq 0$，則合成力系為「一力偶」。

㈢若 $\vec{R} = 0$ 且 $\Sigma M = 0$，則合成力系處於平衡狀態。

㈣若 $\vec{R} \neq 0$ 且 $\Sigma M \neq 0$ $(\vec{R} \perp \vec{M}_O)$ $\Rightarrow$ 可化成另一作用線上的單力。

範例 1

如圖所示，三同平面共點力之合力在水平方向，試求合力之大小方向。

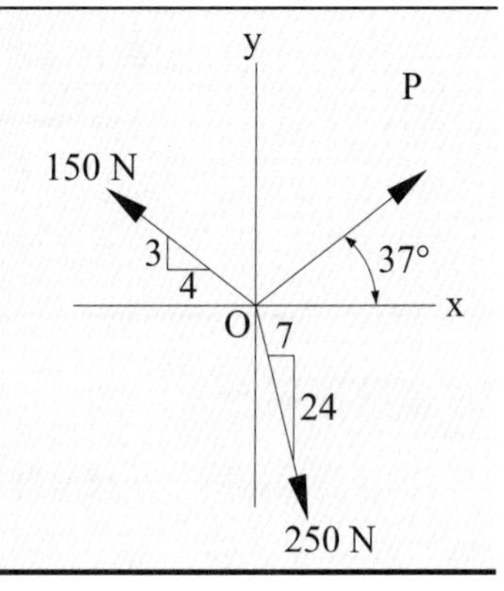

解題觀念

此部分的觀念與上章相同，不熟悉的讀者不妨可以往前複習。

解 合力在水平方向

$\therefore \Sigma F_y = 0 = 90 + \frac{3}{5}P - 240$

$\therefore \frac{3}{5}P = 150 \quad \therefore P = 250\text{ N}$

$\therefore$ 合力 $= \Sigma F_x = 70 + \frac{4}{5} \times 250 - 120$

$= 150\text{ N}$（→）

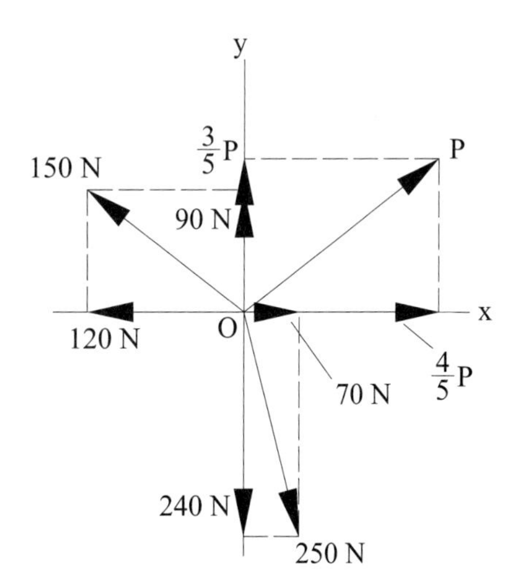

範例 2

如圖所示，試求此平行力系之合力之大小為若干 N？及距 A 點之距離為若干公分？

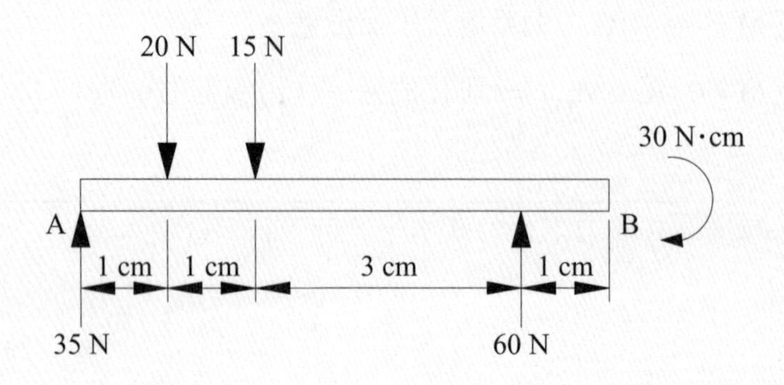

解題觀念

與上題目相同，一樣是屬於上一章節的東西，不熟悉的讀者不妨再看看前面的章節。

解 合力 $R = 35 - 20 - 15 + 60 = 60$ N（↑）

由力矩原理，設合力距 A 點 X cm

對 A 點：

$60 \cdot X = -20 \times 1 - 15 \times 2 + 60 \times 5 - 30 = 220$

$\therefore X = 3.66$ cm（距 A 右側）

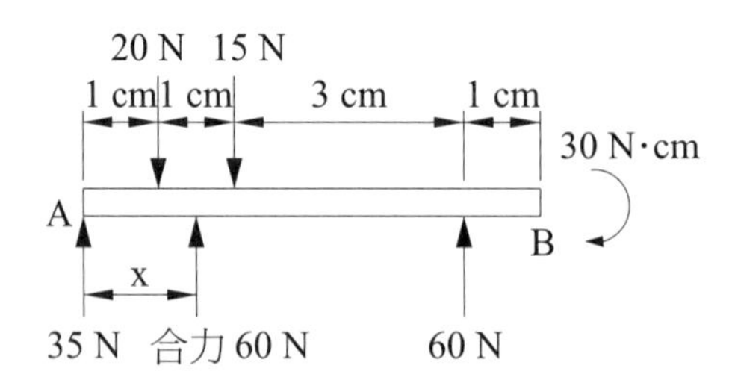

3-3 空間力系的合成

一、目的

由「等效力系」之觀念，把複雜力系合成為最簡單的力系。

二、作法

㈠建立一組直角坐標系（通常題目會給定）。

㈡將所有作用力與力偶移動至坐標原點 O，在原點可得一等效單力 $\vec{R}$ 與等效力偶 $\vec{M}_O$。

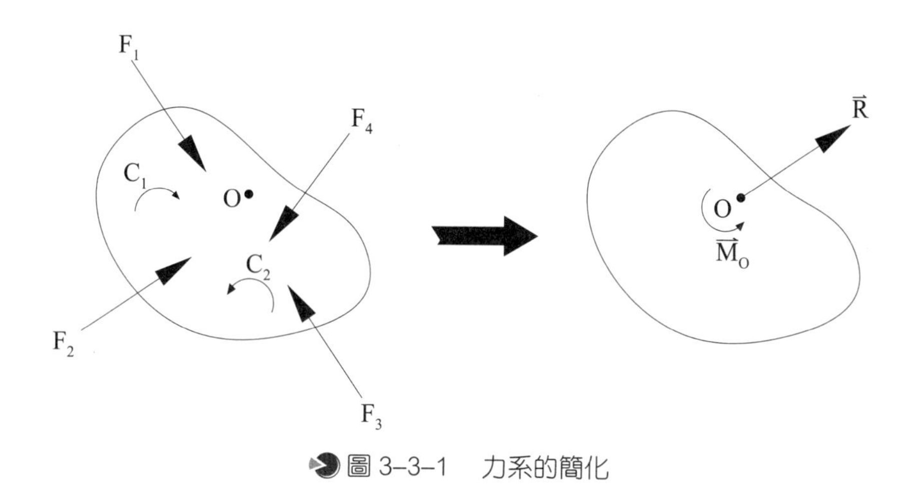

圖 3-3-1 力系的簡化

㈢ $\vec{R}=\Sigma F_x\vec{i}+\Sigma F_y\vec{j}+\Sigma F_z\vec{k}$

㈣合力大小：$R=\sqrt{(\Sigma F_x)^2+(\Sigma F_y)^2+(\Sigma F_z)^2}$

㈤ $\vec{M}_O=[\sum_i F_i d_i+\sum_i C_i]\vec{k}$

㈥由兩力系「合力矩相等」，可求出合力作用（點）之位置：

由力矩原理：$\Sigma\vec{M}_O=\vec{r}\times\vec{R}$

三、空間力系合成之可能情形

㈠若 $\vec{R}\neq 0$ 且 $\Sigma M=0$，則力系之合力為「一單力」。

㈡若 $\vec{R}=0$ 且 $\Sigma M\neq 0$，則合成力系為「一力偶」。

㈢若 $\vec{R}=0$ 且 $\Sigma M=0$，則合成力系處於平衡狀態。

㈣若 $\vec{R}\neq 0$ 且 $\Sigma M\neq 0$ $(\vec{R}\perp\vec{M}_O)$ ⇒ 可化成另一作用線上的單力。

範例 3

如圖所示，三力偶，其合力偶矩之大小為多少？

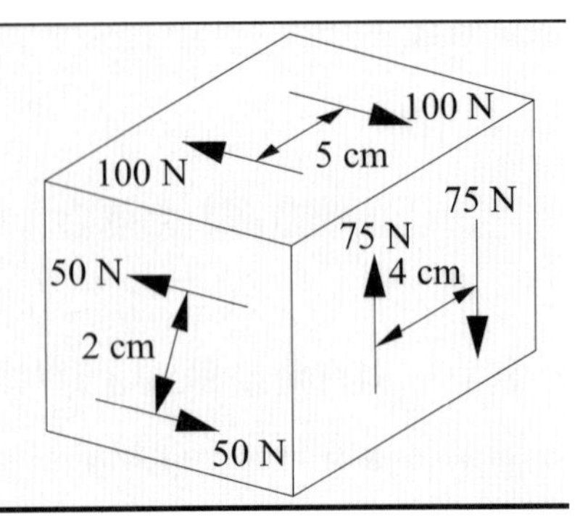

解題觀念

此題是空間力偶的問題，其解法與合力相同。

解 $C_R = \sqrt{{C_x}^2 + {C_y}^2 + {C_z}^2} = \sqrt{100^2 + 300^2 + 500^2} = \sqrt{350000} = 591.6\ N \cdot cm$

範例 4

如圖所示，R 為 P，Q，S 三力之合力，若 R = 40 N，則此三力之大小分別為多少？

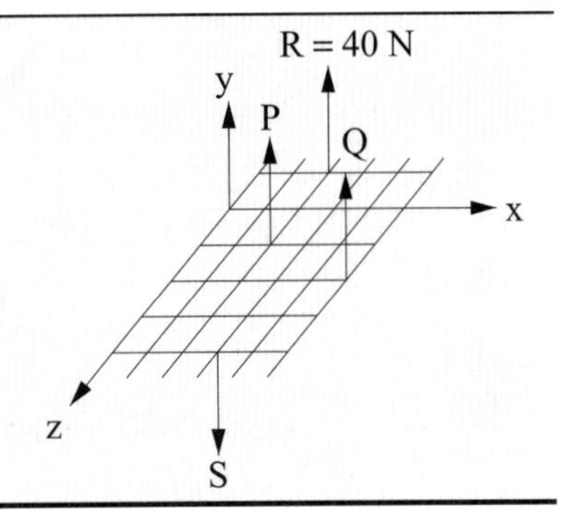

解題觀念

本題是做等效力系來說，算是困難的題目。主要除了知道合力大小的問題，還需考慮合力位置的問題，解法與 2D 相同，只是要多考慮一個軸向的轉向。

 $\because R = \sum F_y \quad \therefore P + Q - S = 40 \cdots\cdots$ ①

$\sum M_x = 40 \times 1 = -(P \times 1 + Q \times 2 - S \times 4) \quad \therefore P + 2Q - 4S = -40 \cdots\cdots$ ②

$\sum M_z = 40 \times 2 = P \times 2 + Q \times 5 - S \times 3 \quad \therefore 2P + 5Q - 3S = 80 \cdots\cdots$ ③

$\therefore S = 30\ N$，$Q = 10\ N$，$P = 60\ N$

本章重點精要

1. 力系：兩個或兩個以上之力同時作用於一剛體或質點上，此作用力為力系。
2. 力系分類：共線力系、同平面共點力系、同平面平行力系、同平面不共點不平行力系、空間共點力系、空間平行力系、空間不共點不平行力系。
3. 等值力系：兩力系若對同一剛體產生相同之「外效應」，則稱此兩力系互為「等效力系」(equivalent force system) 或「等值力系」。
4. 平衡力系：若一力系作用於任一物體上，不改變其運動狀態時，稱此力系為平衡力系（即物體靜止或作等速直線運動）。合力 $\vec{R}=0$、合力矩 $\Sigma M=0$。
5. 平面力系的合成代數解法：合力大小：$R=\sqrt{(\Sigma F_x)^2+(\Sigma F_y)^2}$
6. 平面力系的合成代數解法：合力方向：$\theta=\tan^{-1}\dfrac{\Sigma F_y}{\Sigma F_x}$
7. 平面力系的合成代數解法：合力作用線之位置：由力矩原理：$\Sigma M_O=R\cdot d$，移項得：$d=\dfrac{\Sigma M_O}{R}$
8. 平面力系合成之可能情形：
   (1)若 $\vec{R}\neq 0$ 且 $\Sigma M=0$，則力系之合力為「一單力」。
   (2)若 $\vec{R}=0$ 且 $\Sigma M\neq 0$，則合成力系為「一力偶」。
   (3)若 $\vec{R}=0$ 且 $\Sigma M=0$，則合成力系處於平衡狀態。
   (4)若 $\vec{R}\neq 0$ 且 $\Sigma M\neq 0$ $(\vec{R}\perp\vec{M}_O)$ $\Rightarrow$ 可化成另一作用線上的單力。
9. 空間力系的合成代數解法：合力大小：$R=\sqrt{(\Sigma F_x)^2+(\Sigma F_y)^2+(\Sigma F_z)^2}$
10. 空間力系的合成代數解法：合力方向：$\vec{R}=\Sigma F_x\vec{i}+\Sigma F_y\vec{j}+\Sigma F_z\vec{k}$
11. 空間力系的合成代數解法：合力作用線之位置：由力矩原理：$\Sigma M_O=R\cdot d$，移項得：$d=\dfrac{\Sigma M_O}{R}$
12. 空間力系合成之可能情形：

⑴若 $\vec{R} \neq 0$ 且 $\Sigma M = 0$，則力系之合力為「一單力」。

⑵若 $\vec{R} = 0$ 且 $\Sigma M \neq 0$，則合成力系為「一力偶」。

⑶若 $\vec{R} = 0$ 且 $\Sigma M = 0$，則合成力系處於平衡狀態。

⑷若 $\vec{R} \neq 0$ 且 $\Sigma M \neq 0$ $(\vec{R} \perp \vec{M}_O)$ $\Rightarrow$ 可化成另一作用線上的單力。

學習評量練習

1. 如圖所示，三同平面共點力之合力在水平方向，試求合力之大小方向。

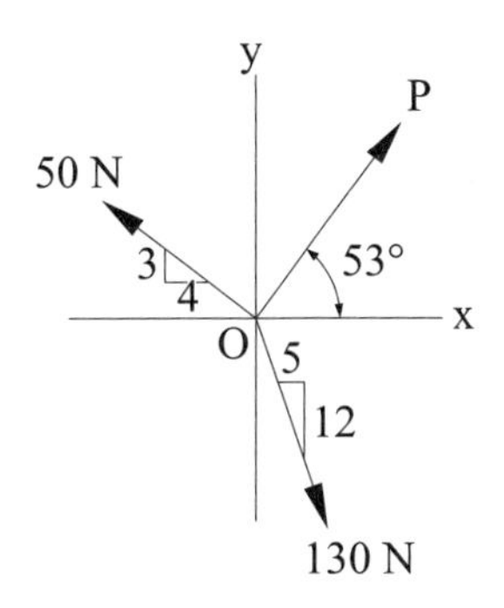

2. 如圖所示，一力 F = 200 N 與水平夾角 30°，將其分解為水平與垂直兩分力。

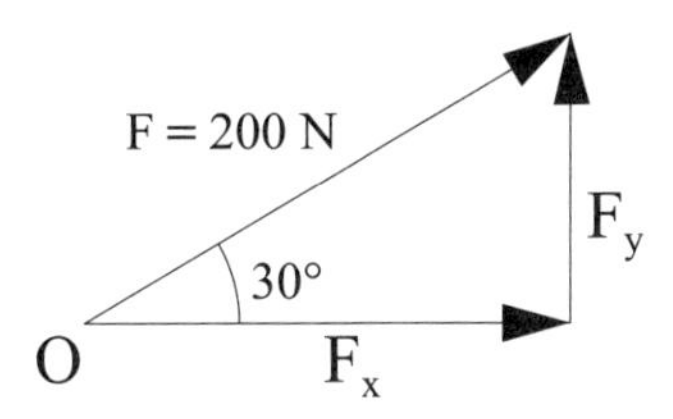

3. 將 390 N 之力分解為二分力，一力 P 垂直斜面 AB，另一力 Q 沿斜面 AB。

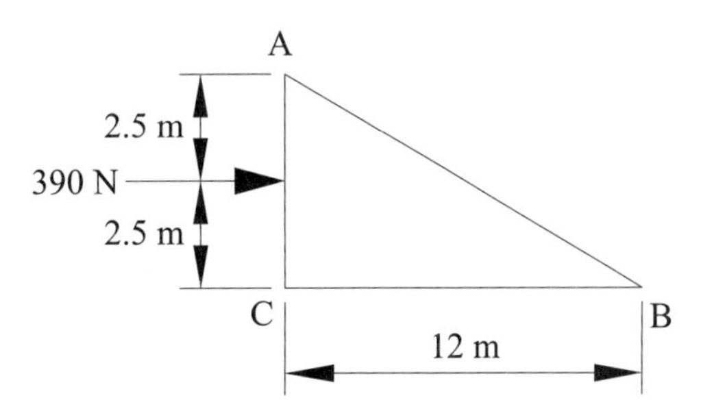

4. 如圖所示之力系，合力之大小為多少？

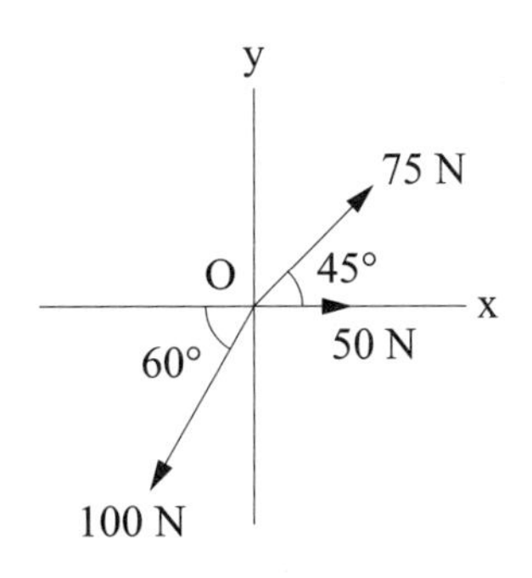

5. 如圖，F = 500 N，試將 F 分解為沿 AB 及 AC 兩方向之分量，則 F_{AB} 與 F_{AC} 之力為何值？

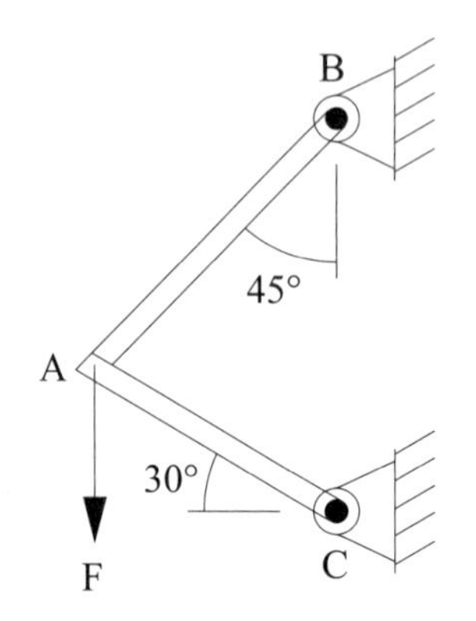

6. 如圖，由繩索施一力 1.6 kN 及令一力 P 作用於長釘上，欲使長釘能從水平方向拔出，則 P 力大小為何？

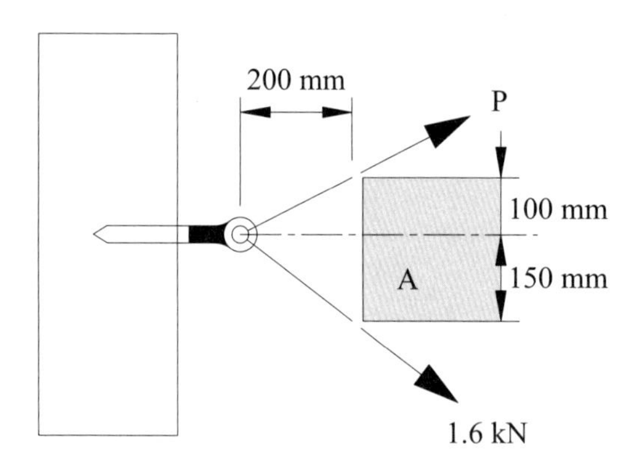

7. 兩位足球員推一靶如圖，A 的推力為 100 lb，B 的推力為 150 lb，則兩足球員施在靶上的合力大小為何？

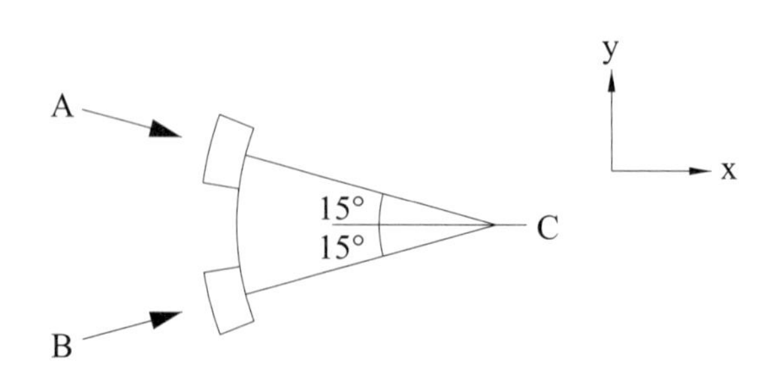

8. 有 AB 二向量，其大小相等（皆不等於 0），若其合向量之大小和 AB 向量之大小相等，則 AB 二向量之夾角為何？

9. 已知兩力 $\vec{P}$ 及 $\vec{Q}$ 交於一點，夾角為 θ，各自的大小為 P 及 Q，則合力 R 大小為多少？

10. 求右圖中 130 N 之力對 O 點之力矩，並求 130 N 至 O 點之垂直距離。

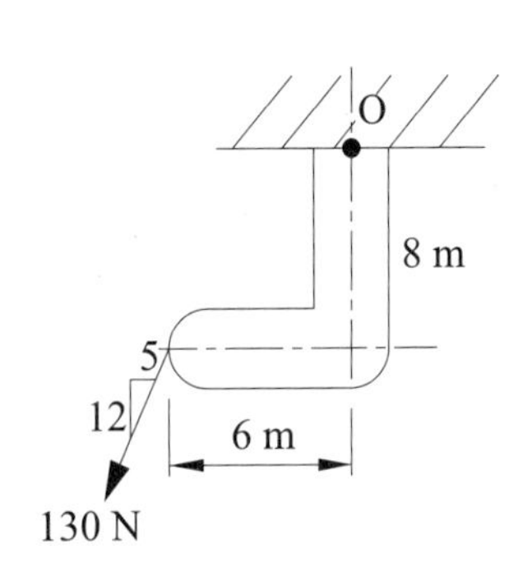

11. 求如下圖所示之力偶矩的大小為若干 N·m？

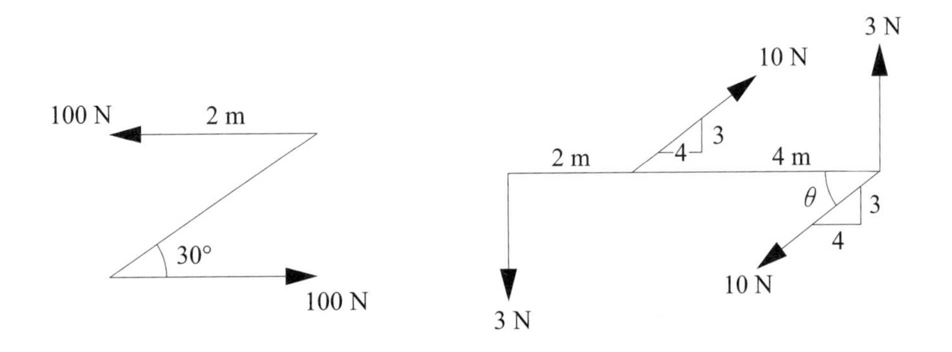

12. 如右圖，將 40 N 之力如何移動，即可以此單力代替如右圖所示之力系？

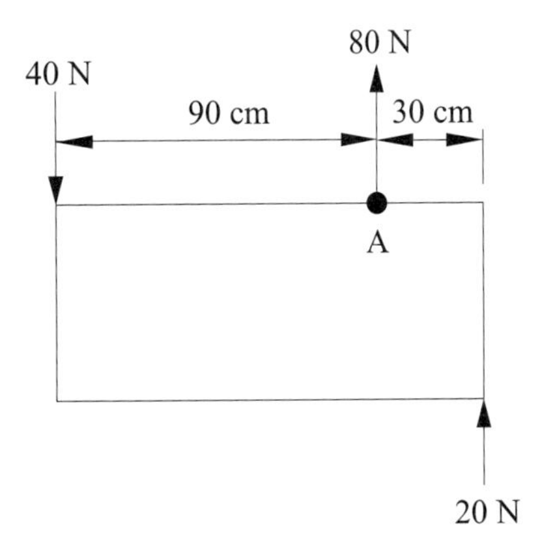

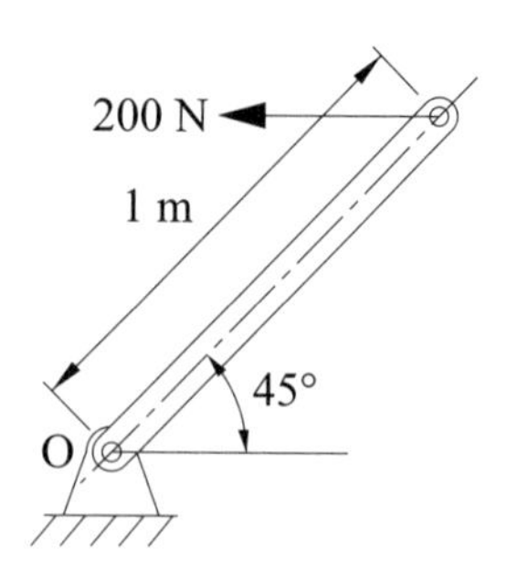

13.將右圖所示，作用於槓桿之水平力 F = 200 N 分解成作用於 O 點之一力與一力偶。則此力偶矩為多少 N·m？

14.如圖，$W_A = 60$ N，$W_B = 30$ N，分別置於光滑之斜面上，在平衡狀態下繩子之張力 T 和 θ 值各為何？

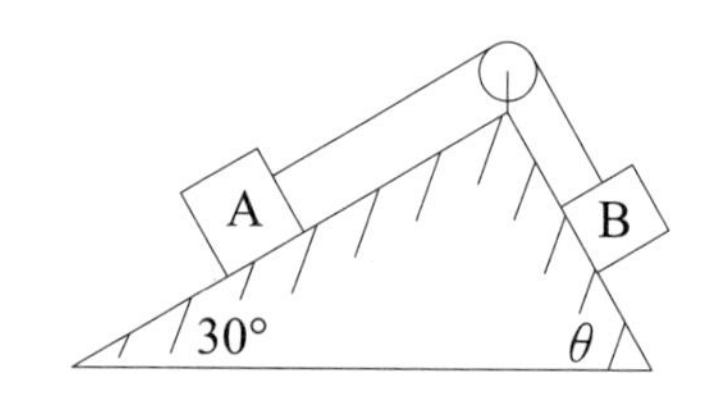

第4章 剛體靜力平衡

4-1 自由體圖的畫法

一、自由體 (F.B.)

㈠將一物體由一個或多個系統所組成的受力剛體中分離出來時，稱之為自由體。

㈡常取系統的某部分分析內力，取整體自由體分析外力。

二、自由體圖 (F.B.D.)

㈠繪出自由體因周圍接觸或支撐所產生之力及所施加之外力，此圖稱之為「自由體圖」或「分離體圖」。

㈡自由體圖可用以表示物體之受力狀況。

三、畫自由體圖之步驟及重點

㈠標示出作用於自由體上之力，常見為重力、繩子拉力、光滑反力、摩擦力等。

㈡反力之方向可自行假設，若算出來為負值，即表示與自行假設的方向相反。

㈢由牛頓第三定律知，作用在同一點之兩自由體圖，其作用力必大小相等，方向相反。

四、物體間的接觸力

㈠正向力：用來確保兩物體不相互貫穿之力，其方向與接觸點之切面相互垂直。如圖 4-1-1 所示。

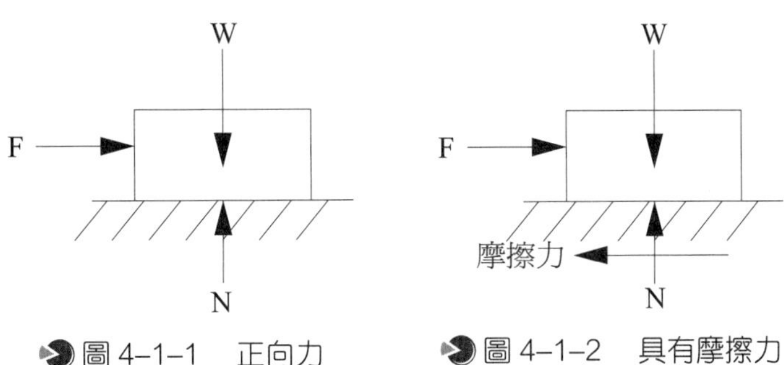

圖 4-1-1　正向力　　圖 4-1-2　具有摩擦力

㈡摩擦力：用來阻止相對滑動的發生，粗糙表面才存在此力，其方向與接觸點之切面相互平行。如圖 4–1–2 所示。(於第七章詳細討論)

4–2 支承反力的表達

一、支承

只要是與受力的物體接觸，且能夠限制物體的運動者均稱為支承。

二、反力

由支承產生的拘束力。

三、常見之平面支承所產生的反力說明

㈠物體

名稱	結構圖	自由體圖
物體	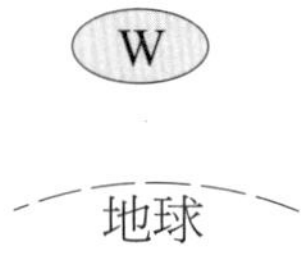 W 地球	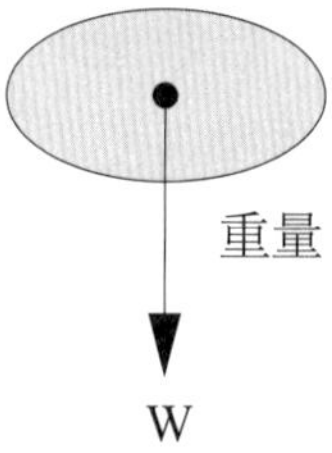 重量 W （重量向下）

㈡繩索

名稱	結構圖	自由體圖
繩索	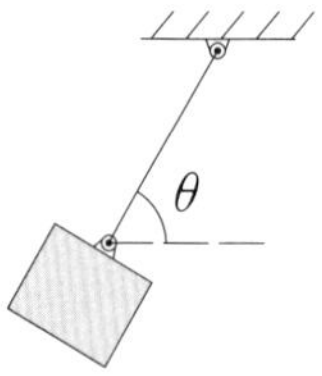 θ	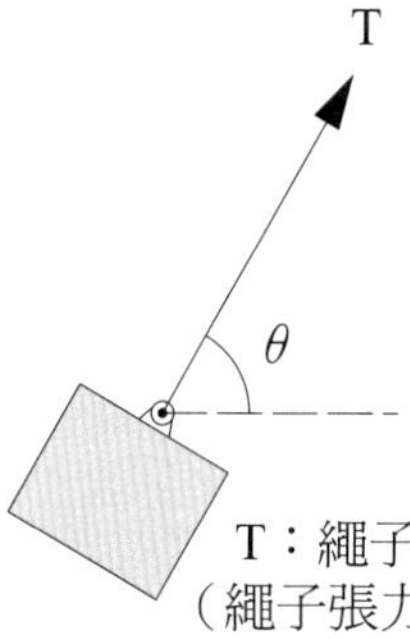 T θ T：繩子張力 （繩子張力向外）

㈢表面光滑

名稱	結構圖	自由體圖
光滑表面	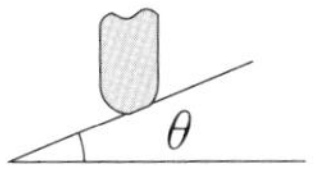 θ	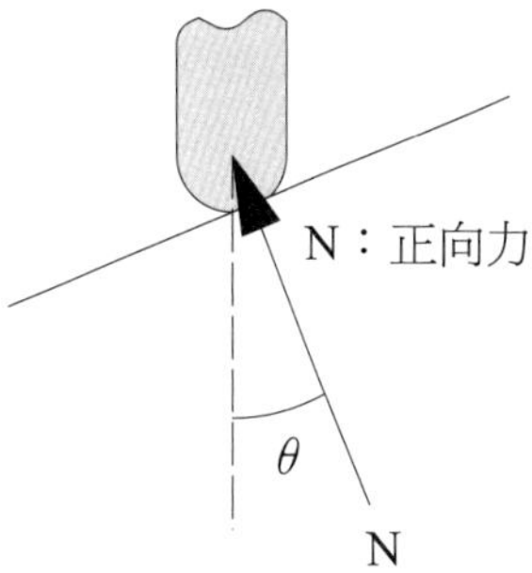 N：正向力 θ N （正向力與接觸面垂直）

㈣滾輪

名稱	結構圖	自由體圖
滾輪（只有一個反力）	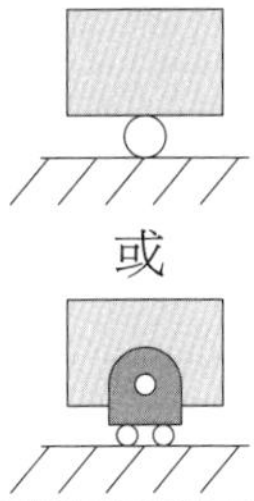 或	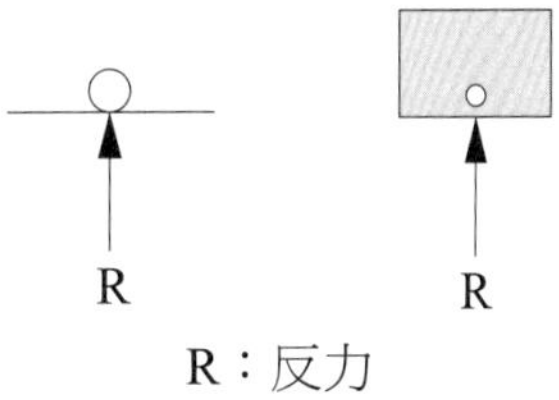 R R R：反力

㈤光滑銷釘

名稱	結構圖	自由體圖
光滑銷釘（有 2 個反力）（鉸接）	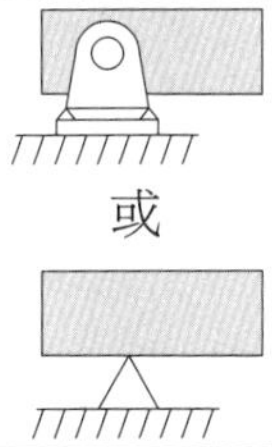 或	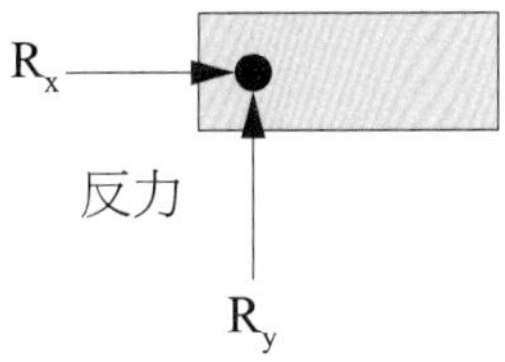 R_x 反力 R_y

㈥固定樑

名稱	結構圖	自由體圖
固定樑（柱）（有 3 個反力）	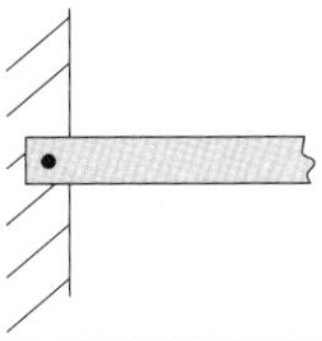	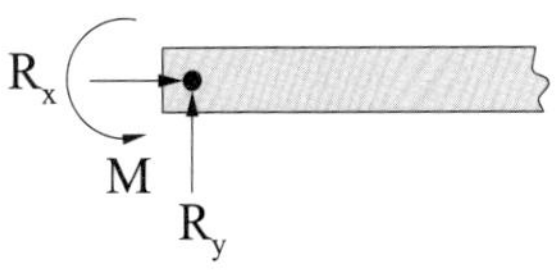 R_x M R_y

四、常見之空間支承所產生的反力

㈠固定楔輕纜索

連續種類	反作用力	未知數數目
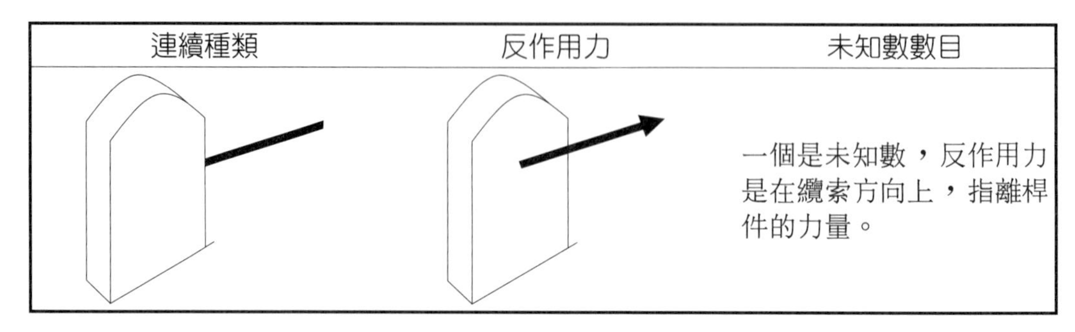		一個是未知數，反作用力是在纜索方向上，指離桿件的力量。

㈡平滑表面支座

連續種類	反作用力	未知數數目
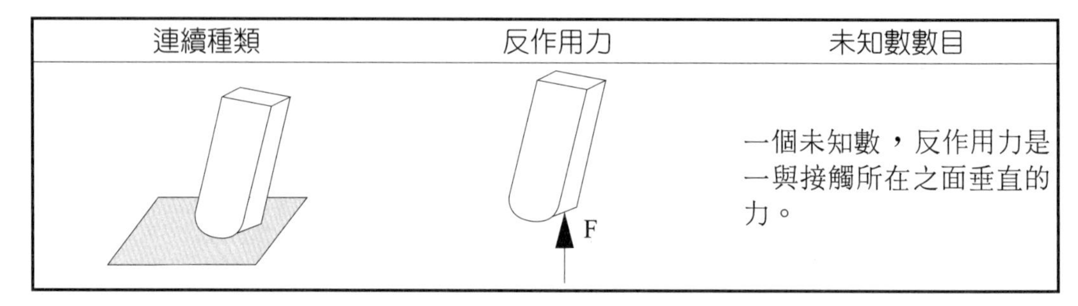		一個未知數，反作用力是一與接觸所在之面垂直的力。

㈢平面上的滾輪

連續種類	反作用力	未知數數目
	F	一個未知數，反作用力是一與接觸點所在之面垂直的力。

㈣球窩支座

連續種類	反作用力	未知數數目
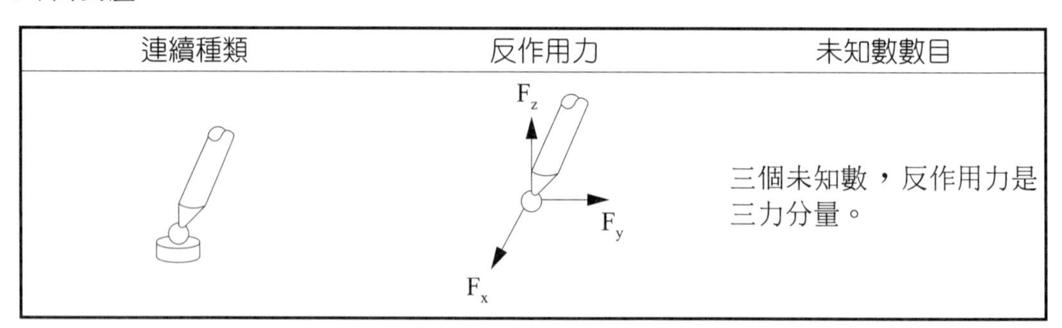		三個未知數，反作用力是三力分量。

㈤光滑軸承

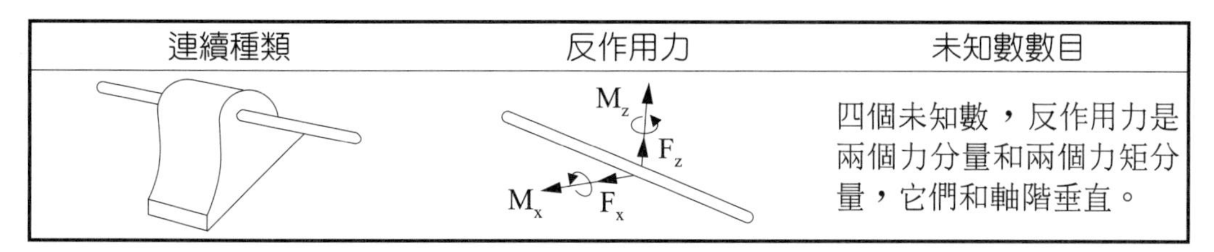

連續種類	反作用力	未知數數目
		四個未知數，反作用力是兩個力分量和兩個力矩分量，它們和軸階垂直。

㈥光滑插銷

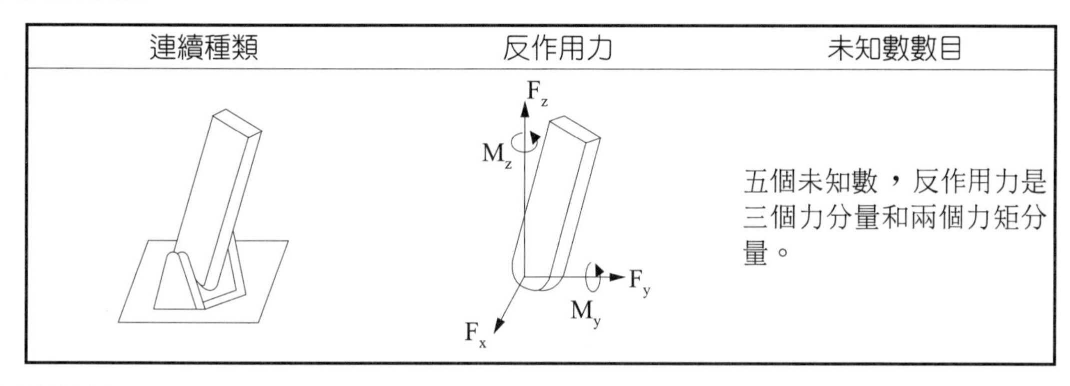

連續種類	反作用力	未知數數目
		五個未知數，反作用力是三個力分量和兩個力矩分量。

㈦單鉸鍊

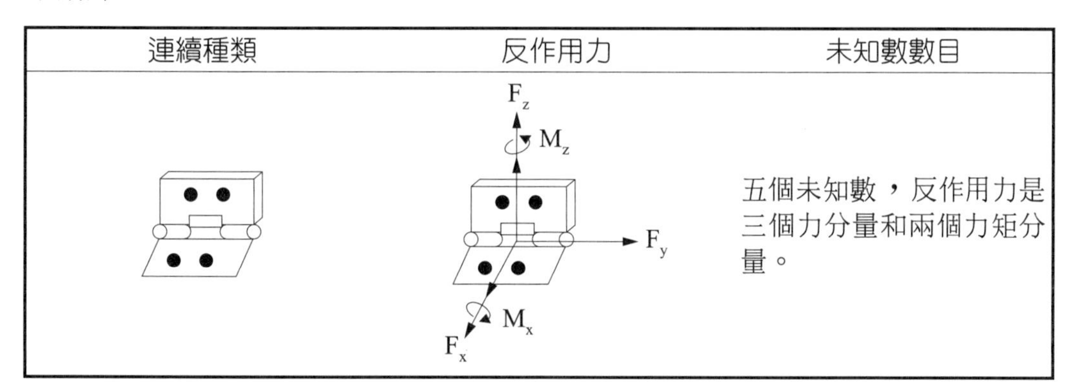

連續種類	反作用力	未知數數目
		五個未知數，反作用力是三個力分量和兩個力矩分量。

㈧固定支撐

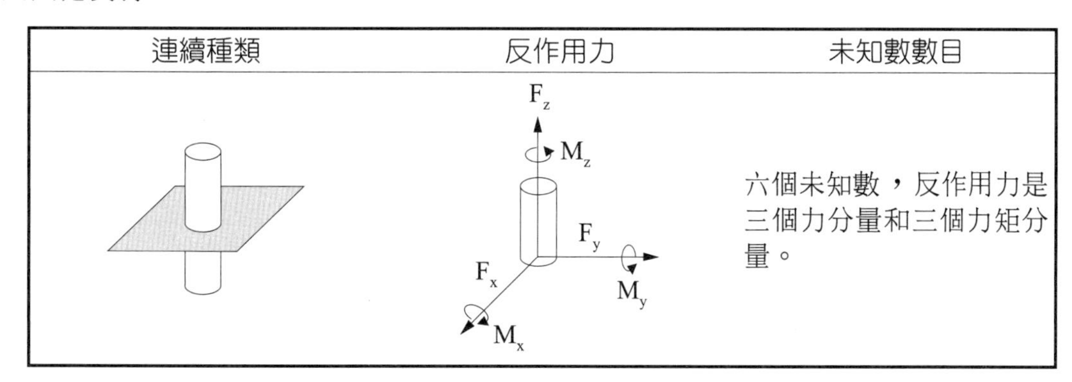

連續種類	反作用力	未知數數目
		六個未知數，反作用力是三個力分量和三個力矩分量。

4-3 二力構件與三力構件

一、二力構件

㈠二力構件：一構件（剛體）若所有外力均作用於構件之兩端，則稱此構件為「二力構件」。

㈡二力構件特性：若二力構件處於平衡時，則兩端受力必「大小相等」、「方向相反」、且「作用在同一直線上」。

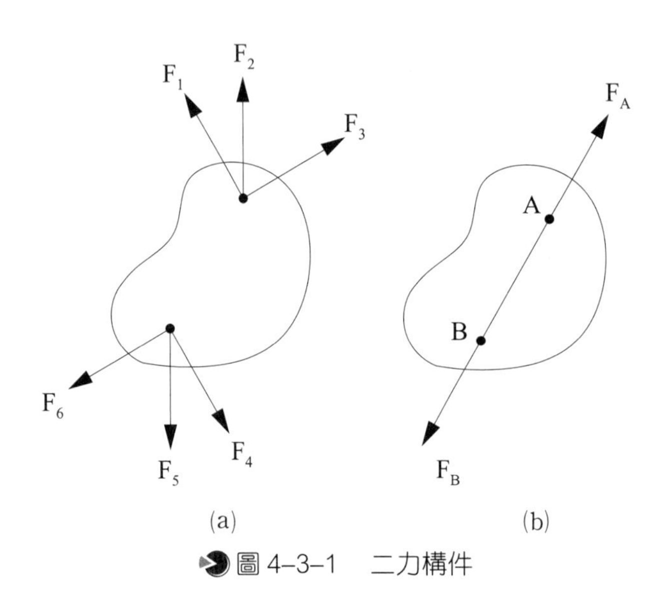

圖 4-3-1　二力構件

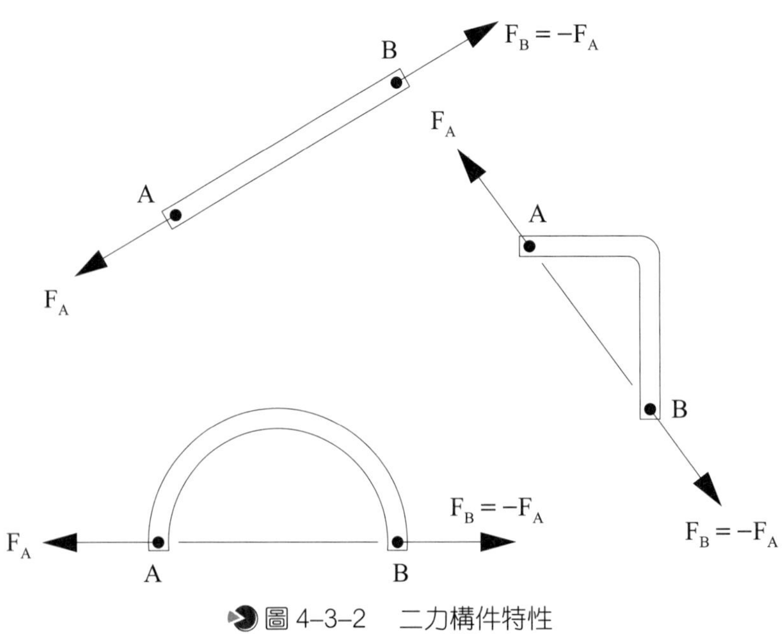

圖 4-3-2　二力構件特性

二、三力構件

㈠三力構件：一構件（剛體）若只有受三力作用，且達到平衡狀態，則稱此構件為「三力構件」。

㈡三力構件特性：處於平衡狀態下的三力構件，其三力會交於一點或相互平行。

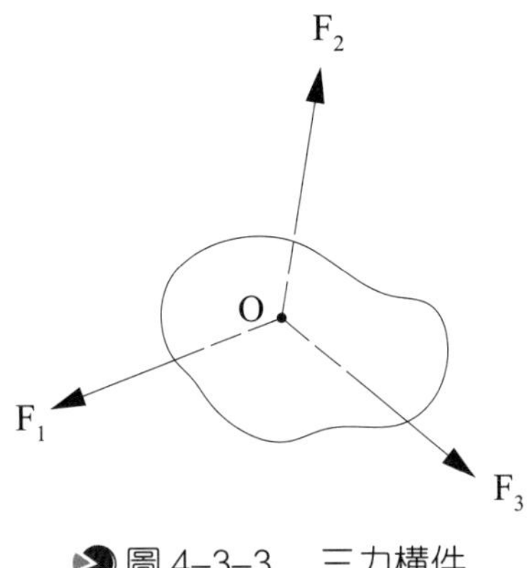

圖 4–3–3　三力構件

範例 1

如圖所示，若 AB 桿重 W，接觸面光滑，試繪出 AB 桿件之自由體圖。

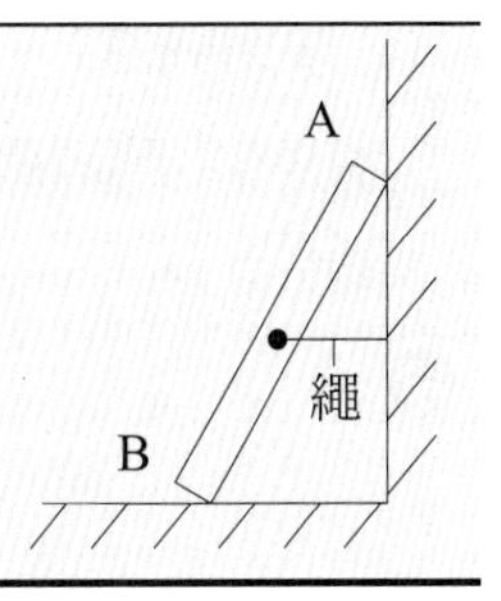

解題觀念

1. 求靜力平衡的題目時，畫自由體圖是永遠的第一步驟，而如何找，找哪一個，這些除了依靠上面所給的觀念外，經驗也是必要的。
2. 光滑斜面 ⇒ 僅有正向力，繩子張力向外。

解

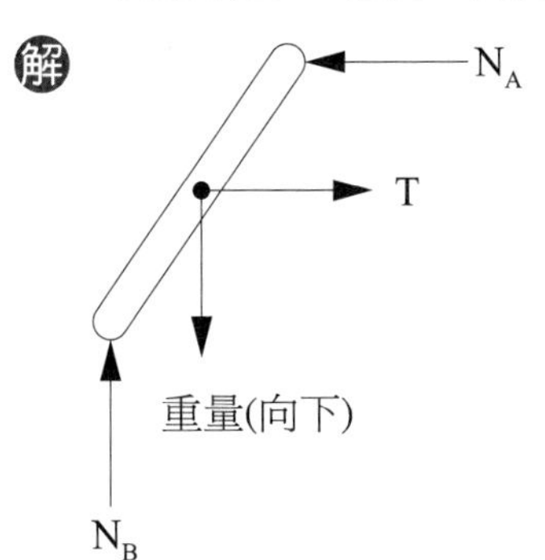

範例 2

如圖所示，圓桶重 400 N，直徑 20 cm，在兩光滑之平面 OA 及 OB 之間，O 點及 A 點均為光滑之銨點，以繩連接 A、B 點，AB 保持水平，如 AB 繩及 OA 桿之重量不計，試繪出：圓桶之自由體圖，OA 桿之自由體圖。

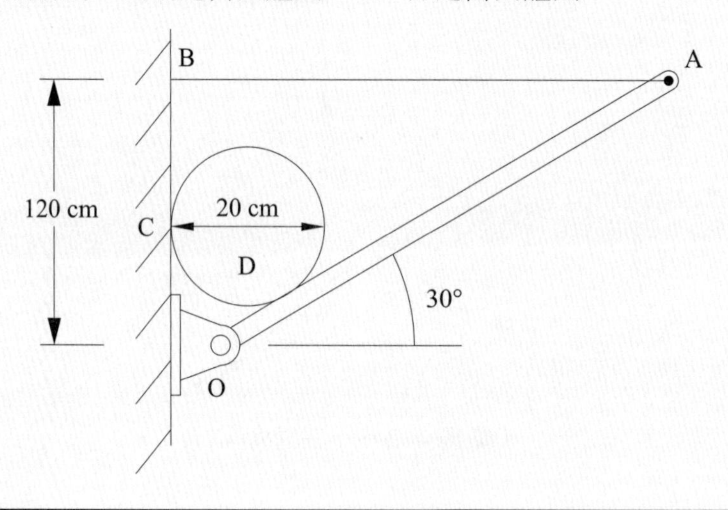

解題觀念

圓桶與木桿接觸點之力對兩個自由體圖中，大小相等，但方向相反，如 N_D 之力（光滑銷釘有兩個分力）。

解

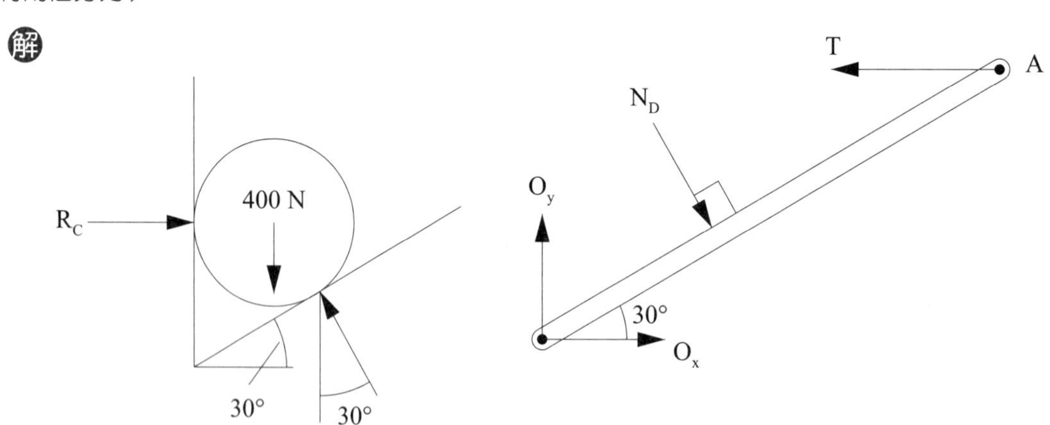

4-4 平衡之觀念與靜力平衡式

一、平衡的意義

一物體，若保持「靜止不動」或「作等速度運動」，則稱此物體處於「平衡狀態」。

二、平衡條件

(一)合力等於零，即 $\Sigma\vec{F}=0 \Rightarrow$ 物體不會移動。

(二)合力矩等於零（對任一點），即 $\Sigma\vec{M}=0 \Rightarrow$ 物體不會轉動。

三、一般平面力系平衡方程式

(一) $\Sigma F=\Sigma F_x\vec{i}+\Sigma F_y\vec{j}=0$

(二) $\Sigma M_O=\Sigma M_z\vec{k}=0$

(三)由於 $\vec{i}$，$\vec{j}$，$\vec{k}$ 各分量分別獨立，上式必須滿足：

1. $\Sigma F_x=0$
2. $\Sigma F_y=0$
3. $\Sigma M_O=0$

四、平面力系平衡方程式

(一)平面共點力系

1. 因為各力作用線均交於同一點 O，因此 $\Sigma M_O=0$ 自動成立。
2. 獨立的平衡方程式僅如下列所示：

$\Sigma F_x=0$

$\Sigma F_y=0$

(二)平面平行力系

1. 因為各力作用線均相互平行（ex：皆平行 y 軸），因此 $\Sigma F_x=0$ 自動被滿足。
2. 獨立的平衡方程式僅如下列所示：

$\Sigma F_y=0$

$\Sigma M_O=0$

㈢平面不共點不平行力系

1. 因為各力作用線均相互平行（ex：皆平行 y 軸），因此 $\Sigma F_x = 0$、$\Sigma F_y = 0$ 及 $\Sigma M_O = 0$ 自動被滿足。

2. 獨立的平衡方程式僅如下列所示：

$\Sigma F_x = 0$

$\Sigma F_y = 0$

$\Sigma M_O = 0$

五、一般空間力系平衡方程式

㈠ $\Sigma F = \Sigma F_x \vec{i} + \Sigma F_y \vec{j} + \Sigma F_z \vec{k} = 0$

㈡ $\Sigma M_O = \Sigma M_x \vec{i} + \Sigma M_y \vec{j} + \Sigma M_z \vec{k} = 0$

㈢由於 $\vec{i}$，$\vec{j}$，$\vec{k}$ 各分量分別獨立，上式必須滿足：

$\Sigma F_x = 0 \quad \Sigma M_x = 0$

$\Sigma F_y = 0 \quad \Sigma M_y = 0$

$\Sigma F_z = 0 \quad \Sigma M_z = 0$

六、空間力系平衡方程式

㈠空間共點力系有三個獨立之平衡方程式：

$\Sigma F_x = 0 \quad \Sigma F_y = 0 \quad \Sigma F_z = 0$

㈡空間平行力系有三個獨立之平衡方程式：(設力系與 y 軸平行)

$\Sigma F_y = 0 \quad \Sigma M_x = 0 \quad \Sigma M_z = 0$

㈢空間非共點非平行力系（一般力系）有六個獨立之平衡方程式：

$$\Sigma \vec{F} = 0 \text{ 或 } \begin{cases} \Sigma F_x = 0 \\ \Sigma F_y = 0 \\ \Sigma F_z = 0 \end{cases}$$

$$\Sigma \vec{M} = 0 \text{ 或 } \begin{cases} \Sigma M_x = 0 \\ \Sigma M_y = 0 \\ \Sigma M_z = 0 \end{cases}$$

範例 3

如圖所示之圓球，重 30 N，用繩子懸吊於牆壁上，求球與牆壁之反力 R 及繩之張力 T 之大小。

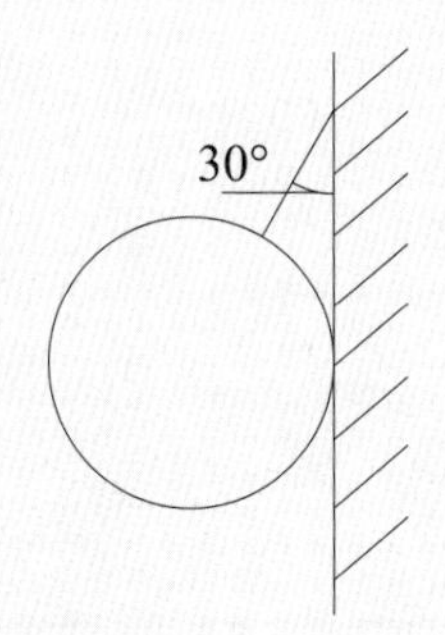

解題觀念

從這裡開始，我們進入到靜力學的主要範圍——平衡問題，而平衡主要就是以力與力矩的和等於零的觀念去求。我們先從較簡單的共點力系平衡開始。共點力系，顧名思義就是所有的力都通過某點，而這一類的題目，平面最多兩個方程式，3D 的最多三個，主要是利用 $\Sigma F = 0$ 的觀念，2D 即是 x，y 軸、3D 即是 x，y，z 三軸。

解 由 $\Sigma F_y = 0$

$T\sin 60° - 30 = 0$

$\therefore T = \dfrac{60}{\sqrt{3}}$ N

由 $\Sigma F_x = 0$

$T\cos 60° - R = 0$

$\therefore R = \dfrac{30}{\sqrt{3}}$ N

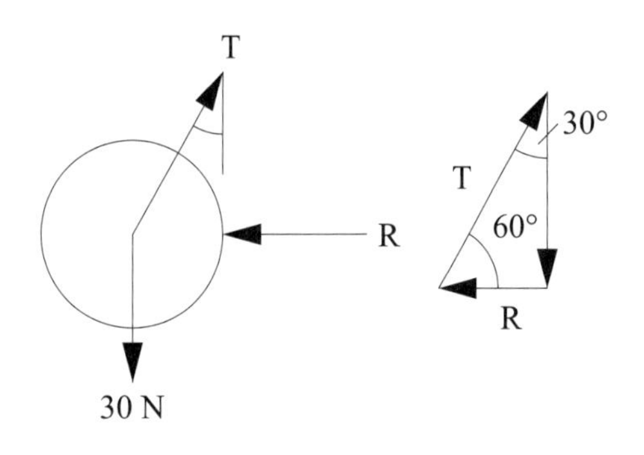

另解

由圖解法：

$R:T:30 = 1:2:\sqrt{3}$

$T = \dfrac{60}{\sqrt{3}}$ N，$R = \dfrac{30}{\sqrt{3}}$ N

範例 4

如圖所示，光滑斜面對 100 N 重之圓筒之反作用力大小 R_A、R_B 各為若干牛頓？

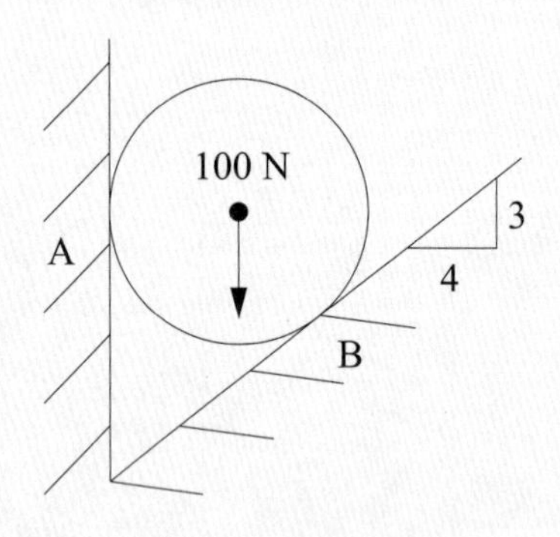

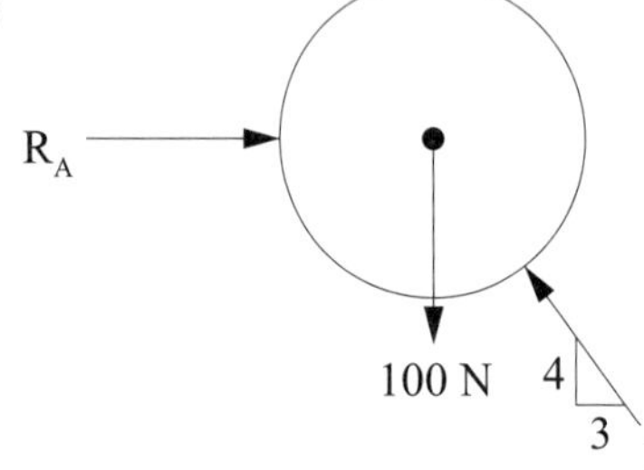

畫自由體圖

$\Sigma F_y = 0$，$\frac{4}{5}R_B - 100 = 0$

$R_B = 125\ N$

$\Sigma F_x = 0$，$R_A - \frac{3}{5}R_B = 0$

$R_A = 75\ N$

另解

三力平衡，故三力必交於一點。

4 倍 = 100 N，1 倍 = 25 N

$\therefore$ 3 倍 = 75 N = R_A

5 倍 = 125 N = R_B

範例 5

如圖所示，W 重為 200 N，求 AB 及 BC 繩各受張力為若干 N？

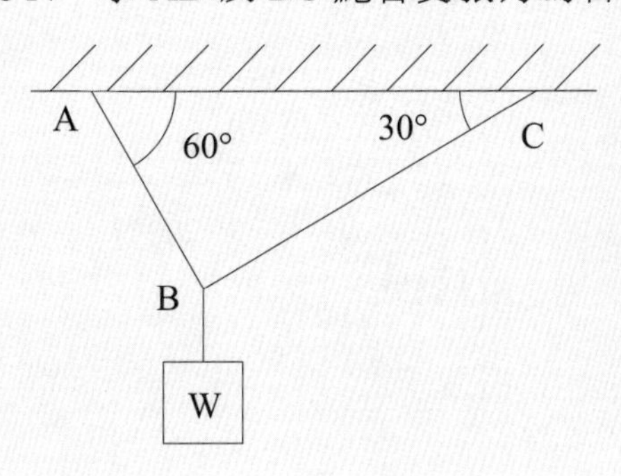

解題觀念

除了我們剛剛兩題示範的代數法之外，當我們知道三個力彼此的角度關係時，我們也能使用拉密定理來求解。

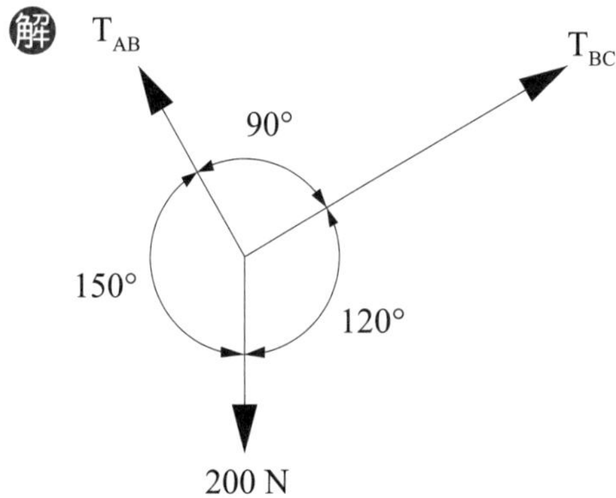

由 $\dfrac{F_1}{\sin\theta_1}=\dfrac{F_2}{\sin\theta_2}=\dfrac{F_3}{\sin\theta_3}$

$$\frac{200}{\sin 90°}=\frac{T_{AB}}{\sin 120°}=\frac{T_{BC}}{\sin 150°}$$

$T_{BC}=100\text{ N}$

$T_{AB}=100\sqrt{3}\text{ N}$

範例 6

如圖所示，若所有之接觸面均為光滑，求 A、B、C、D 各點之反力為多少？

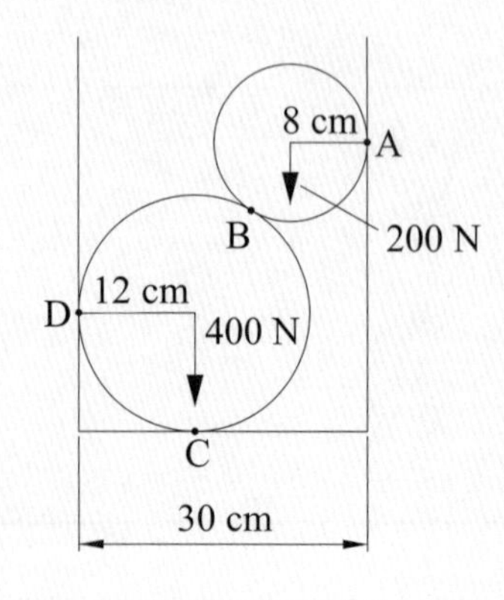

解題觀念

此題若畫整體的自由體圖會發現，未知力超過 2 個，導致不能計算，此題必需拆成兩個自由體圖來計算，建議是拆掉後先將自由體圖畫出，然後先找較少未知數的自由體圖來解。

解 $\Sigma F_y = 0$，$R_C - 400 - 200 = 0$，$R_C = 600$ N

$\Sigma F_x = 0$，$R_A - R_D = 0$，$R_A = R_D$

由 200 N 自由體圖

$$\frac{R_A}{1} = \frac{200}{\sqrt{3}} = \frac{R_B}{2}$$

$$R_B = \frac{400}{\sqrt{3}} \text{ N}$$

$$\therefore R_A = \frac{200}{\sqrt{3}} \text{ N} = R_D$$

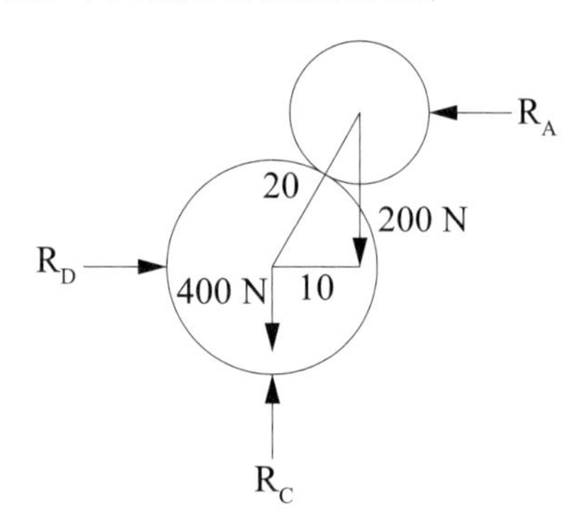

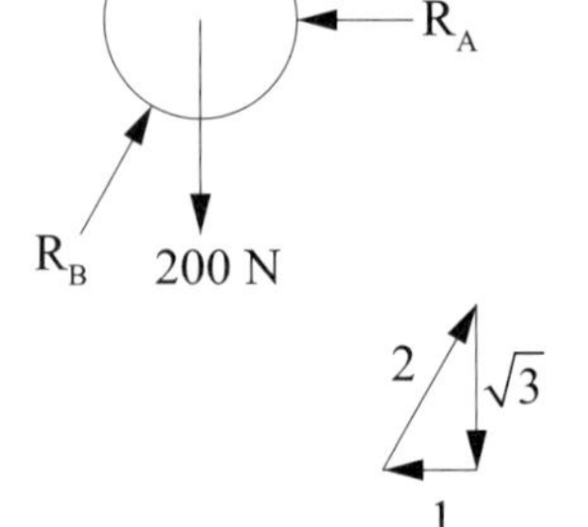

範例 7

如圖所示，設 $\overline{AC}$ 距離固定，$\overline{AC} = a$，$\overline{AB} = L$，欲將 BC 繩縮短可將 AB 桿抬高，反之可將 AB 桿降低，試證無論 θ 為何值，AB 桿所受之壓力不變。

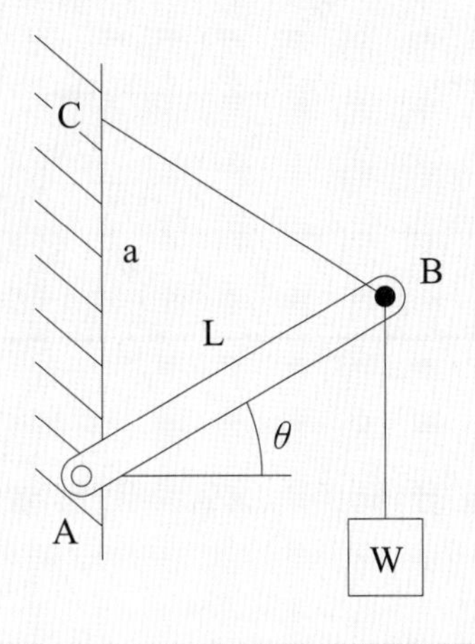

解題觀念

畫出自由體圖，作力之封閉三角形，如下圖所示。

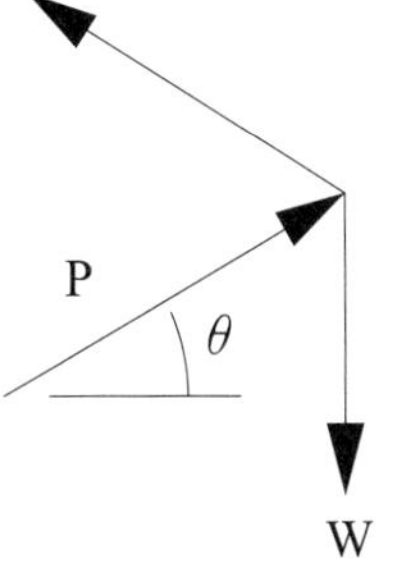

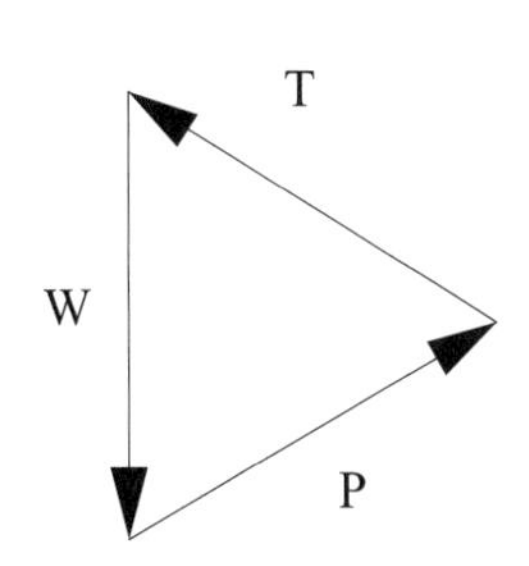

$\because \dfrac{W}{a} = \dfrac{P}{L}$

$\therefore P = \dfrac{W}{a} \times L =$ 常數

（$\because$ a 與 L 均固定不隨 θ 而改變）

$\therefore$ AB 桿之壓力 P 與 θ 角無關

範例 8

如圖所示，半徑 5 cm，重 60 N 之球欲越過 2 cm 障礙物，則 P 為多少 N？

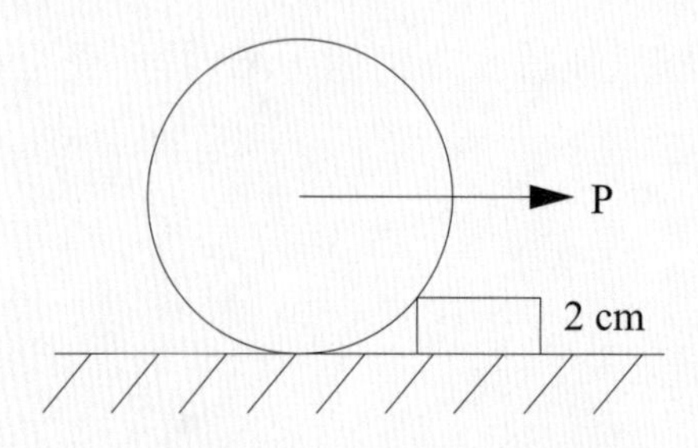

解題觀念

當有許多未知力通過一點時，我們也可以試著利用力矩法來找出答案。

解 對 A 點 $\Sigma M_A = 0$

$P \times 3 - 60 \times 4 = 0 \quad \therefore P = 80\ \text{N}$

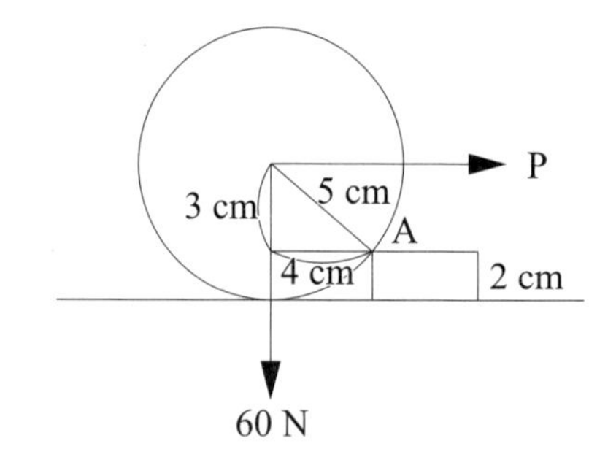

範例 9

如圖所示，一長 100 cm 之兩端支承樑，樑上載有二個集中負荷，如樑重不計，則 B 端之反力為多少？

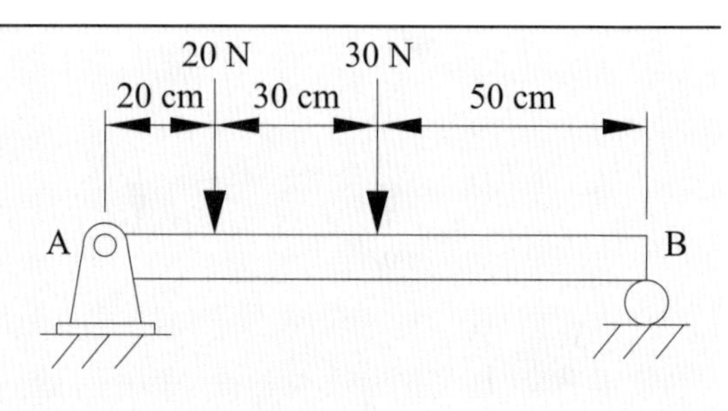

解題觀念

從此題目開始我們要學習同平面非共點力系，因為非共點，所以當 $\Sigma F = 0$，不一定會真的平衡，有時會因為力矩不平衡而使物體轉動（力偶就是最好的例子），所以除了要 $\Sigma F = 0$ 外還需考慮 $\Sigma M = 0$ 才行。

解 $\Sigma M_A = 0$

$20 \times 20 + 30 \times 50 - R_B \times 100 = 0$

$\therefore R_B = 19$ N（↑）

又 $\Sigma F_y = 0$，$R_A + R_B - 20 - 30 = 0$

$\therefore R_A = 31$ N（↑）

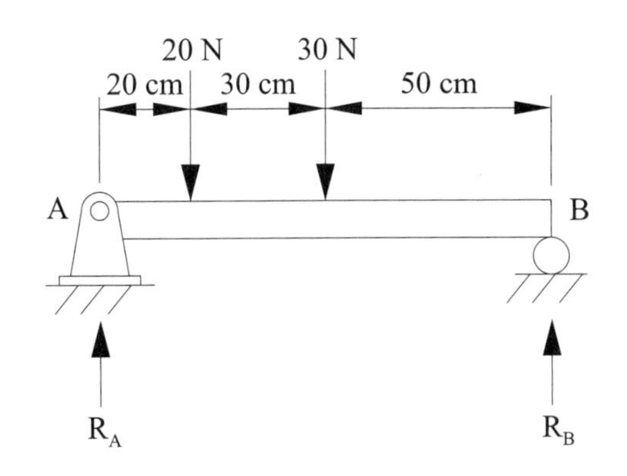

範例 10

如圖所示，求支點 C、D 之反力。

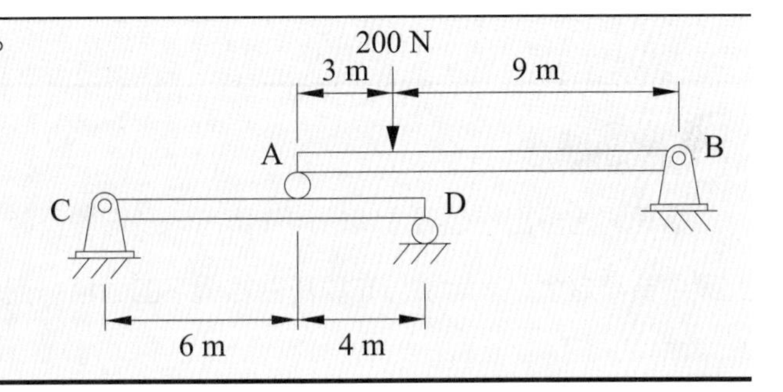

解題觀念

將二樑分別計算，先求 R_A，再將 R_A 合併在 CD 樑上。

解 由 $\Sigma M_B = 0$

$200 \times 9 - R_A \times 12 = 0$

$\therefore R_A = 150$ N

由 $\Sigma M_C = 0$

$R_A \times 6 - R_D \times 10 = 0$

$\therefore R_D = 0.6 R_A = 90$ N（↑）

由 $\Sigma F_y = 0$

$R_C + R_D - R_A = 0$

$\therefore R_C = R_A - R_D$

$= 60$ N（↑）

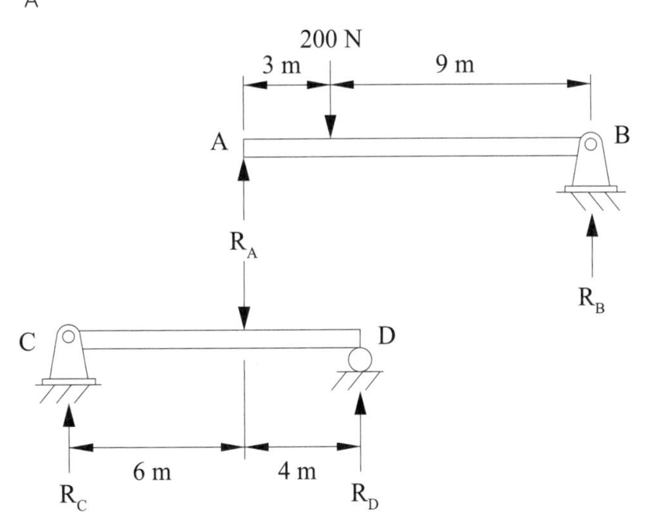

範例 11

如圖所示，求 A、C 兩點之反力。

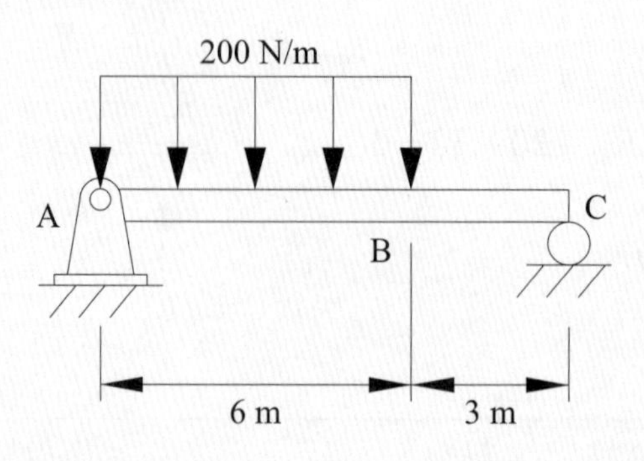

解題觀念

這裡開始多出一個觀念叫做均佈負荷以及均變負荷，樑上所受之分布負荷以集中負荷取代，此集中負荷之大小，等於分布負荷曲線圖下的面積，而該集中負荷作用線通過此面積之形心，如下所示。

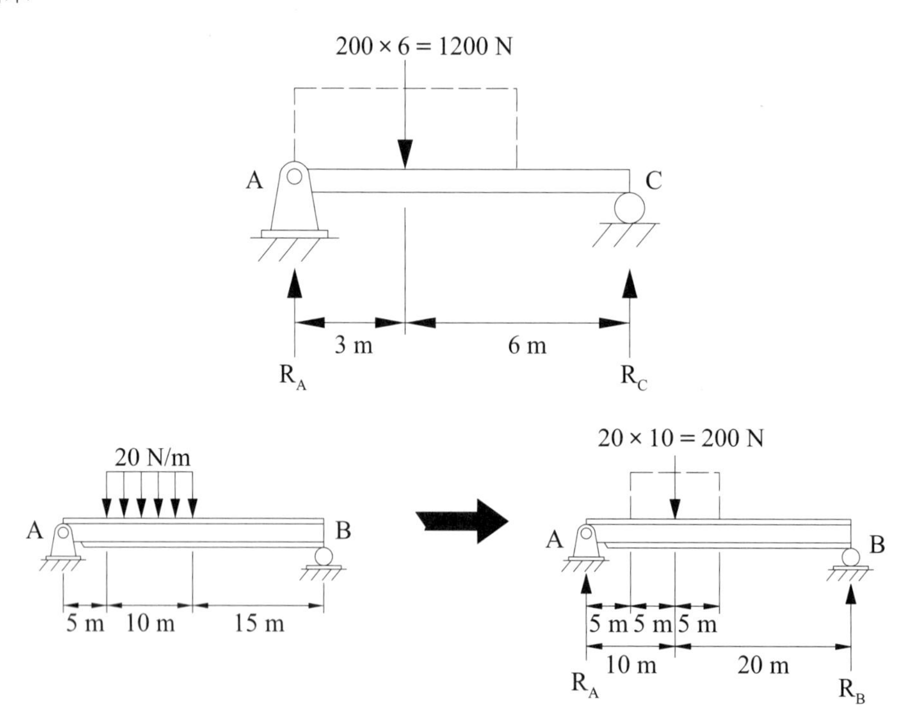

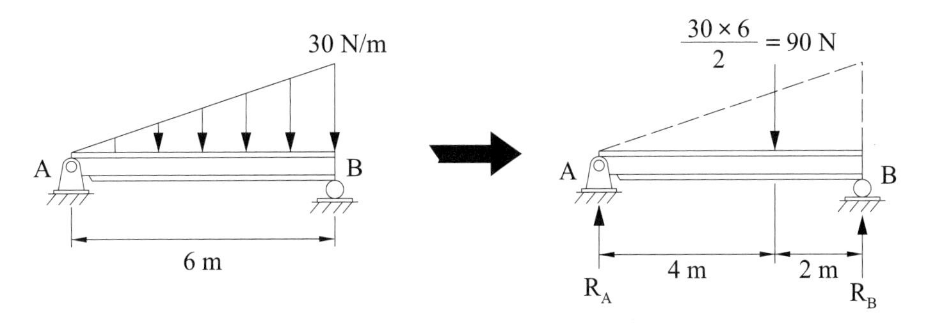

解 均佈負荷改為集中負荷：

$\Sigma M_A = 0$，$R_C \times 9 - 1200 \times 3 = 0$

$\therefore R_C = 400$ N（↑）

$\Sigma F_y = 0$，$R_A + R_C = 1200$ N

$\therefore R_A = 800$ N（↑）

範例 12

如圖所示，求 A、B 兩點之反力。

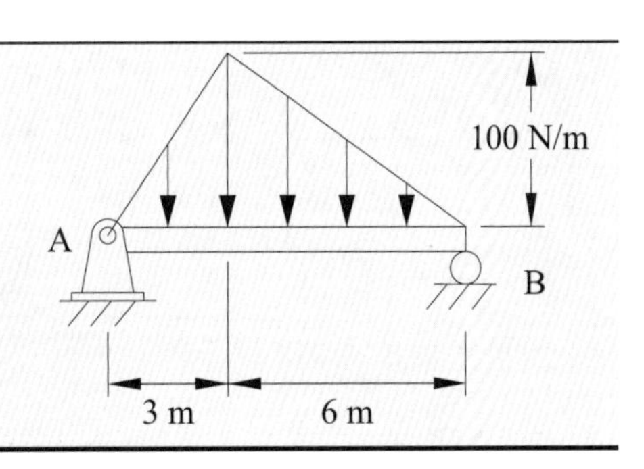

解題觀念

先求均變負荷再取力矩

解 由 $\Sigma M_B = 0$

$300 \times 4 + 150 \times 7 - R_A \times 9 = 0$

$\therefore R_A = 250$ N（↑）

$\because R_A + R_B = 150 + 300$

$\therefore R_B = 200$ N（↑）

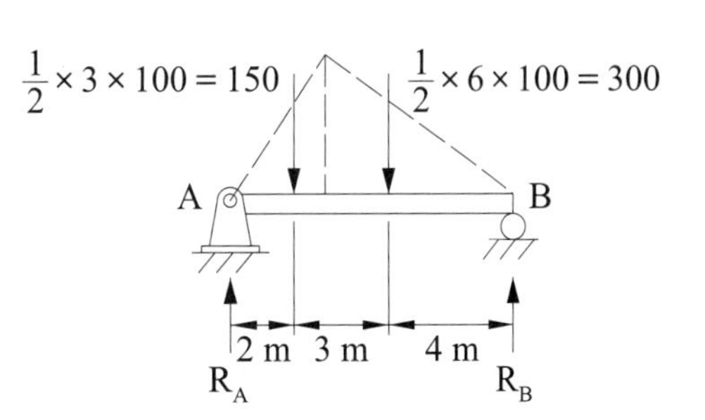

範例 13

如圖所示，一人重 600 N，站在一重 300 N 之平臺上，垂直拉下一繞過滑輪之繩索，設滑輪及繩索之摩擦力與質量均可略去不計，則此人至少要施力多少 N 始能將平臺拉起？

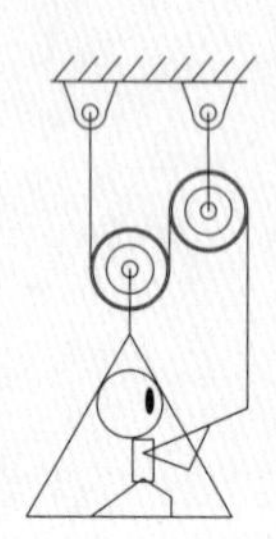

解題觀念

同一條繩子不考慮滑輪摩擦力量均相同，以比例關係解即可。

解 $900\text{ N} = 3T \quad \therefore T = 300\text{ N}$

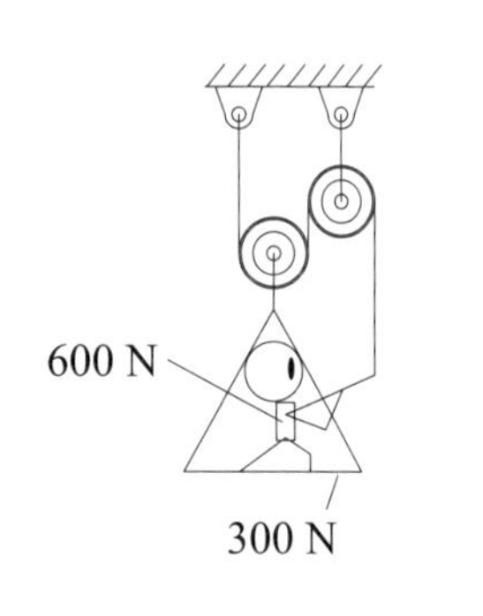

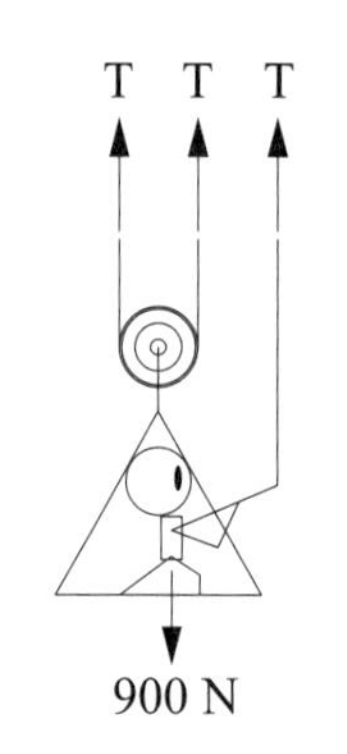

範例 14

如圖所示，作用力 F 為已知，試求 A、B 支點之反力 R_A 及 R_B 的大小為若干？

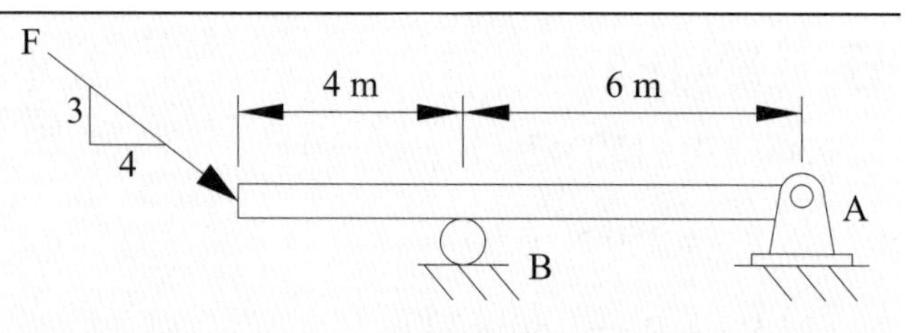

解 $\Sigma F_x = 0$

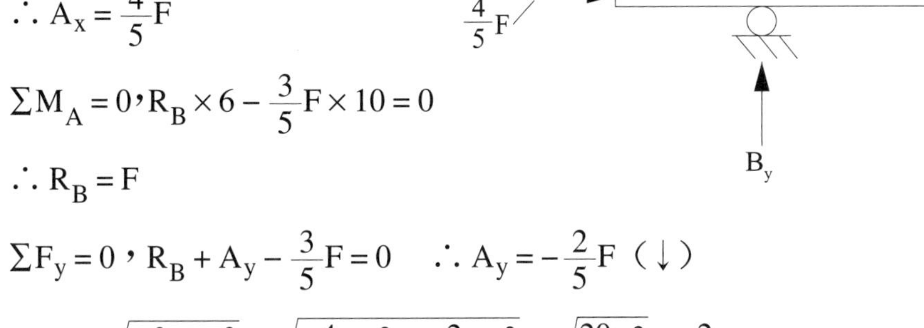

$\frac{4}{5}F - A_x = 0$

$\therefore A_x = \frac{4}{5}F$

$\Sigma M_A = 0$，$R_B \times 6 - \frac{3}{5}F \times 10 = 0$

$\therefore R_B = F$

$\Sigma F_y = 0$，$R_B + A_y - \frac{3}{5}F = 0 \quad \therefore A_y = -\frac{2}{5}F$（↓）

$\therefore A = \sqrt{A_x^2 + A_y^2} = \sqrt{(\frac{4}{5}F)^2 + (\frac{2}{5}F)^2} = \sqrt{\frac{20}{25}F^2} = \frac{2}{\sqrt{5}}F = R_A$

範例 15

如圖所示，有一圓柱重 80 N，不計框架重量及摩擦力，求 A、B 支點之反力大小分別為若干？

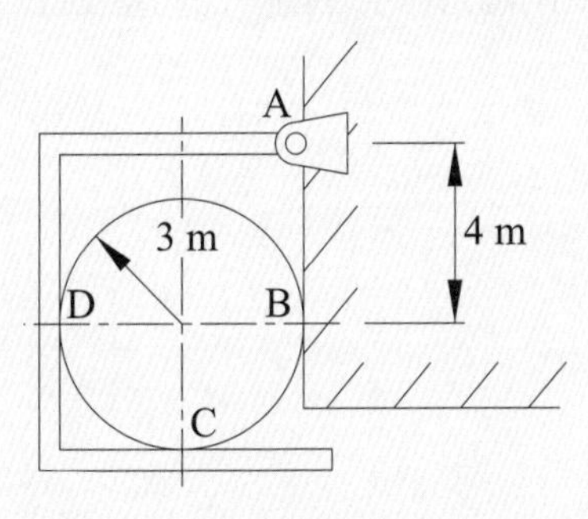

解題觀念

找最多反力的點取力矩，如此可減少繁雜的計算。

解 $\Sigma M_A = 0$

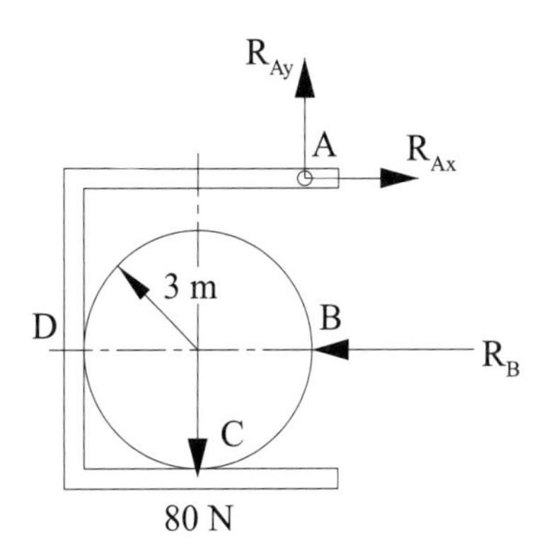

$R_B \times 4 - 3 \times 80 = 0$

$\therefore R_B = 60$ N

$\Sigma F_x = 0$，$R_B - R_{Ax} = 0$

$\therefore R_{Ax} = 60$ N

$\Sigma F_y = 0$，$80 - R_{Ay} = 0$，$R_{Ay} = 80$ N

範例 16

如圖所示，A 點之反力為多少？

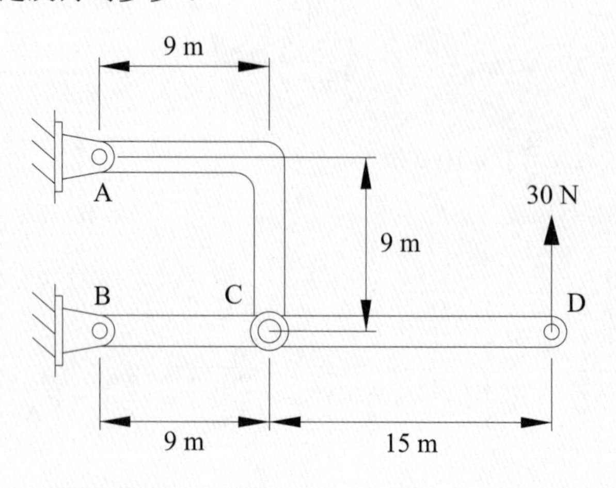

解題觀念

此為二力構件的題目，因為兩個力作用在同一個物體上面，所以此兩力的作用線一定會在同一直線上。

解 $\Sigma M_B = 0$

$A_x \times 9 - 30 \times 24 = 0$

$\therefore A_x = 80\text{ N}$

$\Sigma M_c = 0$

$A_y \times 9 - A_x \times 9 = 0$

$\therefore A_x = A_y = 80\text{ N}$

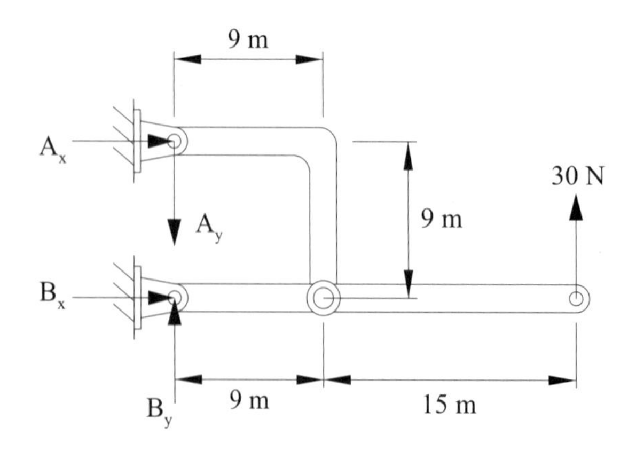

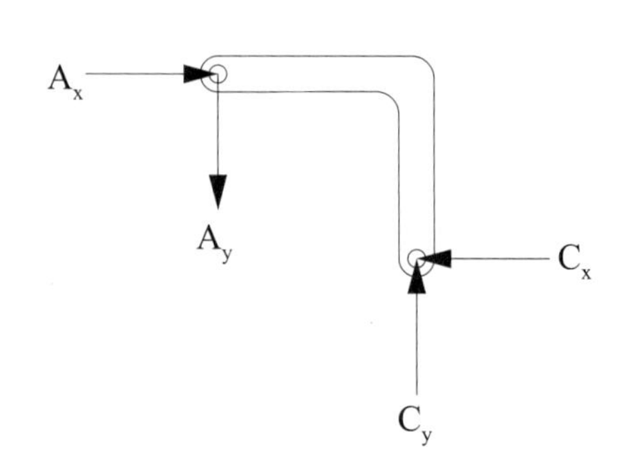

範例 17

質量 1800 kg 的正方形鋼板，質量中心位於 G 點。若鋼索以保持水平的方式將鋼板拉起，試計算三條作用於鋼板上的鋼索所受之張力。

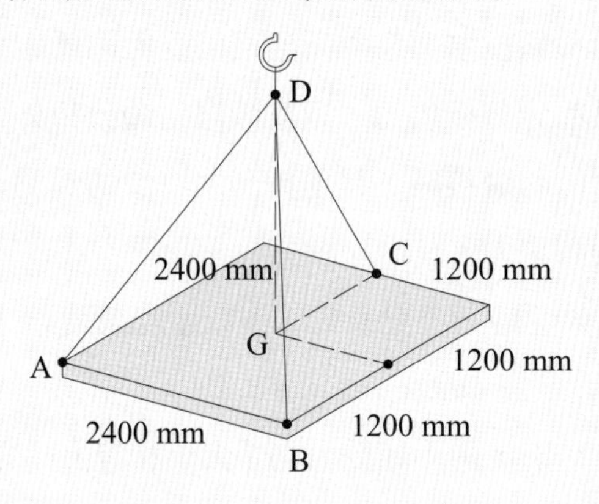

解題觀念

取自由體圖後，分解向量再取力矩

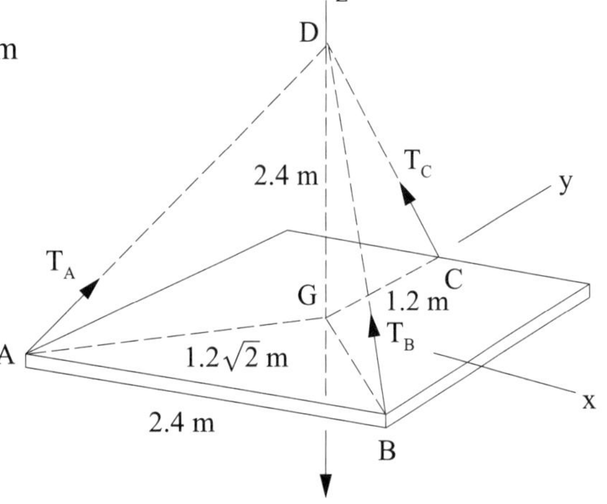

解

$$\overline{AD} = \overline{BD} = \sqrt{\overline{2.4}^2 + \overline{1.2\sqrt{2}}^2} = 1.2\sqrt{6}\ \text{m}$$

$$\overline{CD} = \sqrt{\overline{1.2}^2 + \overline{2.4}^2} = 1.2\sqrt{5}\ \text{m}$$

$$\bar{T}_A = \frac{T_A}{1.2\sqrt{6}}(1.2\bar{i} + 1.2\bar{j} + 2.4\bar{k})$$

$$\bar{T}_B = \frac{T_B}{1.2\sqrt{6}}(-1.2\bar{i} + 1.2\bar{j} + 2.4\bar{k})$$

$$\bar{T}_C = \frac{T_C}{1.2\sqrt{5}}(-1.2\bar{i} + 2.4\bar{k})$$

$$\Sigma\bar{F} = 0 \Rightarrow \bar{T}_A + \bar{T}_B + \bar{T}_C + \bar{W} = 0$$

$$\bar{i}(\frac{T_A}{\sqrt{6}} - \frac{T_B}{\sqrt{6}}) + \bar{j}(\frac{T_A}{\sqrt{6}} + \frac{T_B}{\sqrt{6}} - \frac{T_C}{\sqrt{5}}) + \bar{k}(\frac{2T_A}{\sqrt{6}} + \frac{2T_B}{\sqrt{6}} - \frac{2T_C}{\sqrt{5}} - 17.66) = 0$$

$$T_A = T_B \Rightarrow 4\frac{T_A}{\sqrt{6}} + 2\frac{T_C}{\sqrt{5}} = 17.66 \Rightarrow 2\frac{T_A}{\sqrt{6}} = \frac{T_C}{\sqrt{5}}$$

$$T_A = T_B = 5.41\ \text{kN}$$

$$T_C = 9.87\ \text{kN}$$

本章重點精要

1. 自由體：將一物體由一個或多個系統所組成的受力剛體中分離出來時，稱之為自由體。常取系統的某部分分析內力，取整體自由體分析外力。
2. 支承：只要是與受力的物體接觸，且能夠限制物體的運動者均稱為支承。
3. 反力：由支承產生的拘束力。
4. 平衡：一物體，若保持「靜止不動」或「作等速度運動」，則稱此物體處於「平衡狀態」。
5. 二力構件處於平衡狀態時，則兩端受力必「大小相等」、「方向相反」、且「作用在同一直線上」。
6. 三力構件處於平衡狀態時，其三力會交於一點或相互平行。
7. 平衡條件：
   (1)合力等於零，即 $\Sigma\vec{F}=0 \Rightarrow$ 物體不會移動。
   (2)合力矩等於零（對任一點），即 $\Sigma\vec{M}=0 \Rightarrow$ 物體不會轉動。
8. 平面力系平衡方程式：
   (1) $\Sigma F=\Sigma F_x\vec{i}+\Sigma F_y\vec{j}=0$
   (2) $\Sigma M_O=\Sigma M_z\vec{k}=0$
   (3)由於 $\vec{i}$，$\vec{j}$，$\vec{k}$ 各分量分別獨立，上式必須滿足：$\Sigma F_x=0$、$\Sigma F_y=0$、$\Sigma M_O=0$
9. 空間力系平衡方程式：
   (1) $\Sigma F=\Sigma F_x\vec{i}+\Sigma F_y\vec{j}+\Sigma F_z\vec{k}=0$
   (2) $\Sigma M_O=\Sigma M_x\vec{i}+\Sigma M_y\vec{j}+\Sigma M_z\vec{k}=0$
   (3)由於 $\vec{i}$，$\vec{j}$，$\vec{k}$ 各分量分別獨立，上式必須滿足：$\Sigma F_x=0$、$\Sigma F_y=0$、$\Sigma F_z=0$、$\Sigma M_x=0$、$\Sigma M_y=0$、$\Sigma M_z=0$。

學習評量練習

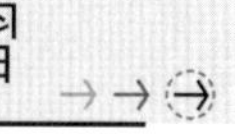

1. 如圖所示，一直徑 15 cm，重 20 kg 之球，以長 5 cm 之繩 AB 懸掛於垂直牆壁上，若牆壁與球間之摩擦不予考慮，則繩之張力 T 及牆之反作用力 R 為多少？

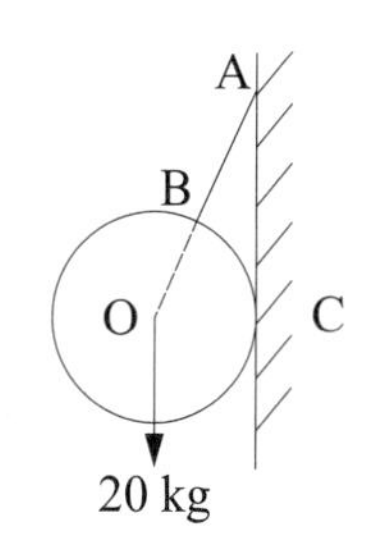

2. 如圖所示，設 B 點懸垂之重物 W 為 50 N，則 AB 繩上之張力為多少？

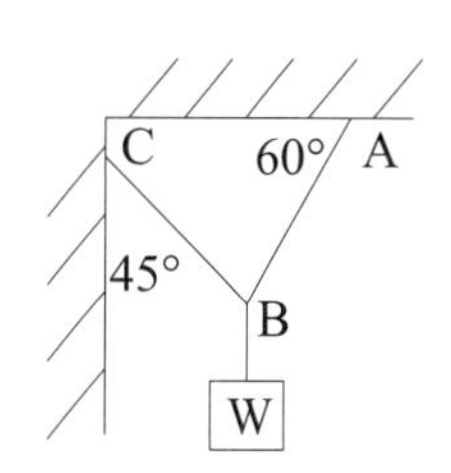

3. 如圖所示，天花板上之兩掛勾相距 2 m，一條 4 m 長繩子之兩端分別勾於兩掛勾上，並在繩子的中點掛上 100 N 之重物，則繩子所受之張力為多少 N？

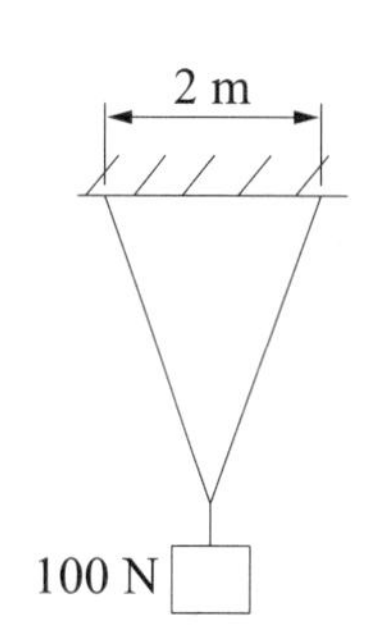

4. 如圖所示，有一重為 500 N 之球靜止於二光滑斜面，則二斜面作用於球的反力為多少？

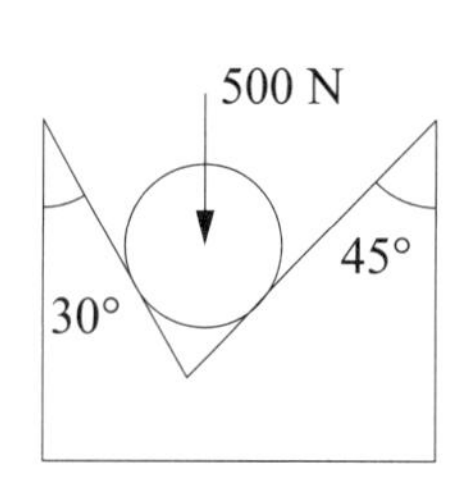

5. 如圖所示，若樑受到一均佈負荷 $\omega = 100$ kN/m，且於 C 點有一力偶 T = 2500 kN·m 作用，則樑在 B 點所受到的力為多少？

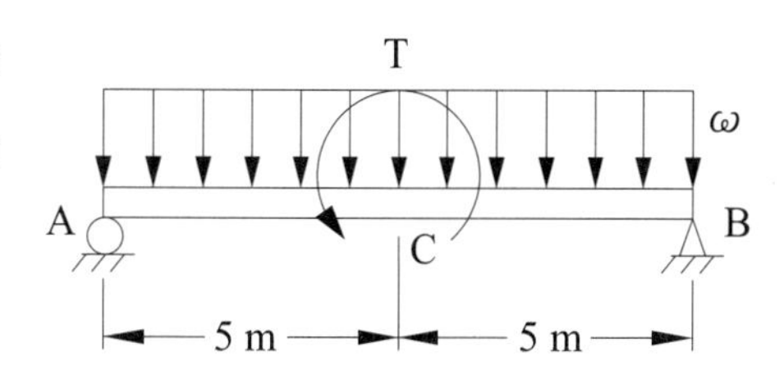

6. 圖中，若滑輪吊重 W 為 120 kN，則平衡時 F 應為多少？

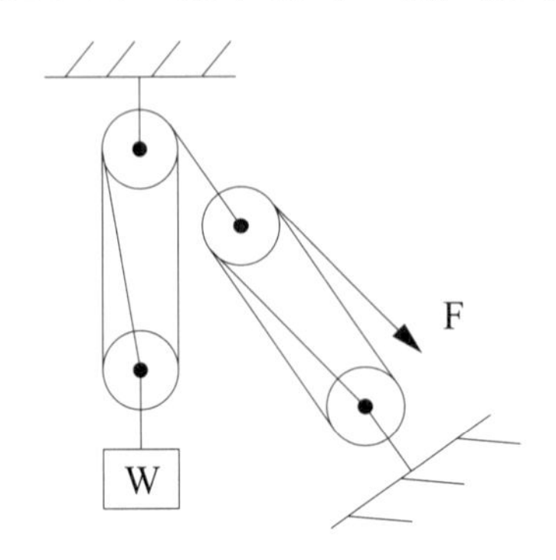

7. 樑 AB 受分布力作用如圖，則支點 B 處之反力為多少？

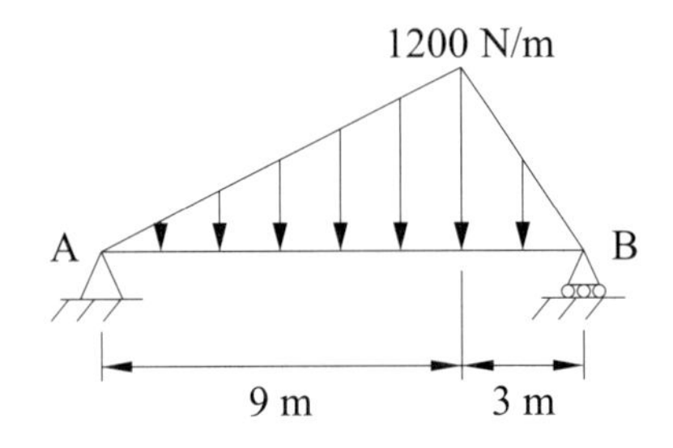

8. 如圖所示，若兩物體成平衡狀態，且斜面為光滑面，試求繩子之張力約多少牛頓 (N)？

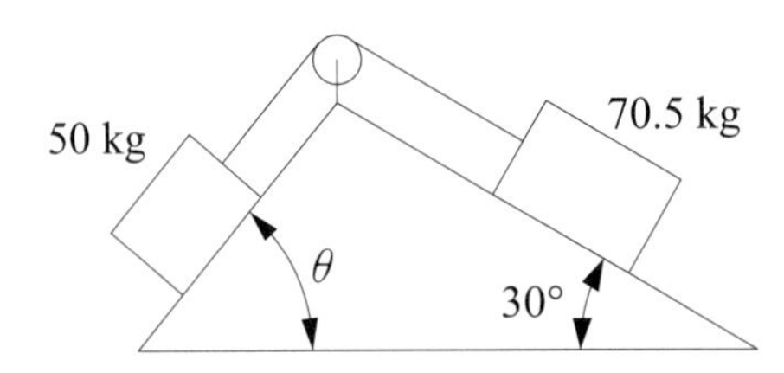

9. 承上題，斜面之角度 θ 之值應為多少？

10. 如圖所示，均質圓球重 10 N，接觸面均光滑受 98 N 之外力作用，則接觸點 A 作用於圓球的力之大小為多少？

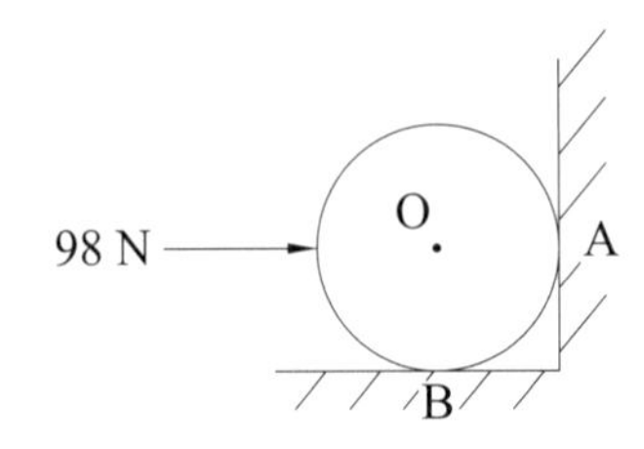

11.如圖所示，圓柱重 126 N，用繩索懸掛之，並靠於一光滑斜面上，則其繩之張力為多少？

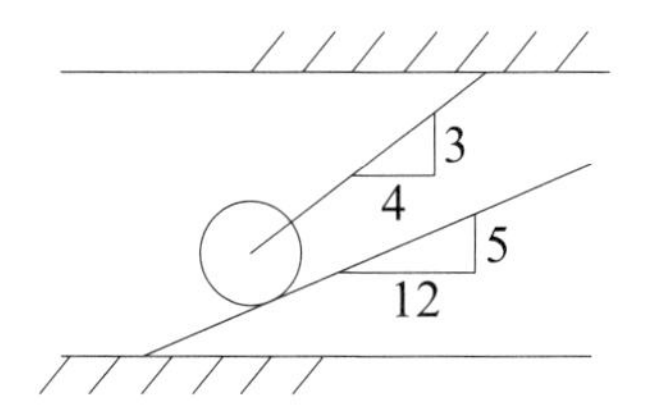

12.如圖所示之構件中，求 D 點之反力為多少？

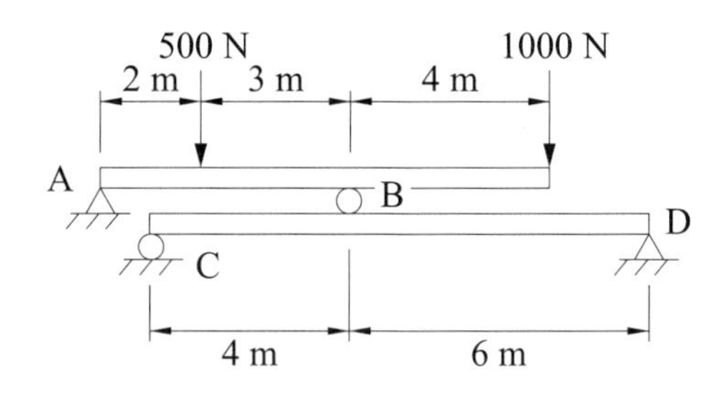

13.如圖所示，求 A、B 兩支點之反力 R_A 與 R_B 分別為若干？

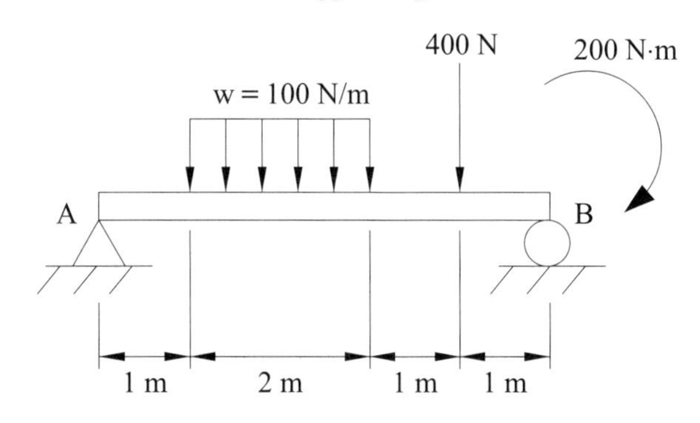

14.如圖所示，水平桿 AB 用銷釘及繩 CD 與牆連接，若桿與繩之重量不計，A 點銷釘施加於桿之反作用力水平分量為 A_x，垂直分量為 A_y，則各為多少？

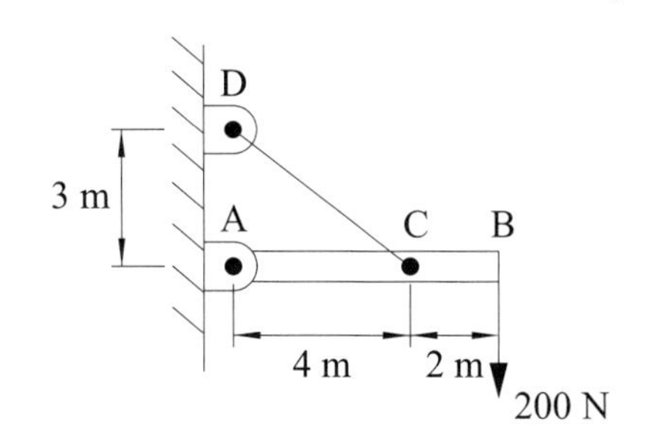

15.如圖所示，AB 桿斜倚於光滑之垂直柱上，A 端置於光滑水平面上繫以軟繩，如桿重不計，則繩之張力為多少？

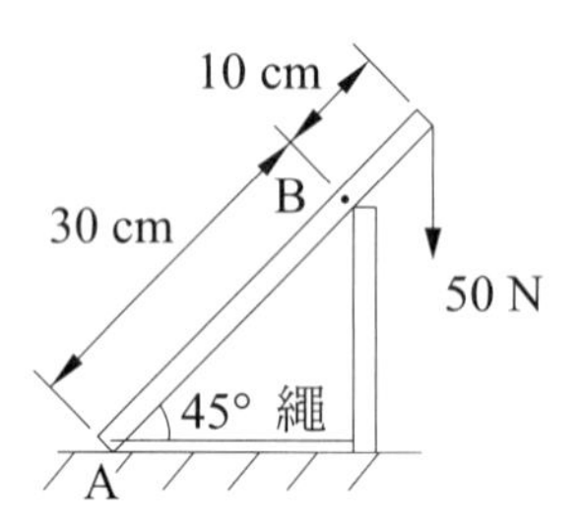

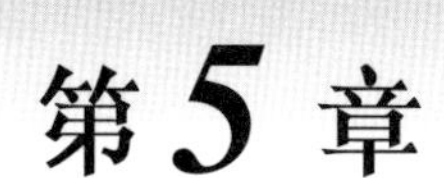

第5章 重心

5-1 基本觀念

一、重心 (center of weight)

㈠凡物體均可以視為無數的質點所組成，每一質點均受地心引力之作用產生重力，此重力之「合力作用點」稱為該物體之「重心」。

㈡重心求法：利用面積一次距求得：

$$x_G = \frac{\int x dw}{W} \qquad y_G = \frac{\int y dw}{W}$$

㈢重心位置之求解，利用「力矩原理」。

二、重心公式說明

㈠有一物體，其總重量為 W，各個質點的重量分別為 W_1、W_2、W_3……

㈡各質點至 x 軸的距離為 y_1、y_2、y_3……

㈢各質點至 y 軸的距離為 x_1、x_2、x_3……

㈣ G 表物體的重心，G 到 x 軸的距離為 $\bar{y}$，到 y 軸的距離為 $\bar{x}$。

㈤依照力矩原理可求得 $\bar{x}$ 與 $\bar{y}$，如圖 5–1–1 所示。

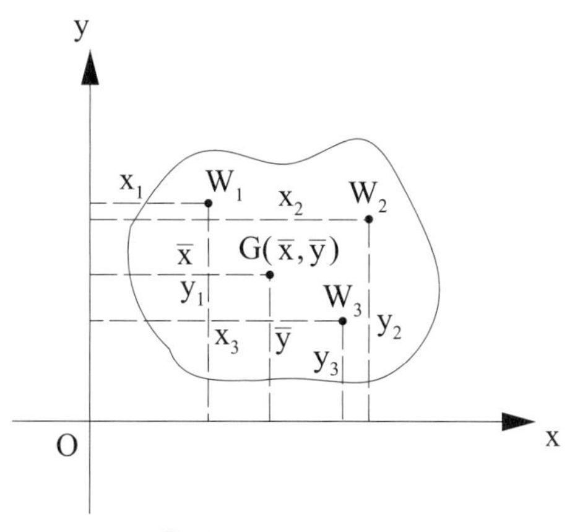

圖 5–1–1 重心

㈥對 y 軸取力矩可得：

$$W \cdot \bar{x} = W_1x_1 + W_2x_2 + W_3x_3 + \cdots = \Sigma W_ix_i$$

$$\bar{x} = \frac{W_1x_1 + W_2x_2 + W_3x_3 + \cdots}{W} = \frac{\Sigma W_ix_i}{W}$$

若質點取無限小，則上式可寫為：$x_G = \dfrac{\int xdw}{W}$

㈦對 x 軸取力矩可得：

$$W \cdot \bar{y} = W_1y_1 + W_2y_2 + W_3y_3 + \cdots = \Sigma W_iy_i$$

$$\bar{y} = \frac{W_1y_1 + W_2y_2 + W_3y_3 + \cdots}{W} = \frac{\Sigma W_iy_i}{W}$$

若質點取無限小，則上式可寫為：$y_G = \dfrac{\int ydw}{W}$

三、質心 (center of mass)

㈠質量中心又可簡稱為質心，是假設凡物體之各部分質量，可用一點以代替全部質量，此點即為物體之質量中心，簡稱「質心」。

㈡質心求法：利用面積一次距求得：

$$x_m = \frac{\int xdm}{M} \qquad y_m = \frac{\int ydm}{M}$$

㈢質心位置之求解，利用「力矩原理」。

四、質心公式說明

㈠物體總質量為 m，各質點的質量分別為 m_1、m_2、m_3……

㈡各質點至 x 軸的距離為 y_1、y_2、y_3……

㈢各質點至 y 軸的距離為 x_1、x_2、x_3……

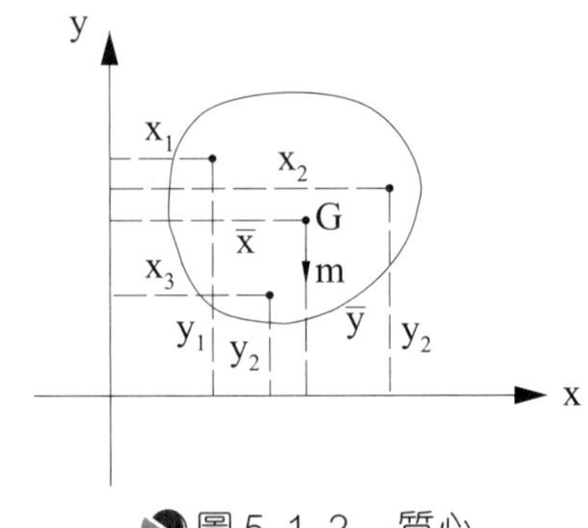

圖 5–1–2　質心

㈣對 y 軸取力矩可得：

$$\bar{x}=\frac{m_1x_1+m_2x_2+m_3x_3+\cdots}{m}=\frac{\sum m_ix_i}{m}$$

若質點取無限小，則上式可寫為：$x_m=\dfrac{\int x\,dm}{M}$

㈤對 x 軸取力矩可得：

$$\bar{y}=\frac{m_1y_1+m_2y_2+m_3y_3+\cdots}{m}=\frac{\sum m_iy_i}{m}$$

若質點取無限小，則上式可寫為：$y_m=\dfrac{\int y\,dm}{M}$

五、形心 (centroid)

㈠形心的定義為物體的幾何形狀中心。

㈡圓周的圓心、圓球的中心，即為形心。

㈢對於比重相同，重量均勻的物體，其重心和形心的位置是相同的。

㈣其求法亦與重心的求法相同：

$$x_c=\frac{\int x\,dv}{V}\qquad y_c=\frac{\int y\,dv}{V}\qquad z_c=\frac{\int z\,dv}{V}$$

㈤說明：假設物體之密度為 ρ，則 $M=\rho\cdot V$，$dm=\rho\cdot dv$，代入質心公式即得形心求解公式。

四、重心、質心、形心之關係

㈠若重力場均勻，則重心與質心共點。

㈡若材料均勻，則質心與形心共點。

㈢一般工程上，都假設重力場均勻且材料均勻，此時重心、形心、質心三心共點。

5–2 線的形心求法

一、基本分析

對粗細均勻之細長桿或線，由於剖面面積 A 為常數，故可令 $dv = A \cdot dL$，$V = A \cdot L$ 代入形心公式而得線之形心求法如下：

$$x_c = \frac{\int x dL}{L} \quad y_c = \frac{\int y dL}{L} \quad z_c = \frac{\int z dL}{L}$$

二、常見各種線段形心公式

(一)直線段：形心在此直線段之中點。

(二)圓弧線段：如圖 5–2–1，其形心在圓心角之分角線上，距圓心之距離 $\bar{x}$ 為：$\bar{x} = \frac{r \cdot \sin\theta}{\theta} = \frac{r \cdot b}{s}$，$\bar{y} = 0$

其中
- r：半徑
- θ：圓心角之半（單位：rad）
- s：弧長
- b：弦長

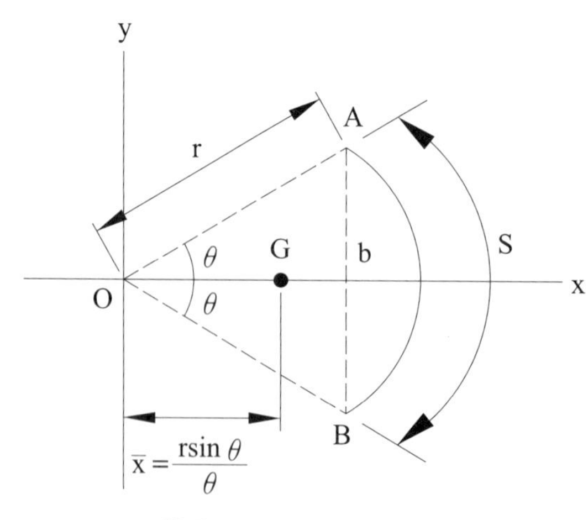

圖 5–2–1　圓弧形心

㈢半圓線：如圖 5–2–2，$\overline{x} = \frac{2r}{\pi}$，$\overline{y} = 0$。

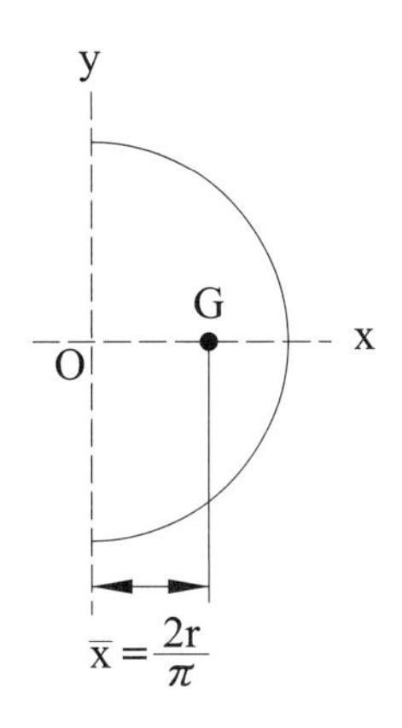

圖 5–2–2 半圓線

㈣ $\frac{1}{4}$ 圓線：如圖 5–2–3，$\overline{x} = \overline{y} = \frac{2r}{\pi}$。

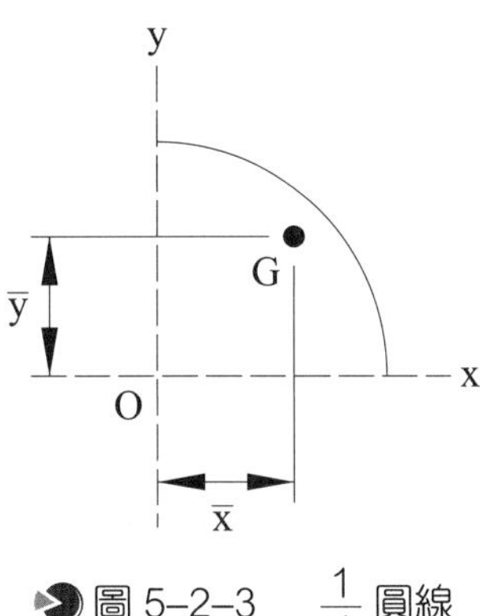

圖 5–2–3 $\frac{1}{4}$ 圓線

三、折線形心求法

㈠先求出組成折線之各線段的長度 (L_i)

㈡找出各段的形心坐標 (x_i, y_i)

㈢代入公式求整體折線之形心：

1. $\overline{x} = \frac{\Sigma L_i x_i}{\Sigma L_i} = \frac{L_1 x_1 + L_2 x_2 + L_3 x_3 + \cdots}{L_1 + L_2 + L_3 + \cdots}$

2. $\overline{y} = \frac{\Sigma L_i y_i}{\Sigma L_i} = \frac{L_1 y_1 + L_2 y_2 + L_3 y_3 + \cdots}{L_1 + L_2 + L_3 + \cdots}$

範例 1

如圖所示，三質點之質量中心坐標約為多少呢？距 x 軸多少 cm？

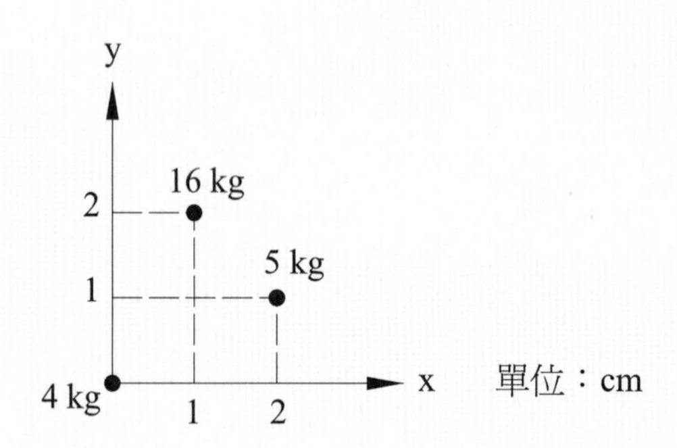

解題觀念

利用力矩原理的方式來試著找出重心位置，一些基本幾何圖形的重心位置一定要牢記。

解 各質量中心坐標為

16 kg (1, 2)，5 kg (2, 1)，4 kg (0, 0)

$$\bar{x} = \frac{16 \cdot 1 + 5 \cdot 2 + 4 \cdot 0}{16 + 5 + 4} = 1.04 \text{ cm}$$

$$\bar{y} = \frac{16 \cdot 2 + 5 \cdot 1 + 4 \cdot 0}{16 + 5 + 4} = 1.48 \text{ cm}$$

距 x 軸為 1.48 cm

範例 2

如圖所示，有一線段 ABCD，試求此線段之重心與 x 軸之距離。

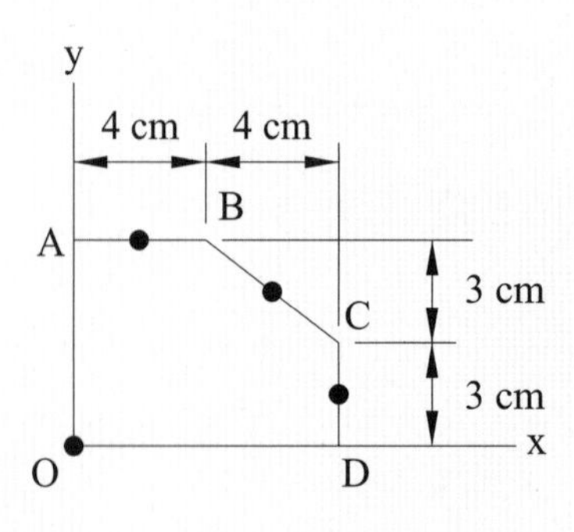

解題觀念

利用力矩原理的方式來試著找出重心位置，形心在此直線段之中點。

解 AB 線段長 4 cm，重心坐標 (2, 6)

BC 線段長 5 cm，重心坐標 (6, 4.5)

CD 線段長 3 cm，重心坐標 (8, 1.5)

∴總長 $L = 4 + 5 + 3 = 12$ cm

$$\bar{x} = \frac{4 \cdot 2 + 5 \cdot 6 + 3 \cdot 8}{12} = 5.17 \text{ cm}$$

$$\bar{y} = \frac{4 \cdot 6 + 5 \cdot 4.5 + 3 \cdot 1.5}{12} = 4.25 \text{ cm}$$

推得重心為 $\bar{x} = 5.17$ cm，$\bar{y} = 4.25$ cm（與 x 軸距離為 4.25 cm）。

若題目求重心與 x 軸之距離即求 $\bar{y}$。若求與 y 軸距離即求 $\bar{x}$。

範例 3

如圖所示，一線段 OABC，試求此線段之重心坐標。

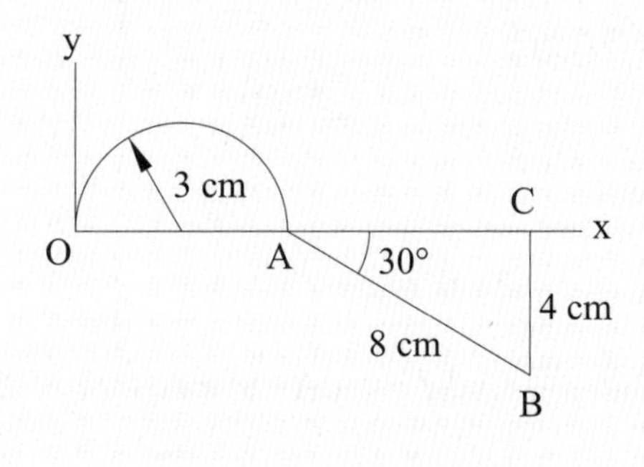

解題觀念

先求各幾何圖形線段長，再利用力矩原理求出重心位置。

解 半圓線 OA 線段長 $\pi r = 3\pi$（圓周長的一半）

$$\bar{x} = \frac{3\pi \cdot 3 + 8 \cdot (6 + 2\sqrt{3}) + 4 \cdot (6 + 4\sqrt{3})}{3\pi + 8 + 4} = 7.27 \text{ cm}$$

$$\bar{y} = \frac{3\pi \cdot \frac{2 \cdot 3}{\pi} + 8 \cdot (-2) + 4 \cdot (-2)}{3\pi + 8 + 4} = -0.28 \text{ cm}$$（坐標向下為負）

範例 4

如圖所示折線，其重心位置為何？

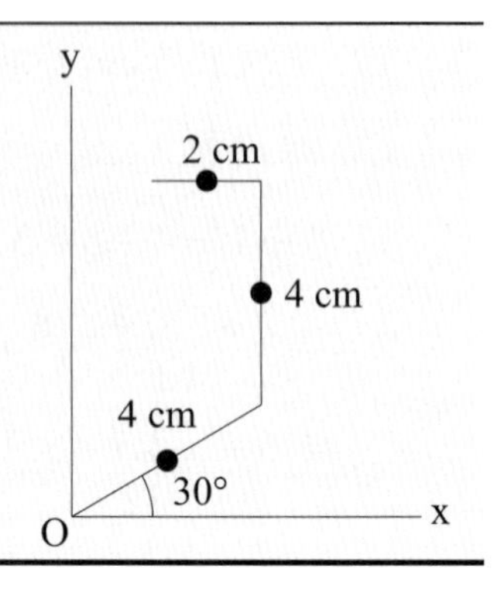

解題觀念

先求各幾何圖形線段長，再利用力矩原理求出重心位置。

解 $\bar{x} = \dfrac{4 \cdot \sqrt{3} + 4 \cdot 2\sqrt{3} + 2 \cdot (2\sqrt{3} - 1)}{4 + 4 + 2} = 2.57 \text{ cm}$

$\bar{y} = \dfrac{4 \cdot 1 + 4 \cdot 4 + 2 \cdot 6}{4 + 4 + 2} = 3.2 \text{ cm}$

5-3 面的形心求法

一、基本分析

對厚度 t 為定值之曲面，可令 $dV = t \cdot dA$，$V = A \cdot t$ 代入形心公式而得面的形心求法如下：

$$x_c = \frac{\int x dA}{A} \quad y_c = \frac{\int y dA}{A} \quad z_c = \frac{\int z dA}{A}$$

二、常見各種平面之形心

㈠矩形、菱形、平行四邊形：形心在對角線之交點或相對兩邊中點連線之交點上，如圖 5-3-1 所示。

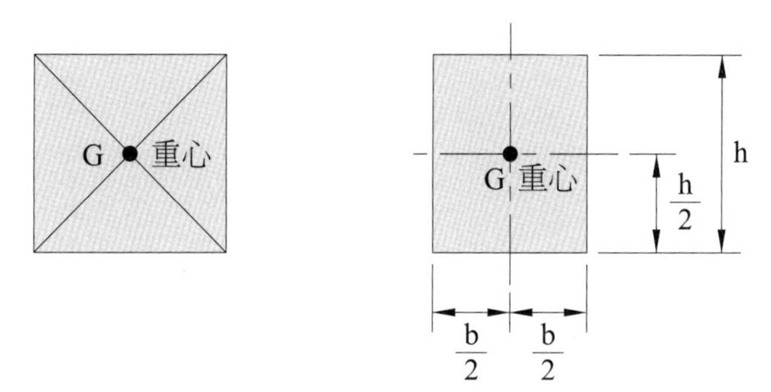

圖 5–3–1 矩形、菱形、平行四邊形形心

㈡圓形：形心在圓心上，如圖 5–3–2 所示。

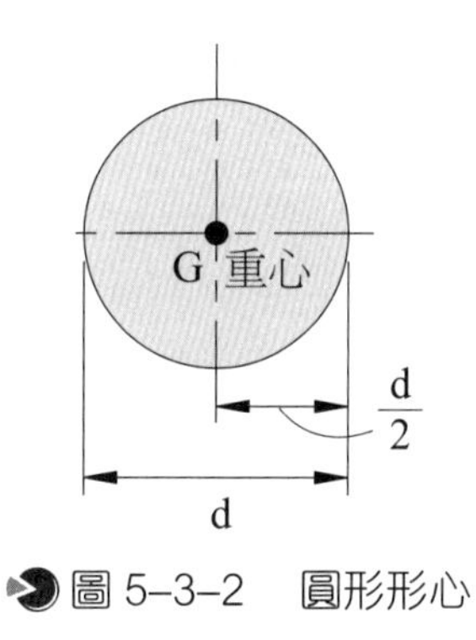

圖 5–3–2 圓形形心

㈢三角形：形心在三中線之交點上，距底邊 $\frac{1}{3}$ 高處，如圖 5–3–3 所示。

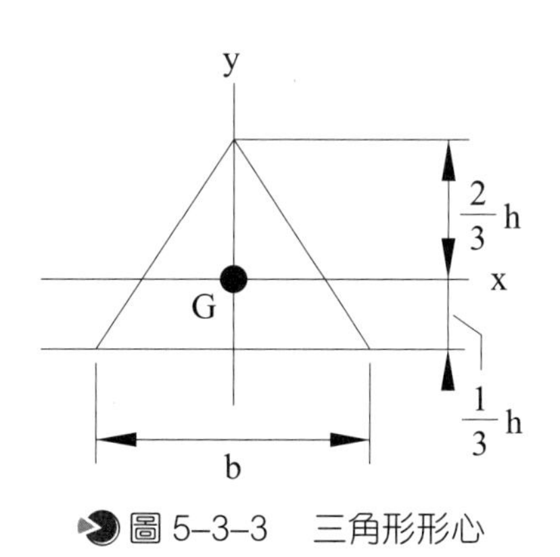

圖 5–3–3 三角形形心

㈣扇形：如圖 5–3–4，形心在所對圓心角之分角線上，距圓心 $\bar{x}$ 為：

$$\bar{x}=\frac{2}{3}\frac{r\sin\theta}{\theta}=\frac{2}{3}\frac{rb}{s}，\bar{y}=0$$

其中
- r：半徑
- θ：圓心角之半（單位：rad）
- s：弧長
- b：弦長

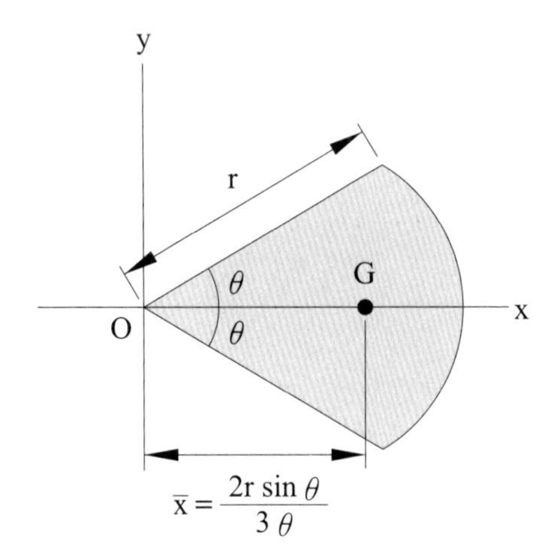

圖 5–3–4　扇形形心

㈤半圓面：如圖 5–3–5，$\bar{x}=\frac{4r}{3\pi}$。

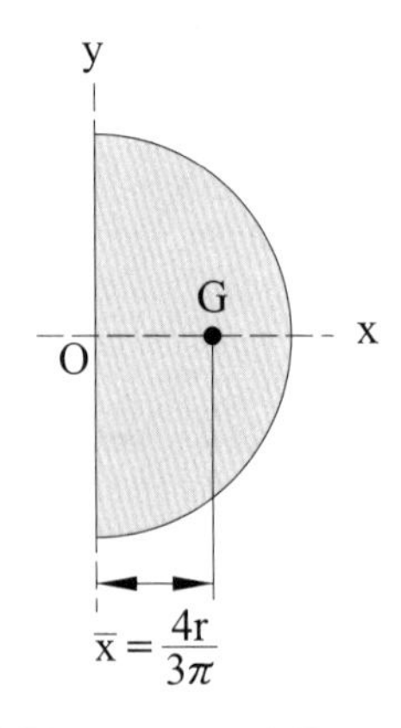

圖 5–3–5　半圓面形心

㈥ $\frac{1}{4}$ 圓面：如圖 5–3–6，$\bar{x}=\bar{y}=\frac{4r}{3\pi}$。

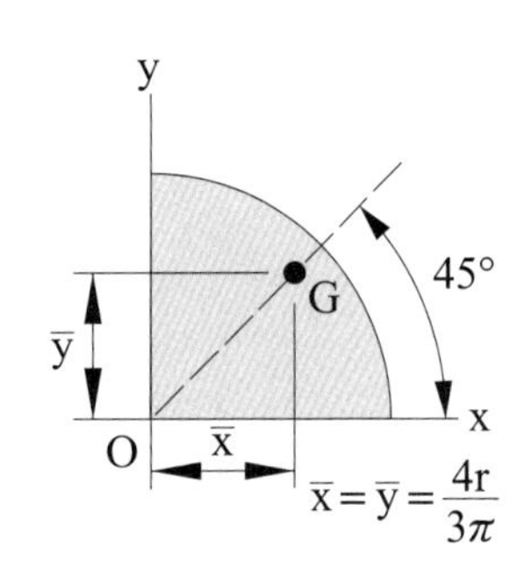

圖 5–3–6 $\frac{1}{4}$ 圓面形心

三、組合面積形心求法

㈠先求出各常見平面之面積 (A_i)

㈡找到各面積的形心坐標 (x_i, y_i)

㈢帶入公式求整體平面之形心：

1. $\bar{x}=\frac{A_1x_1+A_2x_2+A_3x_3+\cdots}{A_1+A_2+A_3+\cdots}=\frac{\Sigma A_ix_i}{\Sigma A_i}$

2. $\bar{y}=\frac{A_1y_1+A_2y_2+A_3y_3+\cdots}{A_1+A_2+A_3+\cdots}=\frac{\Sigma A_iy_i}{\Sigma A_i}$

討 論

「挖去」之面積以「負值」計算之。

範例 5

如圖所示，求扇形面積之重心 $\bar{x}$ =?

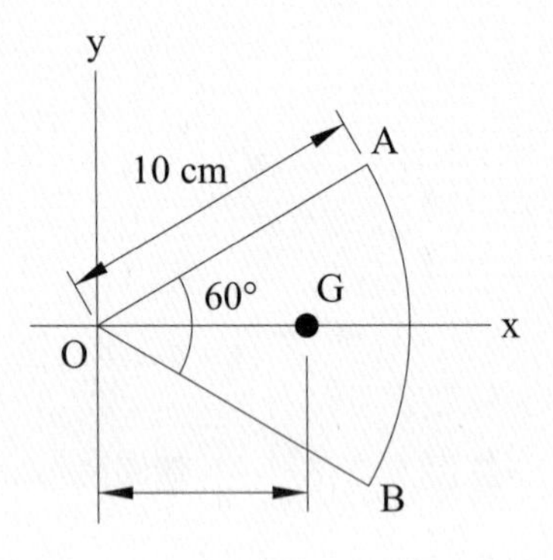

解題觀念

扇形雖然有公式了，但請記住，θ 必須是徑度，而非角度，請參閱上面的解釋。

解 $\bar{x} = \dfrac{2r\sin\theta}{3\theta} = \dfrac{2\times 10\times \sin 30°}{3\times \dfrac{\pi}{6}} = \dfrac{2\times 10\times \dfrac{1}{2}}{3\times \dfrac{\pi}{6}} \doteqdot 6.37 \text{ cm}$

（$\theta = 30°$，徑度為 $30° \times \dfrac{\pi}{180°} = \dfrac{\pi}{6}$）

範例 6

如圖所示，面積之重心位置為何？

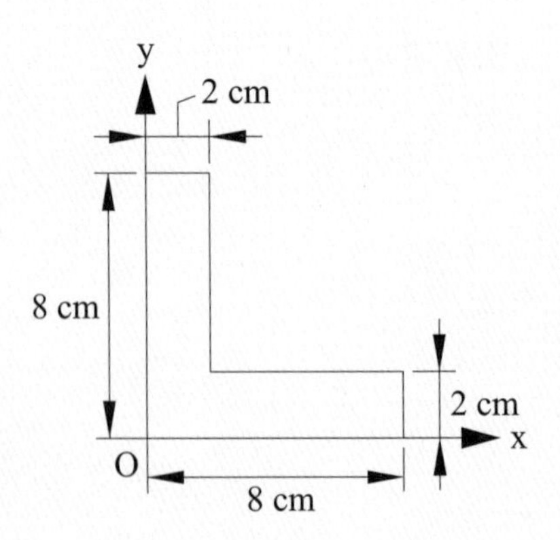

解題觀念

這一類合成形的圖形，一定要先拆開來計算，再結合在一起。

解

	A	x	y
A_1	12	5	1
A_2	16	1	4

$$\bar{x} = \frac{12 \cdot 5 + 16 \cdot 1}{12 + 16} = 2.71 \text{ cm}$$

$$\bar{y} = \frac{12 \cdot 1 + 16 \cdot 4}{12 + 16} = 2.71 \text{ cm}$$

範例 7

如圖所示，求重心與 x、y 軸之距離。

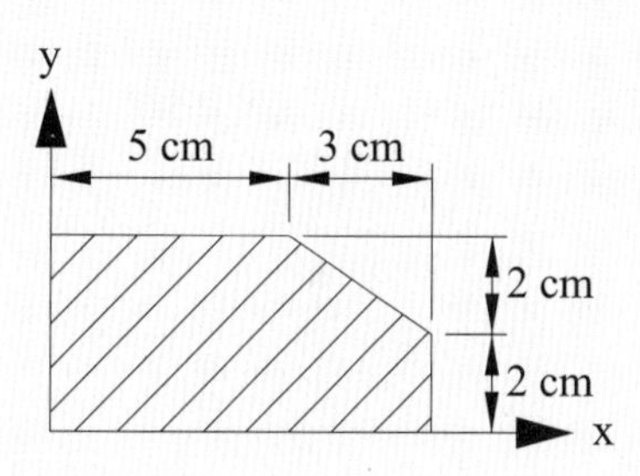

解題觀念

除了像上題一樣可以用加的圖形外，也可以用減的方式來找重心。

解 $A_1 = 8 \times 4 = 32$，$A_2 = \frac{3 \times 2}{2} = 3$

	A	x	y
A_1	32	4	2
A_2	3	7	$\frac{10}{3}$

$$\bar{x} = \frac{32 \cdot 4 - 3 \cdot 7}{32 - 3} = 3.69 \text{ cm}$$（與 y 軸之距離）

$$\bar{y} = \frac{32 \cdot 2 - 3 \cdot \frac{10}{3}}{32 - 3} = 1.86 \text{ cm}$$（與 x 軸之距離）

範例 8

如圖所示，此斜線部分之重心坐標為 $(\overline{x}, \overline{y})$，$\overline{x}$ =?

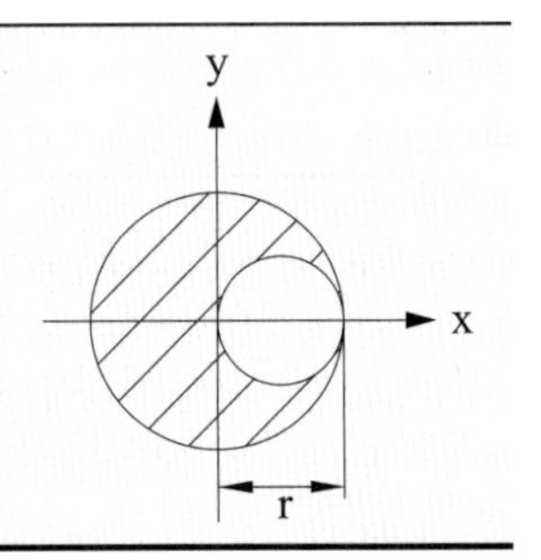

解題觀念

挖空的面積為負的。

解

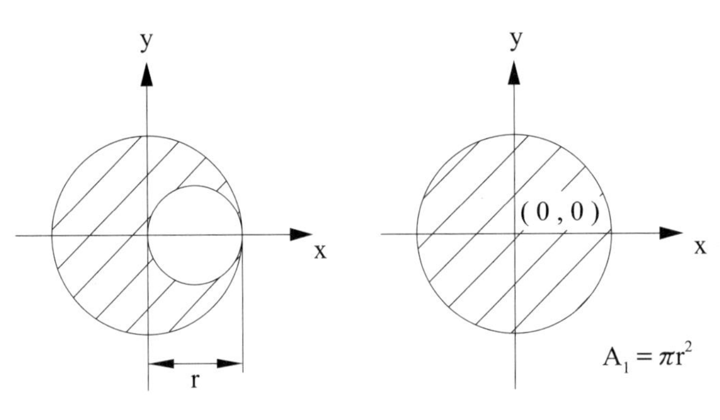

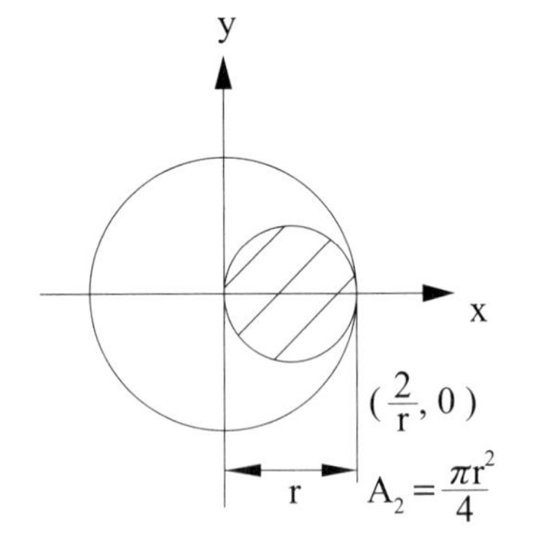

	A	x	y
A_1	πr^2	0	0
A_2	$\frac{\pi r^2}{4}$	$\frac{r}{2}$	0

$$\overline{x} = \frac{\pi r^2 \cdot 0 - \frac{\pi r^2}{4} \cdot \frac{r}{2}}{\pi r^2 - \frac{\pi r^2}{4}} = -\frac{r}{6}$$

$\overline{y} = 0$（圖形上下對稱）

5-4 體的形心求法

一、基本分析

如前所述，體的形心公式如下：

$$x_c = \frac{\int x dv}{V} \qquad y_c = \frac{\int y dv}{V} \qquad z_c = \frac{\int z dv}{V}$$

二、常見各種體之形心

㈠柱體之形心：在中心軸之中點上，如圖 5–4–1 所示。

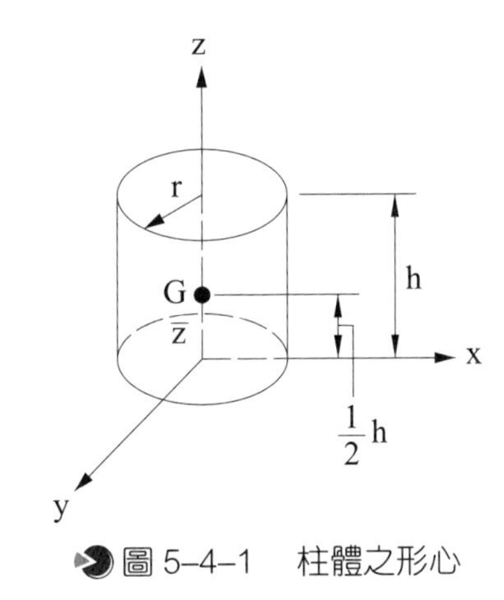

圖 5–4–1　柱體之形心

㈡錐體之形心：角錐或圓錐體之重心在距離底面積 $\frac{1}{4}$ 高處，如圖 5–4–2 所示。

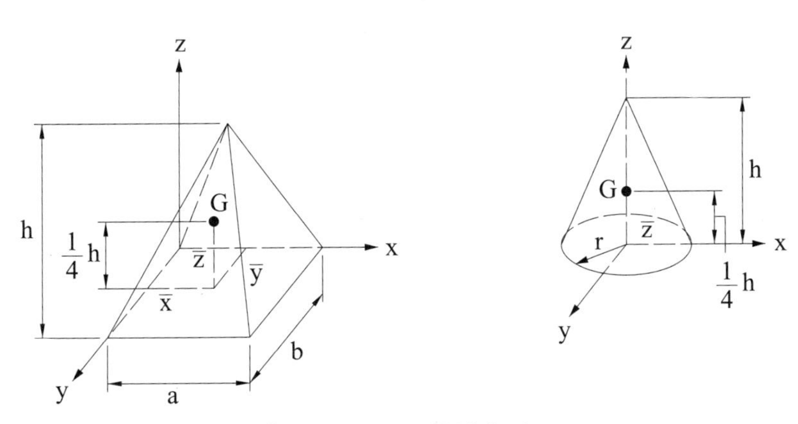

圖 5–4–2　錐體之形心

㈢半球體之形心：在其中心軸上，距球心 $\frac{3}{8}$r 處，如圖 5–4–3 所示。

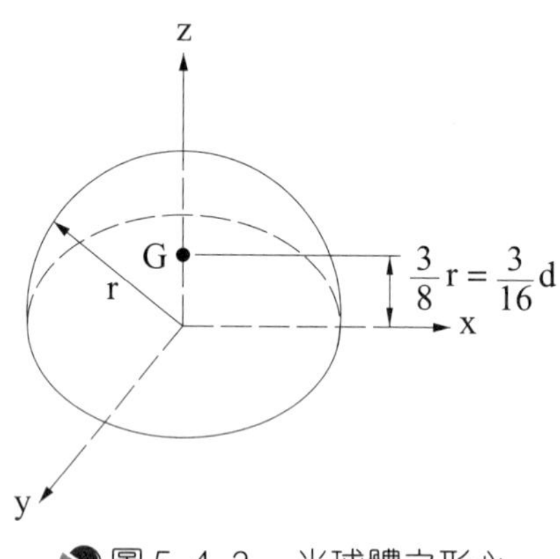

圖 5–4–3　半球體之形心

三、組合體積形心求法

㈠先求出各常見平面之體積 (V_i)

㈡找到各體積的形心坐標 (x_i, y_i, z_i)

㈢代入公式求體積之形心：

1. $\bar{x} = \dfrac{V_1x_1 + V_2x_2 + V_3x_3 + \cdots}{V_1 + V_2 + V_3 + \cdots} = \dfrac{\Sigma V_i x_i}{\Sigma V_i}$

2. $\bar{y} = \dfrac{V_1y_1 + V_2y_2 + V_3y_3 + \cdots}{V_1 + V_2 + V_3 + \cdots} = \dfrac{\Sigma V_i y_i}{\Sigma V_i}$

3. $\bar{z} = \dfrac{V_1z_1 + V_2z_2 + V_3z_3 + \cdots}{V_1 + V_2 + V_3 + \cdots} = \dfrac{\Sigma V_i z_i}{\Sigma V_i}$

範例 9

如圖所示，有一圓錐及半球之均質結合體，已知 r 及 h 之值各為 6 cm 及 18 cm，則此結合體之重心 $\bar{y}$ 為多少？

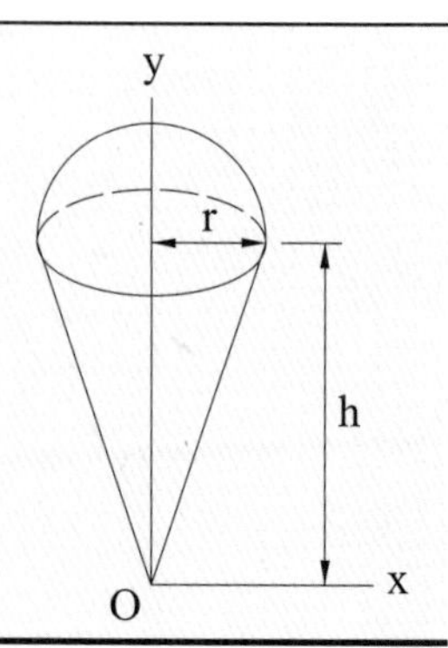

解題觀念

此題開始，進入到 3D 的題目，觀念相同，只是有些立體體積的重心要稍微再注意一下。

解 半球體體積 $= \frac{1}{2}\cdot\frac{4}{3}\cdot\pi r^3 = \frac{1}{2}\cdot\frac{4}{3}\cdot\pi\cdot 6^3 = 452.4\ cm^3$

圓錐體積 $= \frac{1}{3}\cdot\pi r^2 h = \frac{1}{3}\cdot\pi\cdot 6^2\cdot 18 = 678.6\ cm^3$

	A	x	y
A_1	452.4	0	$(18+6\cdot\frac{3}{8})$
A_2	678.6	0	$(18\cdot\frac{3}{4})$

$\bar{x} = 0$（圖形左右對稱）

$$\bar{y} = \frac{452.4\cdot(18+6\cdot\frac{3}{8})+678.6\cdot(18\cdot\frac{3}{4})}{452.4+678.6} = 16.2\ cm$$

本章重點精要

1. 重心：一個物體可以視為無數的質點所組成，每一質點均受地心引力之作用產生重力，此重力之「合力作用點」稱為該物體之「重心」。
2. 對 y 軸取力矩可得：

$$W \cdot \bar{x} = W_1x_1 + W_2x_2 + W_3x_3 + \cdots = \Sigma W_ix_i$$

$$\bar{x} = \frac{W_1x_1 + W_2x_2 + W_3x_3 + \cdots}{W} = \frac{\Sigma W_ix_i}{W}$$

若質點取無限小，則上式可寫為：$x_G = \dfrac{\int x dw}{W}$

3. 對 x 軸取力矩可得：

$$W \cdot \bar{y} = W_1y_1 + W_2y_2 + W_3y_3 + \cdots = \Sigma W_iy_i$$

$$\bar{y} = \frac{W_1y_1 + W_2y_2 + W_3y_3 + \cdots}{W} = \frac{\Sigma W_iy_i}{W}$$

若質點取無限小，則上式可寫為：$y_G = \dfrac{\int y dw}{W}$

4. 質心：質量中心又可簡稱為質心，是假設物體的質量全部集中於物體內的一點。
5. 對 y 軸取力矩可得：

$$\bar{x} = \frac{m_1x_1 + m_2x_2 + m_3x_3 + \cdots}{m} = \frac{\Sigma m_ix_i}{m}$$

若質點取無限小，則上式可寫為：$x_m = \dfrac{\int x dm}{M}$

6. 對 x 軸取力矩可得：

$$\bar{y} = \frac{m_1y_1 + m_2y_2 + m_3y_3 + \cdots}{m} = \frac{\Sigma m_iy_i}{m}$$

若質點取無限小，則上式可寫為：$y_m = \dfrac{\int y dm}{M}$

7. 形心：形心的定義為物體的幾何形狀中心，像圓周的圓心、圓球的中心，即為形心，對於比重相同，重量均勻的物體，其重心和形心的位置是相同的。

8.形心求法亦與重心的求法相同：$x_c=\frac{\int x dv}{V}$、$y_c=\frac{\int y dv}{V}$、$z_c=\frac{\int z dv}{V}$。

9.線之形心求法：$x_c=\frac{\int x dL}{L}$、$y_c=\frac{\int y dL}{L}$、$z_c=\frac{\int z dL}{L}$

10.直線段：形心在此直線段之中點。

11.圓弧線段：其形心在圓心角之分角線上，距圓心之距離 $\bar{x}$ 為：$\bar{x}=\frac{r\cdot\sin\theta}{\theta}=\frac{r\cdot b}{s}$，$\bar{y}=0$

12.半圓線：$\bar{x}=\frac{2r}{\pi}$，$\bar{y}=0$。

13. $\frac{1}{4}$ 圓線：$\bar{x}=\bar{y}=\frac{2r}{\pi}$。

14.折線形心求法：

(1)先求出組成折線之各線段的長度 (L_i)

(2)找出各段的形心坐標 (x_i, y_i)

(3)代入公式求整體折線之形心：

$$\bar{x}=\frac{\Sigma L_i x_i}{\Sigma L_i}=\frac{L_1x_1+L_2x_2+L_3x_3+\cdots}{L_1+L_2+L_3+\cdots}$$

$$\bar{y}=\frac{\Sigma L_i y_i}{\Sigma L_i}=\frac{L_1y_1+L_2y_2+L_3y_3+\cdots}{L_1+L_2+L_3+\cdots}$$

15.面的形心求法：$x_c=\frac{\int x dA}{A}$、$y_c=\frac{\int y dA}{A}$、$z_c=\frac{\int z dA}{A}$

16.矩形、菱形、平行四邊形：形心在對角線之交點或相對兩邊中點連線之交點上。

17.圓形：形心在圓心。

18.三角形：形心在三中線之交點上，距底邊 $\frac{1}{3}$ 高處。

19.扇形：形心在所對圓心角之分角線上，距圓心 $\bar{x}$ 為：$\bar{x}=\frac{2}{3}\frac{r\sin\theta}{\theta}=\frac{2}{3}\frac{rb}{s}$，$\bar{y}=0$

20.半圓面：$\bar{x}=\frac{4r}{3\pi}$。

21. $\frac{1}{4}$ 圓面：$\bar{x}=\bar{y}=\frac{4r}{3\pi}$。

22.組合面積形心求法：

(1)先求出各常見平面之面積 (A_i)

(2)找到各面積的形心坐標 (x_i, y_i)

(3)代入公式求整體平面之形心：

$$\bar{x}=\frac{A_1x_1+A_2x_2+A_3x_3+\cdots}{A_1+A_2+A_3+\cdots}=\frac{\Sigma A_ix_i}{\Sigma A_i}$$

$$\bar{y}=\frac{A_1y_1+A_2y_2+A_3y_3+\cdots}{A_1+A_2+A_3+\cdots}=\frac{\Sigma A_iy_i}{\Sigma A_i}$$

23.體的形心求法：$x_c=\frac{\int xdv}{V}$、$y_c=\frac{\int ydv}{V}$、$z_c=\frac{\int zdv}{V}$

24.柱體之形心：在中心軸之中點上。

25.錐體之形心：角錐或圓錐體之重心在距離底面積 $\frac{1}{4}$ 高處。

26.半球體之形心：在其中心軸上，距球心 $\frac{3}{8}r$ 處。

27.組合體積形心求法：

(1)先求出各常見平面之體積 (V_i)

(2)找到各體積的形心坐標 (x_i, y_i, z_i)

(3)代入公式求體積之形心：

$$\bar{x}=\frac{V_1x_1+V_2x_2+V_3x_3+\cdots}{V_1+V_2+V_3+\cdots}=\frac{\Sigma V_ix_i}{\Sigma V_i}$$

$$\bar{y}=\frac{V_1y_1+V_2y_2+V_3y_3+\cdots}{V_1+V_2+V_3+\cdots}=\frac{\Sigma V_iy_i}{\Sigma V_i}$$

$$\bar{z}=\frac{V_1z_1+V_2z_2+V_3z_3+\cdots}{V_1+V_2+V_3+\cdots}=\frac{\Sigma V_iz_i}{\Sigma V_i}$$

1. 有一正三角形邊長為 a，其重心位於頂角平分線上，距底邊為多少？

2. 如圖所示，斜線部分為一半圓去掉一長方塊之面積，此斜線面積之形心 $\bar{y}$ 為多少？

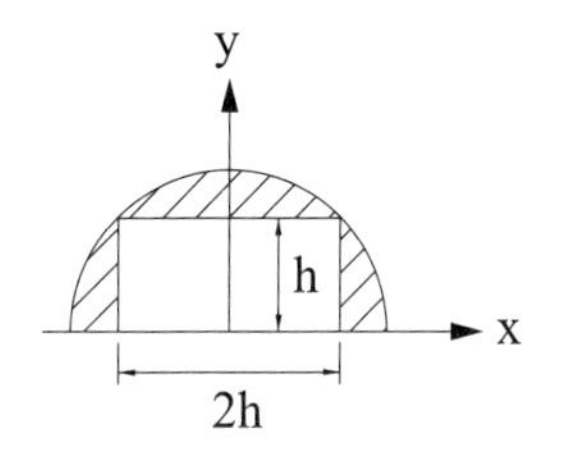

3. 如圖所示面積之形心 $\bar{y}$ 為多少？

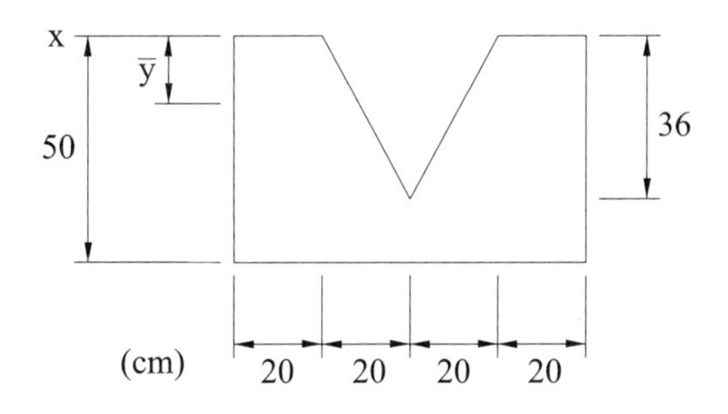

4. 如圖所示，陰影面積之形心位置為多少？

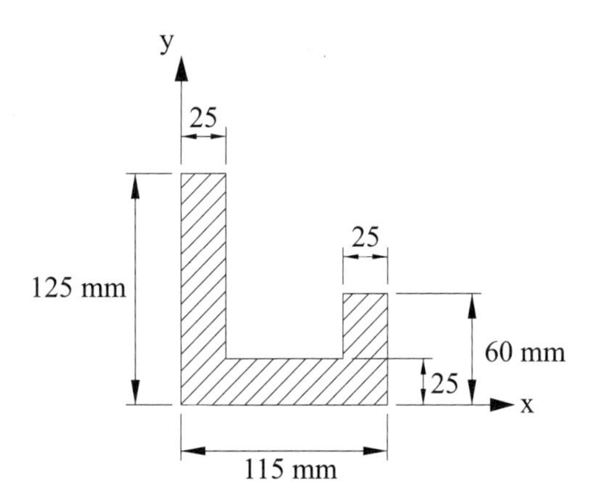

5. 如圖中斜線面積之形心位置為多少？

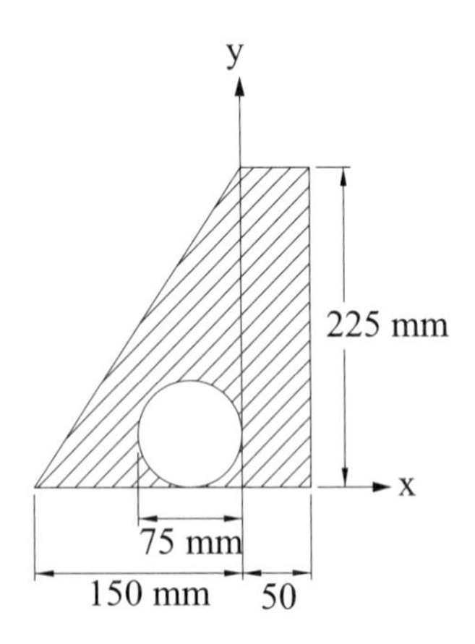

6. 如圖所示，試求三角形陰影部分的形心之 $\bar{y}$ 坐標為多少？

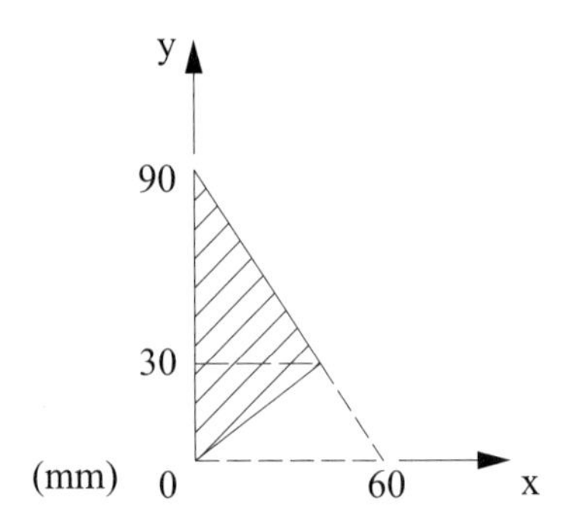

7. 如圖所示之四分之三圓面積，其重心與圓心之距離為多少？

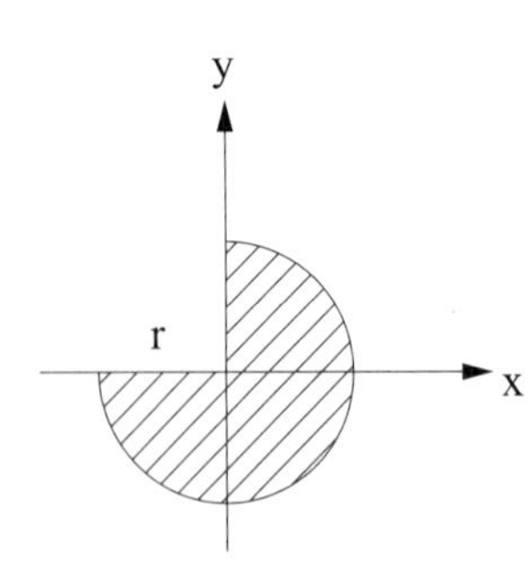

8. 如圖所示，半徑為 R 之圓形平面，挖去一半徑為 a 之圓，若其重心位置坐標為 $(\frac{R}{6}, 0)$，則 a 值為多少？

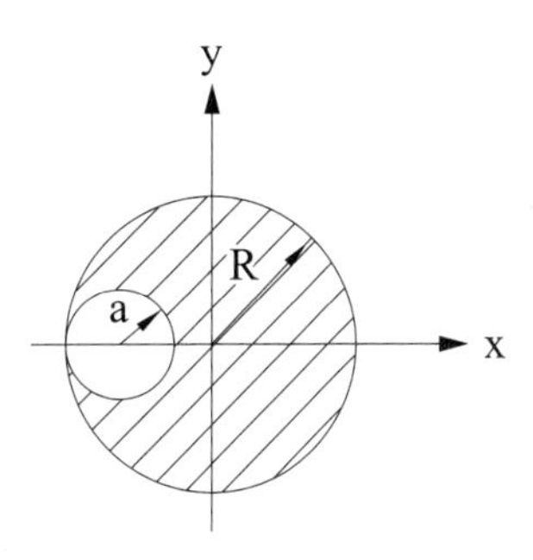

9. 如圖所示之形體（斜線部分），其組合面積之形心位置 $(\bar{x}, \bar{y})$ 為多少？

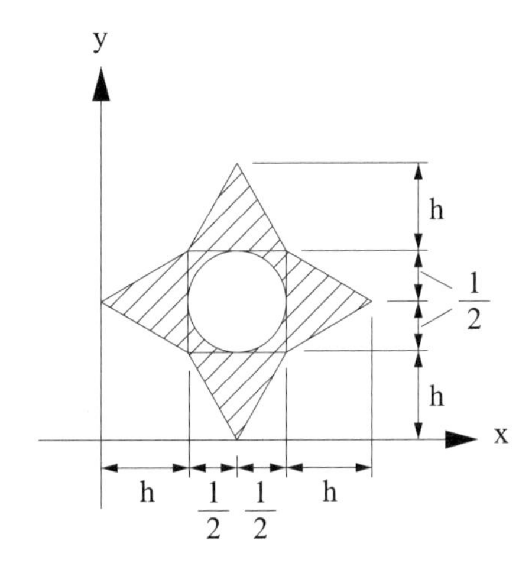

10. 如圖所示，試求陰影部分之形心坐標為多少？

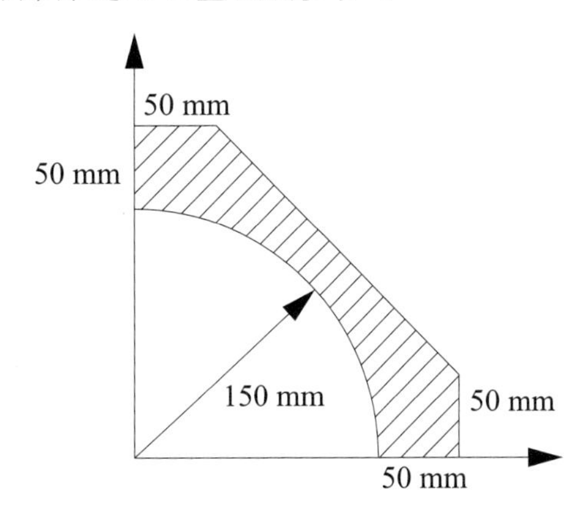

11.如圖所示，形心位置為多少？

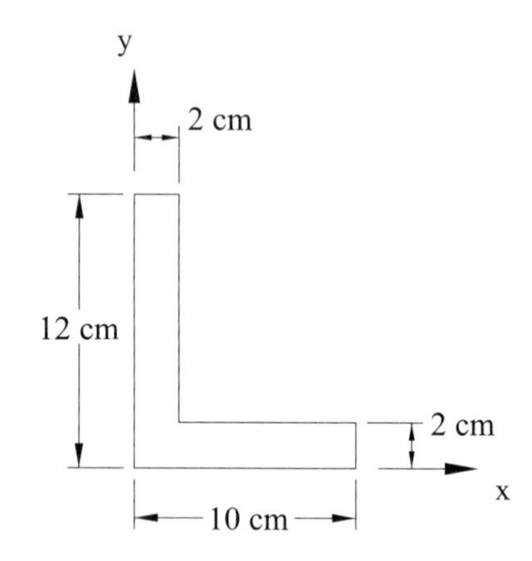

12.如圖所示，此面積之重心在 y 軸上，則 a 應為若干？

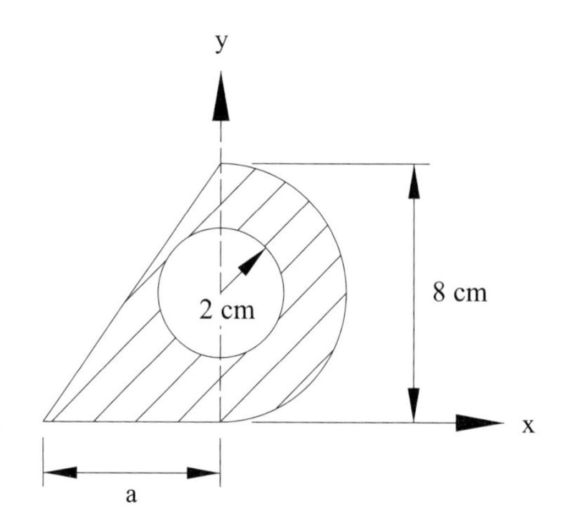

第 *6* 章 結構分析

6-1 結構分析觀念與桁架

一、結構、桁架與構架

㈠結構：將數根桿件相連接成一「連結構件系統」，用以支撐及傳遞力量，同時可安全地承受作用於其上之負荷者，稱之為「結構」(structure)。

㈡桁架：若結構中每一桿件均為二力構件者，則稱之為「桁架」(truss)。

㈢構架：若結構中至少存在一多力構件 (multiforce member) 者，則稱之為「構架」(frame)。

特別說明

構架中若包含可移動桿件且被設計成可傳遞力量及運動時，則稱為「機構」(machines)。

二、結構分析

㈠結構分析是工程中重要的一環。

㈡結構分析為將複雜的結構體，分為許多小的結構元件，再一一地將它分析出來。

㈢結構分析為探討結構內部受力問題，當將結構分解，以針對獨立桿件或組合結構件之分離自由體圖加以分析。

㈣結構分析時，其組成元件也必定處於平衡狀態。

三、結構之平衡解題步驟

㈠畫出物體之自由體圖，標示力作用於物體之大小及位置。

㈡以力與力矩平衡方程式求解。

四、結構之平衡解題要訣

㈠分析皆需要遵循牛頓第三運動定律。

㈡作用力之產生必伴隨一反作用力（以達到靜平衡狀態）。

五、桁架

㈠桁架 (truss) 是由多根細直構件在端點連接而成的一種結構。

㈡桁架細直構件通常是木質或金屬製成。

6–2 平面桁架分析

一、平面桁架

各桿件與負荷均在同一平面。

二、基本假設

㈠各桿件均屬剛體，且為「二力桿件」。

㈡桁架不計本身重量。

㈢負荷均作用在節點上，且無力矩作用。($M = F \times r$，$r = 0$)

㈣各桿件兩端均假設以光滑釘銷連接。

㈤桁架之力量只作用在節點上。

三、受力型態

㈠桁架內的每一桿件均為「二力桿件」。

㈡桿件不是受拉力就是受壓力，如圖 6–2–1 所示。(拉力為正，壓力為負)

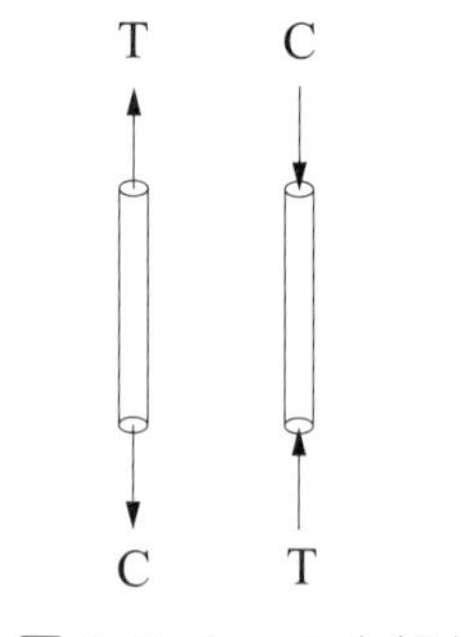

圖 6–2–1　二力桿件

四、零桿件判別法

㈠兩桿相交於一節點：

1. 若兩桿不共線且節點無外力作用時，則此兩桿件均為零桿件，兩桿相交於一節點，如圖 6–2–2 所示。(用靜平衡觀念思考，$\Sigma F_y = 0$，$\Sigma F_x = 0$，$\Sigma M = 0$)

2. $\Sigma F_y = 0 \Rightarrow \Sigma F_2 = 0$

3. $\Sigma F_x = 0 \Rightarrow \Sigma F_1 = 0$

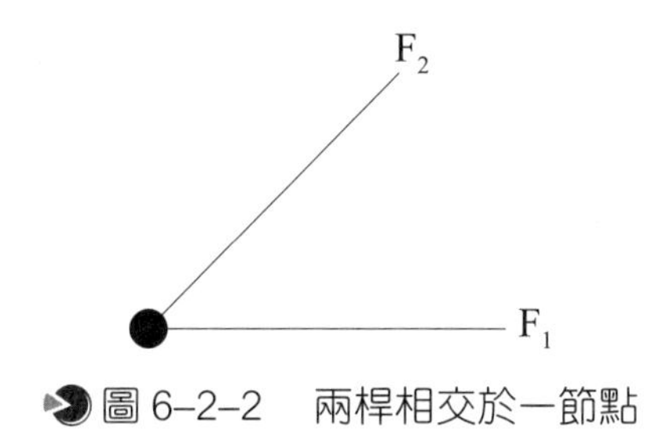

圖 6–2–2　兩桿相交於一節點

(二)三桿相交於一節點：

1. 若此節點無外力作用且其中兩桿共線，則第三桿為零桿，且共線的兩桿其大小會相等，如圖 6–2–3 所示。(用靜平衡觀念思考，$\Sigma F_y = 0$，$\Sigma F_x = 0$，$\Sigma M = 0$)

2. $\Sigma F_y = 0 \Rightarrow \Sigma F_3 = 0$

3. $\Sigma F_x = 0 \Rightarrow F_2 = F_1$

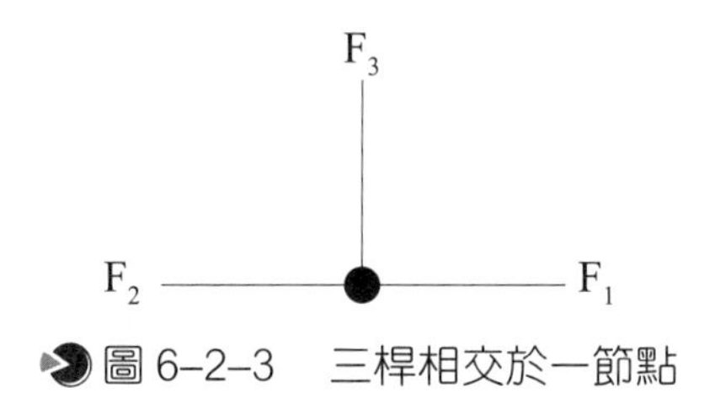

圖 6–2–3　三桿相交於一節點

五、桁架問題之解法

(一)節點法 (joint method)：取桁架內某一節點為自由體圖，所得之平面共點力系可利用平衡方程式 $\Sigma F_x = 0$ 及 $\Sigma F_y = 0$，解桿件之兩個未知力。

技　巧

1. 此法常使用在求解桁架的支承反力，或較靠近支承處之未知桿力。

2. 截取某節點時，由未知力較少的節點開始分析。

(二)截面法 (section method)：截取桁架欲分析內力處之自由體圖，所得之平面非共點非平行力系，可利用平衡方程式 $\Sigma F_x = 0$、$\Sigma F_y = 0$、$\Sigma M = 0$，求得桿件之內力。

技　巧

1. 此法常使用在求解桁架中某幾根特定桿件的內力。
2. 截取的斷面須包含欲求的未知力桿件。
3. 截取斷面時未知力桿件不得超過三根。

範例 1

決定圖中所示桁架中各桿受力為多少，並定義其桿受到的是壓力或張力？

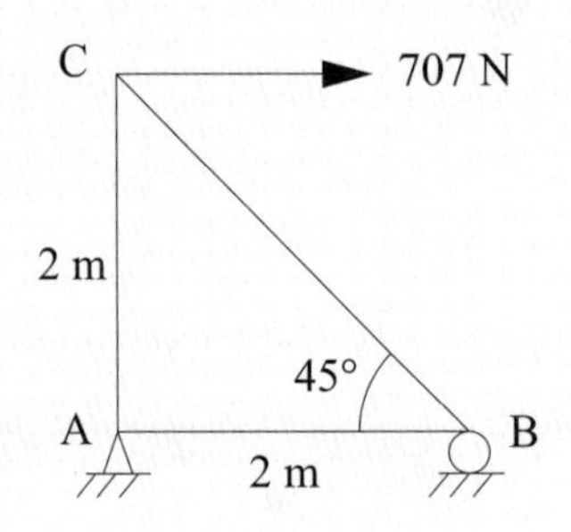

解題觀念

用靜平衡觀念思考，$\Sigma F_y = 0$，$\Sigma F_x = 0$，$\Sigma M = 0$

 $\therefore \Sigma F_x = 0$，$707\text{ N} - F_{BC}\sin 45° = 0$，$F_{BC} = 1000\text{ N}$（壓力）

$\therefore \Sigma F_y = 0$，$F_{BC}\cos 45° - F_{BA} = 0$，$F_{BA} = 1000\text{ N}$（拉力）

範例 2

如圖所示桁架，其中 a 桿件之應力為多少？

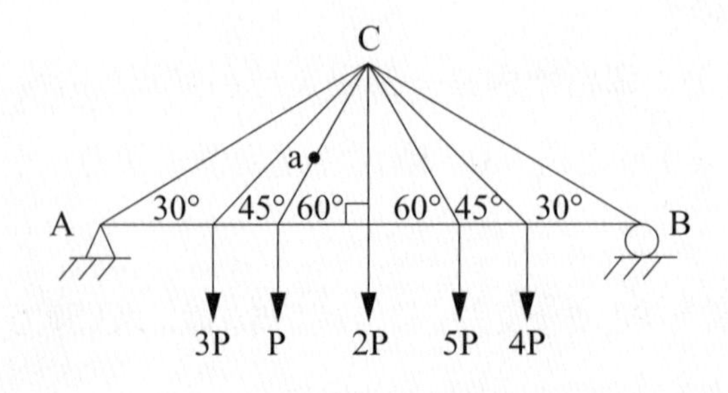

解題觀念

解桁架這一類的題目，主要分成兩種作法，一種是節點法，一種是剪力法，都可以拿來解，依照題目的不同，適合程度也不同。

解 取節點

$\therefore \Sigma F_y = 0$

$F \sin 60° - P = 0$

$\therefore F = \frac{2}{\sqrt{3}} P$

範例 3

如圖所示，平面桁架受力，其中 CD 桿之應力為多少？

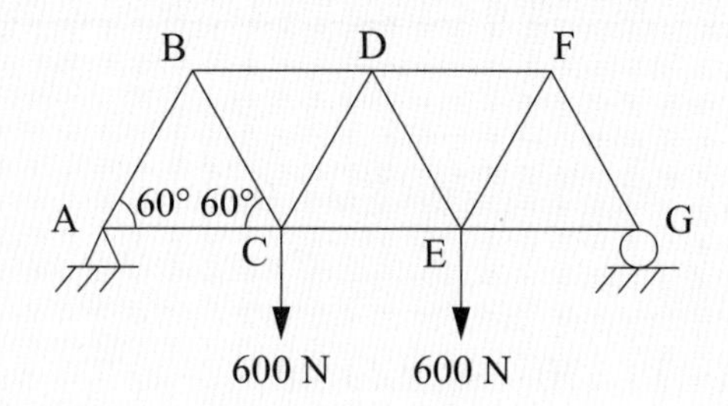

解題觀念

用靜平衡觀念思考，$\Sigma F_y = 0$，$\Sigma F_x = 0$，$\Sigma M = 0$

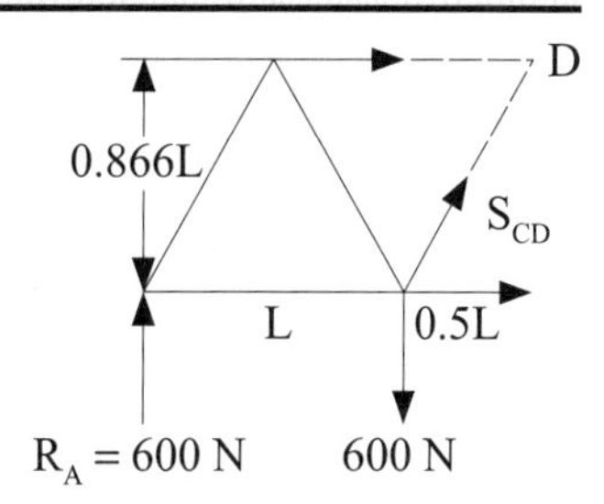

解 對稱關係 $R_A = R_G = 600$ (N)

取截面 $\because \Sigma F_y = 0 \quad \therefore S_{CD} = 0$

範例 4

如上題，CE 桿之應力為多少？

解題觀念

用靜平衡觀念思考，$\Sigma F_y = 0$，$\Sigma F_x = 0$，$\Sigma M = 0$

解 $\because \Sigma M_D = 0$

$600 \times (1.5\ell) - 600 \times (0.5\ell) - S_{CE} \times \frac{\sqrt{3}}{2}\ell = 0$

$\therefore S_{CE} = 400\sqrt{3}$ N

範例 5

如圖所示，平面桁架受力，其中 a 桿之應力為多少？

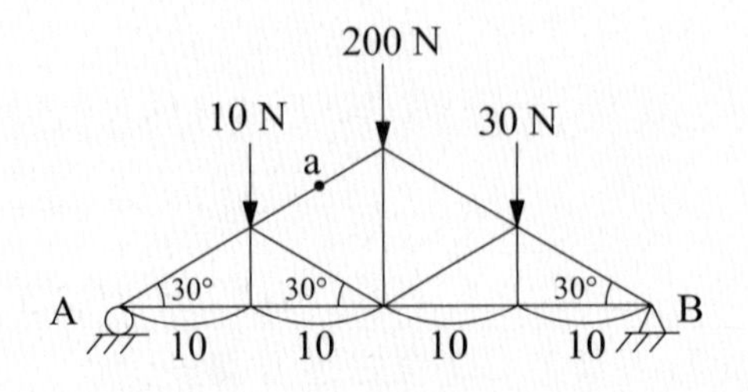

解題觀念

用靜平衡觀念思考，$\Sigma F_y = 0$，$\Sigma F_x = 0$，$\Sigma M = 0$

解 $\because \Sigma M_A = 0$

$10 \times 10 + 20 \times 20 + 30 \times 30 - R_B \times 40 = 0$

$\therefore R_B = 35\ \text{N}$，$R_A = 25\ \text{N}$

$\because \Sigma M_2 = 25 \times 20 - 10 \times 10 + a \sin 30° \times 20 = 0$

$\therefore a = -40\ \text{N}$（壓力）

範例 6

如圖所示之桁架，AB 桿所受之力是

(A)張力 100 N　(B)壓力 100 N

(C)張力 200 N　(D)壓力 200 N。

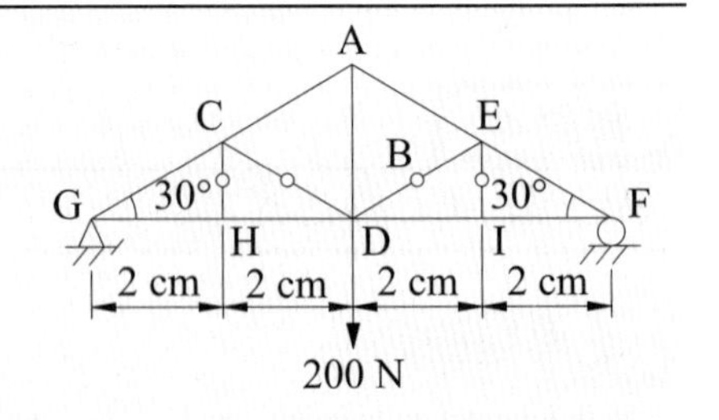

解 (C)

由圖中可看出 EI、ED、CD、CH 四桿為零桿

由節點法，取 D 點

$\Sigma F_y = 0$

$AB - 200 = 0$

$\therefore AB = 200\ \text{N}$（張力）

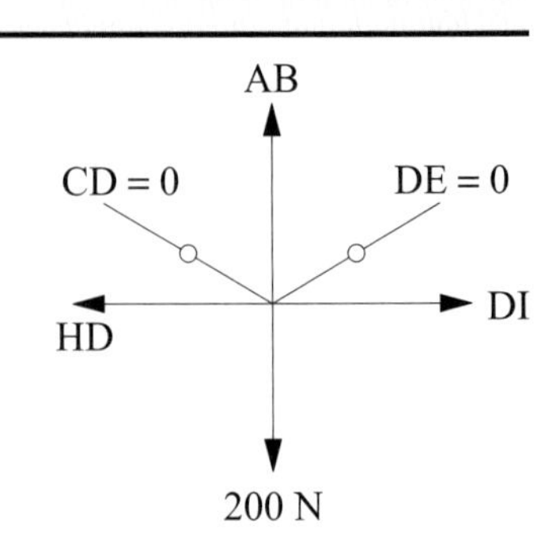

6–3 構架分析

一、構架

㈠構架為常見的多力構件結構，即構件同時承受兩個以上的力，且受力不一定在節點上。

㈡構架為穩定且用以承受負載的結構，可利用平衡方程式得知各構件之受力。圖 6–3–1 即為一構架。

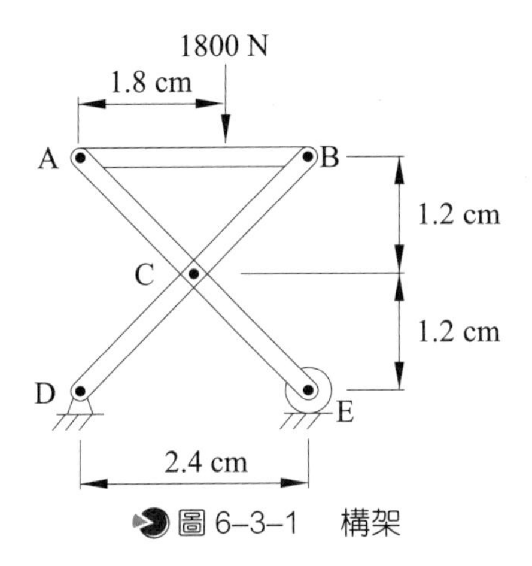

圖 6–3–1　構架

二、構架之分析法

㈠先取構架整體之自由體圖，解出支承反力。

㈡取各相關構件之自由體圖，將各部分之外形予以獨立，並標示所有作用力、力矩、已知力、未知力及所需的尺寸，最後解出欲求接點處之反力。

技 巧

1. 找出二力構件是極為重要的，如此可避免不必要的平衡方程式。
2. 兩相連構件之接點的受力大小相等，但方向相反。當兩構件相連接時，此二力為內力，不必標示於自由體圖。

範例 7

如圖所示，圓柱之半徑為 10 in，重量為 50 lb，AB 桿及 EF 桿之重量不計，則繩 AE 之張力為多少？

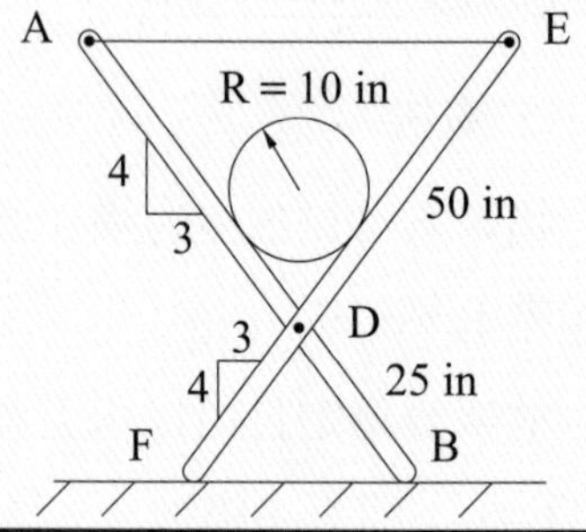

解題觀念

先取 F.B.D.，利用平衡方程式與力矩原理解之。

解 a.取整體為 F.B.D.，可得 F 點及 B 點之反力

$R_F = R_B = 25\text{ lb}\ (\uparrow)$

由幾何關係可以得到 $\overline{GD} = \dfrac{10}{\tan 37^\circ} = \dfrac{40}{3}\text{ in}$

b.取圓柱為 F.B.D.

由 $\Sigma F_y = 0 \Rightarrow N \times \dfrac{3}{5} \times 2 = 50 \Rightarrow N = 41.67\text{ lb}$

c.取 FDE 桿為 F.B.D.

由 $\Sigma M_D = 0 \Rightarrow -25 \times 25\cos 53^\circ - N \times \dfrac{40}{3} + T \times (\overline{DE} \times \sin 53^\circ) = 0$

$\therefore T = 23.3\text{ lb}$

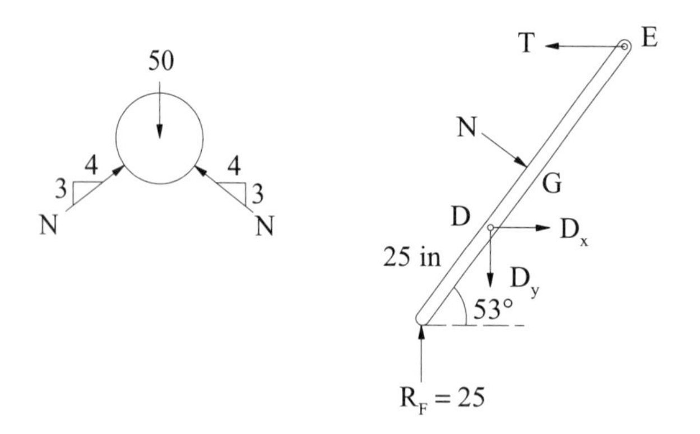

範例 8

如圖所示，吊架在連桿 AB 之受力為多少？

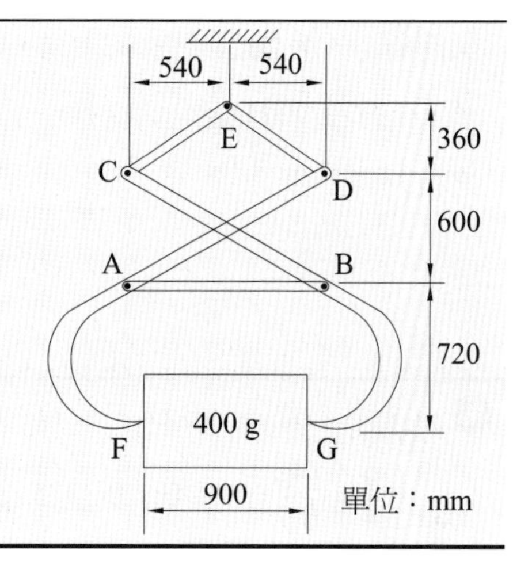

解題觀念

先取 F.B.D.，利用平衡方程式與力矩原理求得

解 a.由 400 kg 重物之 F.B.D. 分析知：

$$G_y = F_y = \frac{400\ g}{2} = 200\ g\ (N) = 1.96$$

b.取 CBG 桿之 F.B.D. 分析知：

$$\Sigma F_y = 0 \Rightarrow F_{CE} \cdot \frac{2}{\sqrt{13}} = 1.96$$

$$\Rightarrow F_{CE} = 3.533\ (N)$$

$$\Sigma M_G = 0 \Rightarrow F_{CE} \cdot \frac{2}{\sqrt{13}} \times 990 + F_{CE} \cdot \frac{3}{\sqrt{13}} \times 1320 - F_{AB} \cdot 720 = 0$$

$$\Rightarrow F_{AB} = 8.09\ (N)$$

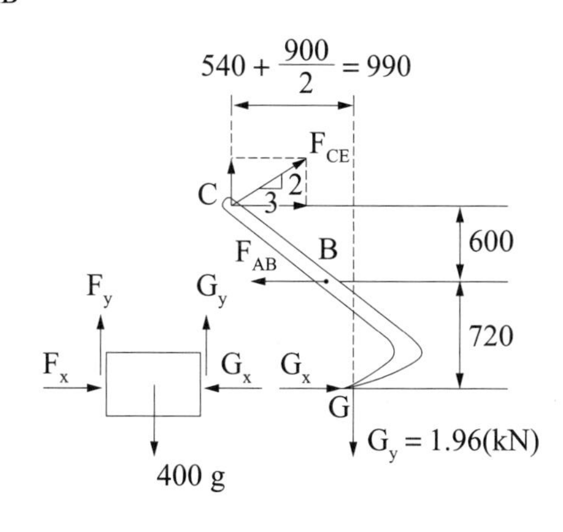

範例 9

如圖所示，重 20 N 之對稱階梯，底部裝有滾輪以便移動，今有一 90 N 之人站在梯子上 C 處，試求連桿 AB 之拉力為多少？

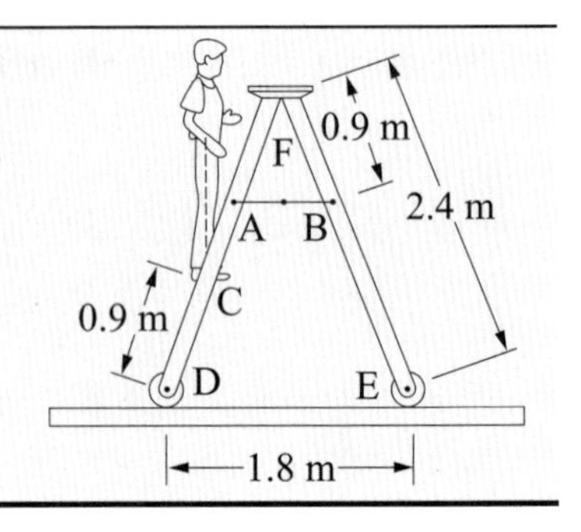

解 a.先取整體為 F.B.D.，求 D，E 之支承反力：

$$\frac{0.9}{2.4}=\frac{\overline{DG}}{0.9}\Rightarrow \overline{DG}=0.3375\ (\text{m})$$

$$\Sigma M_D=0\Rightarrow -90\times 0.3375-20\times 0.9+R_E\times 1.8=0$$

$$\Rightarrow R_E=26.875\ \text{N}$$

b.取 FBE 桿為 F.B.D.：

$$\overline{BH}=0.9\times\frac{\sqrt{55}}{8}=0.8343\ (\text{m})$$

$$\Sigma M_F=0\Rightarrow -T_{AB}\times 0.8343-10\times 0.45+26.875\times 0.9=0$$

$$\Rightarrow T_{AB}\doteqdot 23.6\ \text{N}$$

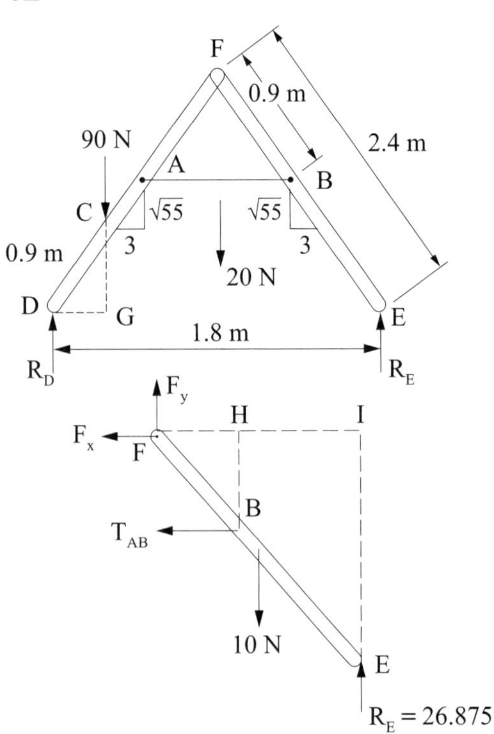

本章重點精要

1. 結構：將數根桿件相連接成一「連結構件系統」，用以支撐及傳遞力量，同時可安全地承受作用於其上之負荷者，稱之為「結構」(structure)。
2. 桁架：若結構中每一桿件均為二力構件者，則稱之為「桁架」(truss)。
3. 構架：若結構中至少存在一多力構件 (multiforce member) 者，則稱之為「構架」(frame)。
4. 結構分析：工程中重要的一環，將複雜的結構體，分為許多小的結構元件，再一一地將它分析出來。
5. 結構之平衡解題步驟：
   (1)畫出物體之自由體圖，標示力作用於物體之大小及位置。
   (2)以力與力矩平衡方程式求解。
6. 結構之平衡解題要訣：
   (1)分析皆需要遵循牛頓第三運動定律。
   (2)作用力之產生必伴隨一反作用力。
7. 桁架：由多根細直構件在端點連接而成的一種結構，這些細直構件通常是木質或金屬製的。
8. 桁架基本假設：
   (1)各桿件均屬剛體，且為「二力桿件」。
   (2)桁架不計本身重量。
   (3)負荷均作用在節點上，且無力矩作用。
   (4)各桿件兩端均假設以光滑釘銷連接。
9. 零桿件判別法：
   (1)兩桿相交於一節點，若兩桿不共線且節點無外力作用時，則此兩桿件均為零桿件。
   (2)三桿相交於一節點，若此節點無外力作用且其中兩桿共線，則第三桿為零桿，且共線的兩桿其大小會相等。

10.節點法 (joint method)：取桁架內某一節點為自由體圖，所得之平面共點力系可利用平衡方程式 $\Sigma F_x = 0$ 及 $\Sigma F_y = 0$，解桿件之兩個未知力。

11.節點法技巧：此法常使用在求解桁架的支承反力，或較靠近支承處之未知桿力。截取某節點時，由未知力較少的節點開始分析。

12.截面法 (section method)：截取桁架欲分析內力處之自由體圖，所得之平面非共點非平行力系，可利用平衡方程式 $\Sigma F_x = 0$、$\Sigma F_y = 0$、$\Sigma M = 0$，求得桿件之內力。

13.截面法技巧：常使用在求解桁架中某幾根特定桿件的內力。截取的斷面須包含欲求的未知力桿件。截取斷面時未知力桿件不得超過三根。

學習評量練習

1. 試述桁架分析之基本假設。

2. 如圖之桁架，其中 a 桿件之應力為多少？

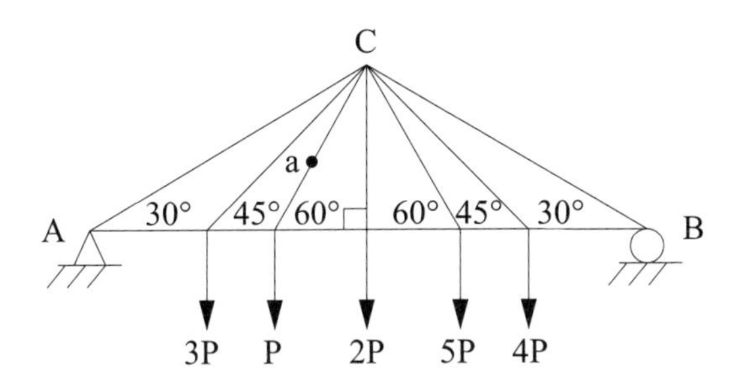

3. 如圖之桁架，D 點處受力 100 N，則 BD 桿之內力為多少？

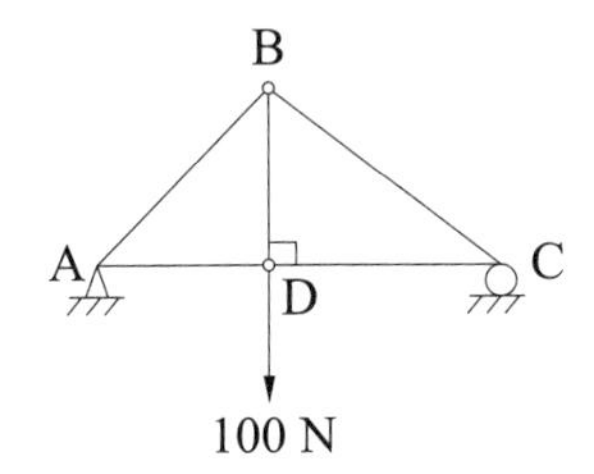

4. 如圖所示，桁架中節點 B 承受 140 N 之向下載重，則 AB 桿之內力絕對值為多少？

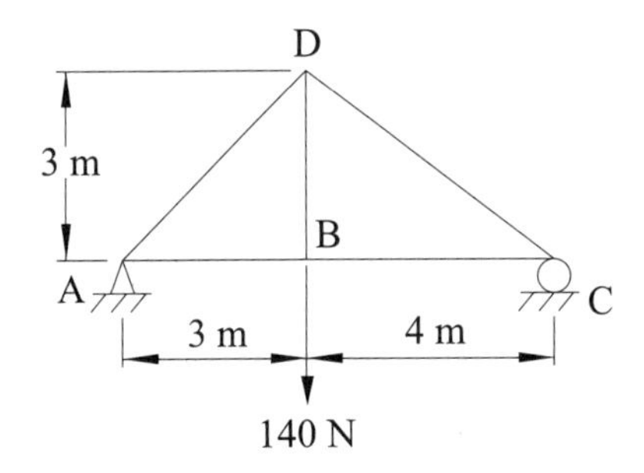

5. 承上題，AD 桿受力為多少？

6. 如圖之桁架中，CE 桿之應力為多少？

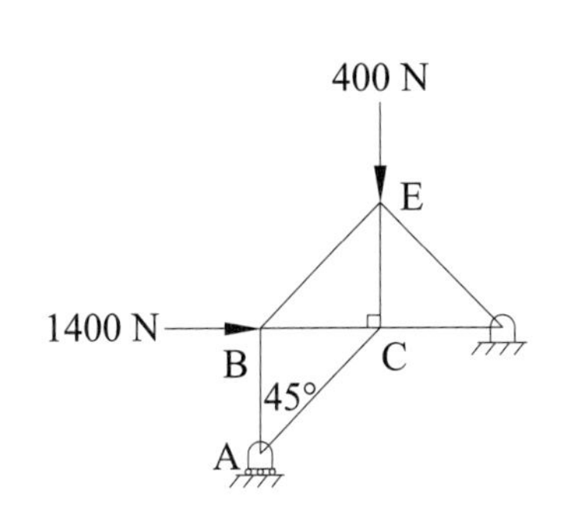

7. 如圖所示之構架，BC 桿之應力為多少？

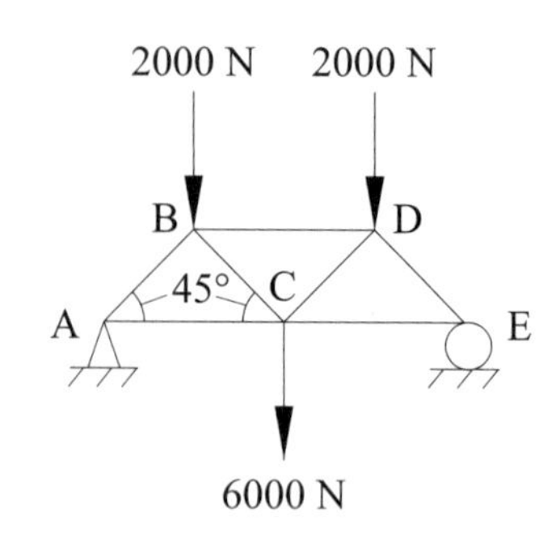

8. 在圖中之桁架，零構件有若干支？

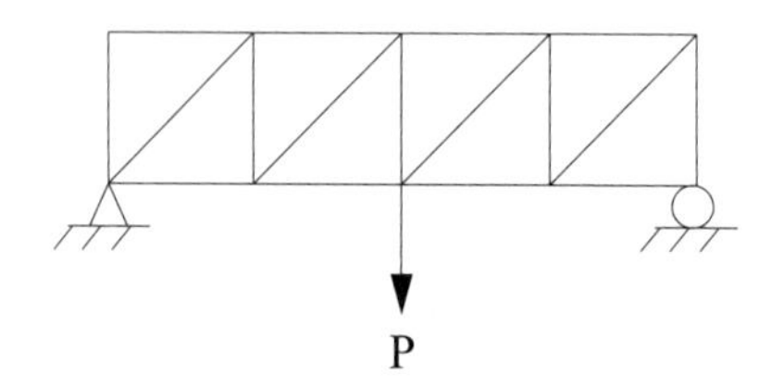

9. 平面桁架受力如圖所示，其中 CD 桿之應力為多少？

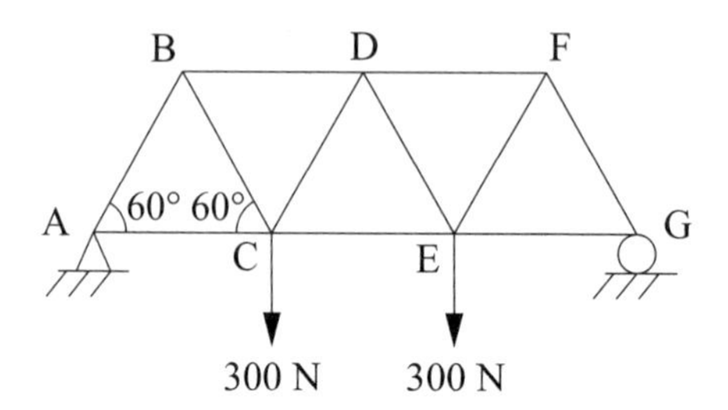

10. 承上題，CE 桿之應力為多少？

11. 平面桁架受力如圖所示，其中 a 桿之應力為多少？

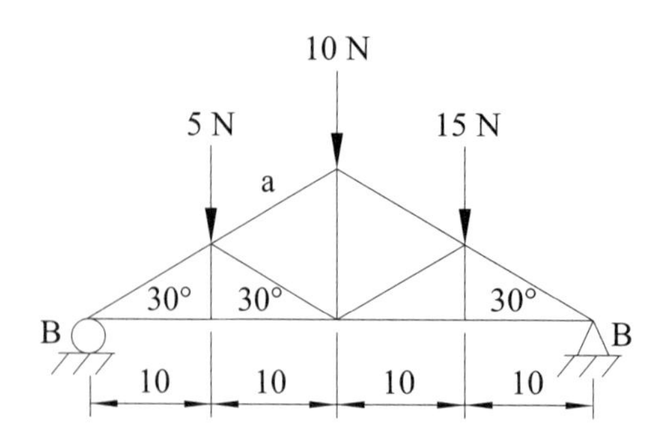

12.如圖所示之桁架，AB 桿所受之力為多少？

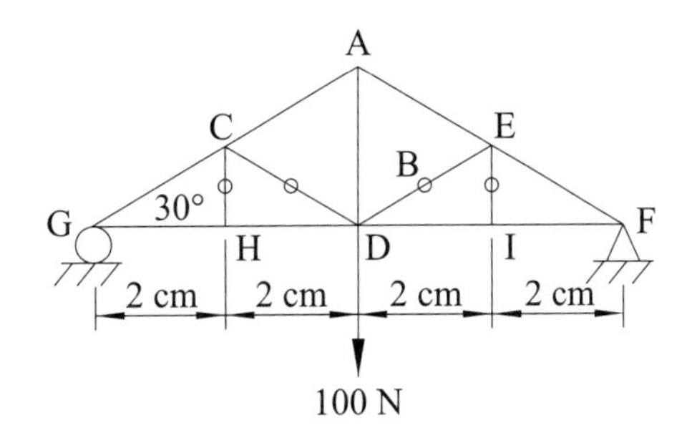

13.如圖所示之構架，試求接點 C 之受力為何？

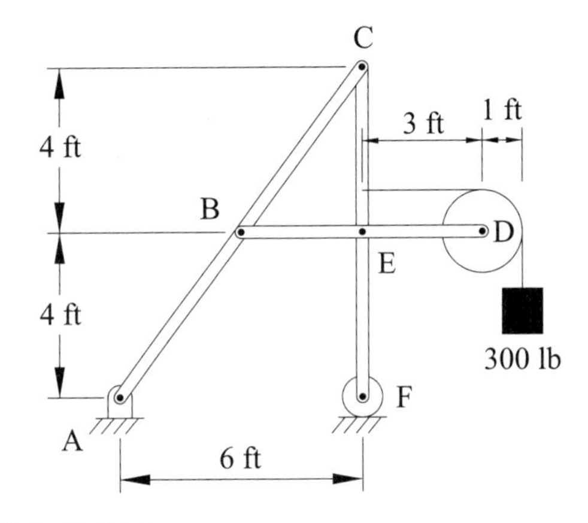

14.承上題，接點 E 之受力為何？

15.如圖所示，滑輪半徑為 75 mm，桿重及滑輪重不計，試求 A 處的反力為何？

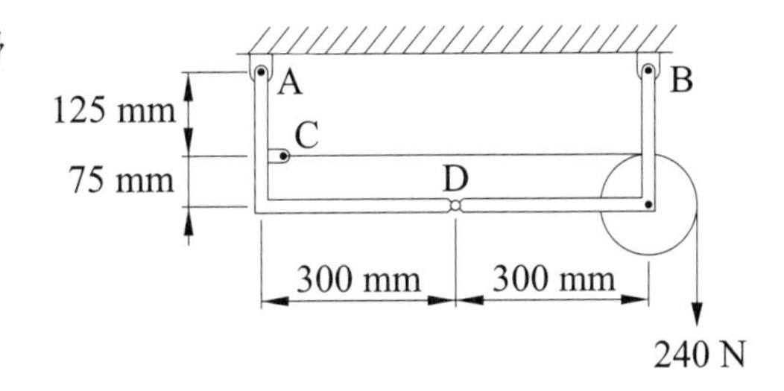

16.承上題，B 處之反力為何？

17.試求圖中接點 C 之受力為何？

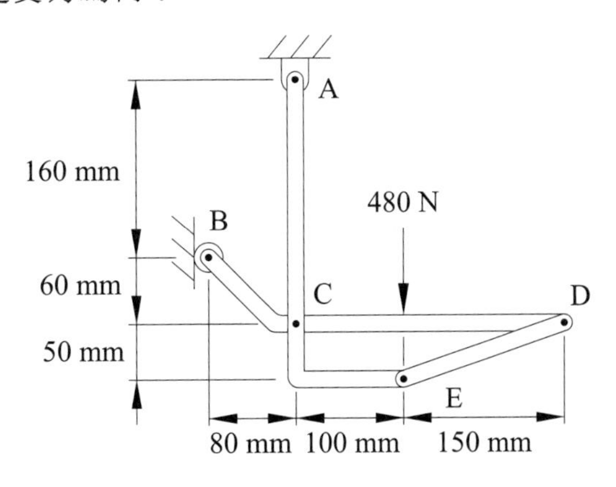

18. 如圖所示之構架，不計一切桿重及摩擦，且滑輪重亦不計，試問：接點 B 之反力大小約為多少？

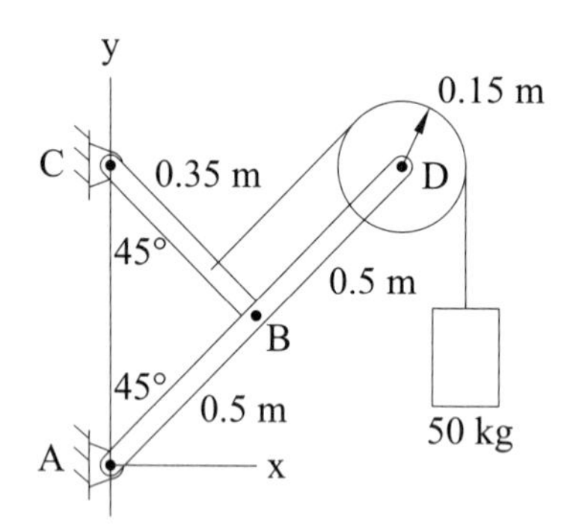

19. 如圖所示之機構中，在把手上施一作用力 F = 800 N 壓縮汽缸內之氣體 C 恰可保持平衡，試求活塞對汽缸內氣體之作用力，設活塞與汽缸壁之接觸面為光滑。

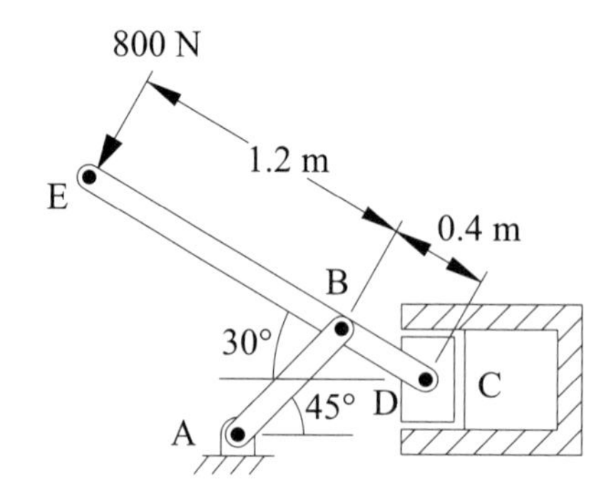

20. 如圖所示之彎管系統，A 處為光滑承軸，E 點為球窩支座，試利用切面法分析 H 面處的軸力、剪力、扭矩及彎矩。

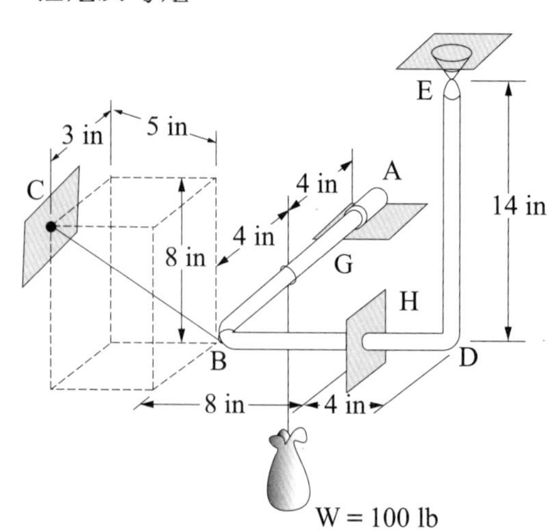

21. 試決定圖中構架各支承的反作用力。並繪出 CDEF 桿件的自由體圖。

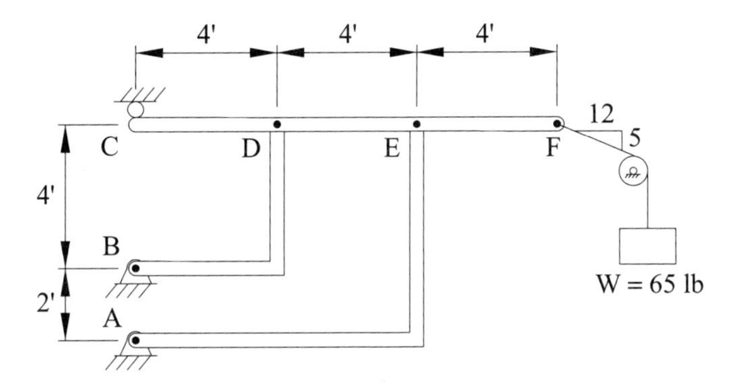

22. 圖中構架中的滑輪，直徑 0.5 m，試決定銷子 C 所受的垂直及水平反力。

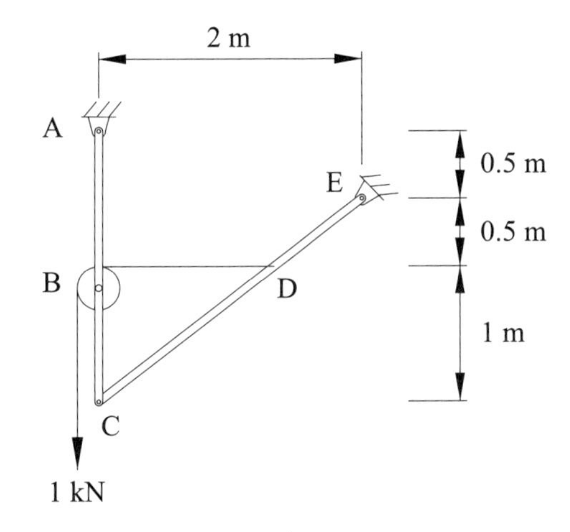

23. 試決定作用在 AD 桿件上 B 及 C 處的垂直及水平反作用力。假設 B、C 及 E 處為鉸接。

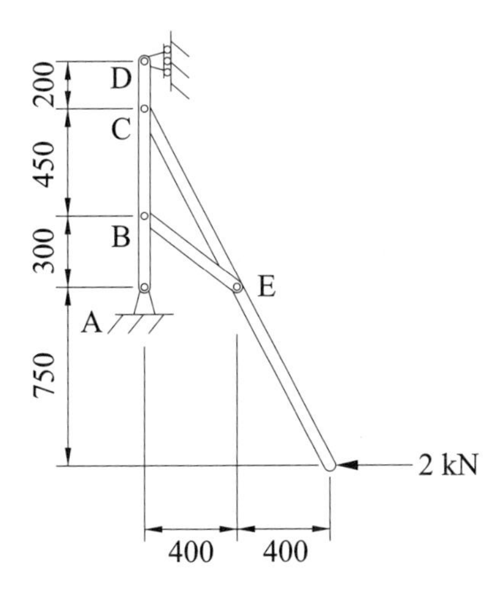

24.圖中為一負荷 1000 lb 的吊車，求桿件 DG 上斷面 A–A 的內力。

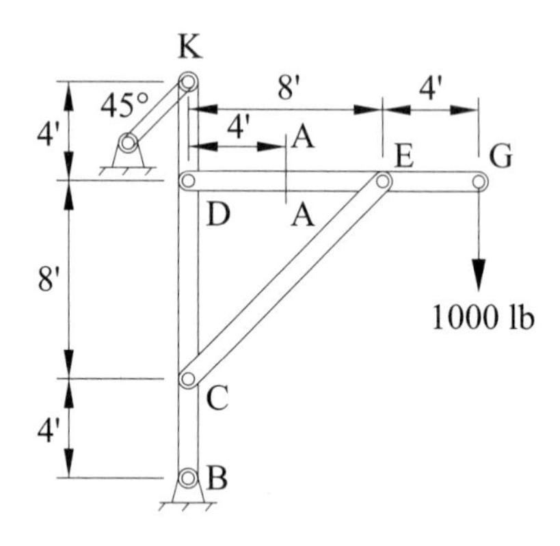

25.無摩擦滑輪系統如圖所示，試求繩的張力以及可舉起 600 N 負載的力 P。

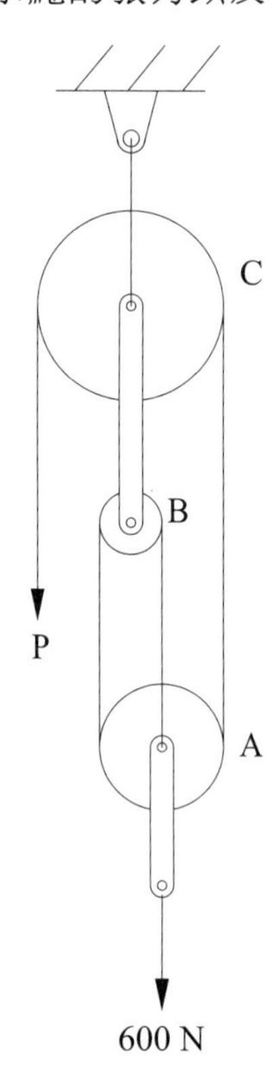

26. 藉由圖中所示的繩索與滑輪系統，一個體重 150 lb 的人可以支撐自己。若座椅的重量 15 lb，試求此人必須施加在 A 點繩索的力以及施加在座椅的力，忽略繩索與滑輪的重量。

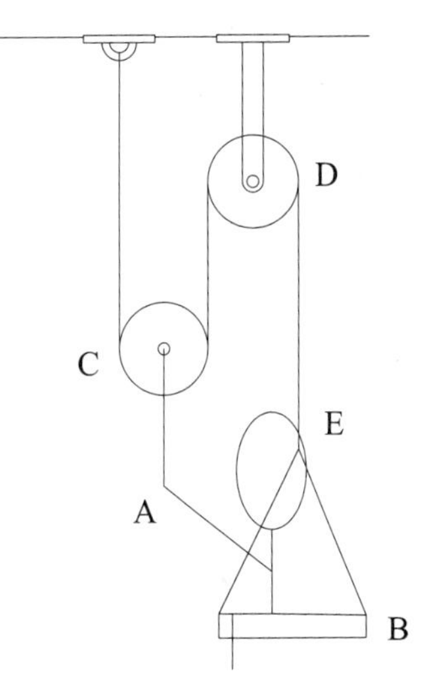

27. 100 kg 的板條箱由滑輪與繩索系統所支撐，如圖所示。若繩索連接在 B 點的銷，試求此銷施加在其他連接構件之力。

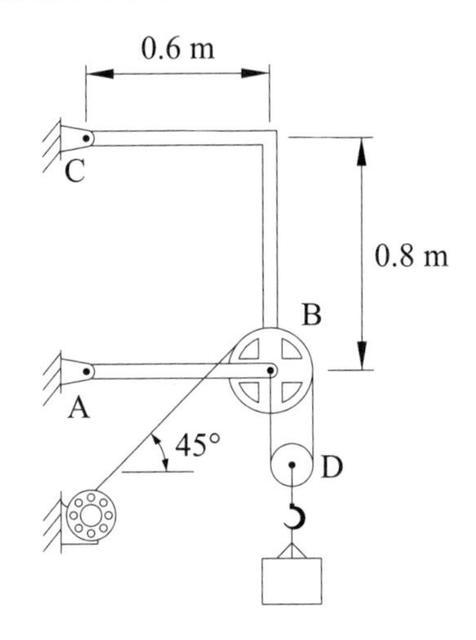

28. 試求下圖桁架中 C 點及 D 點構件的受力。

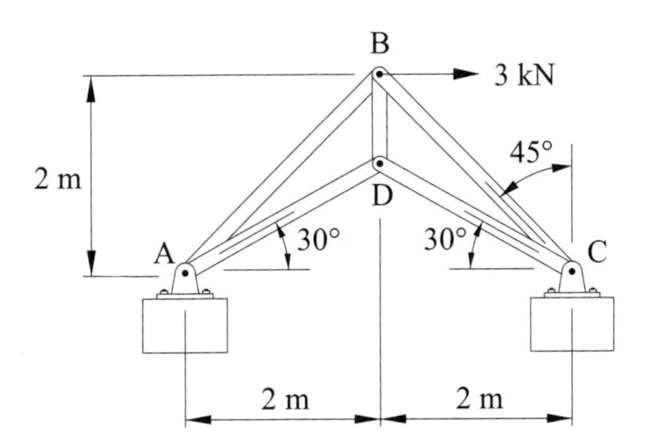

29.試分析圖中所示桁架，各桿件的內力。

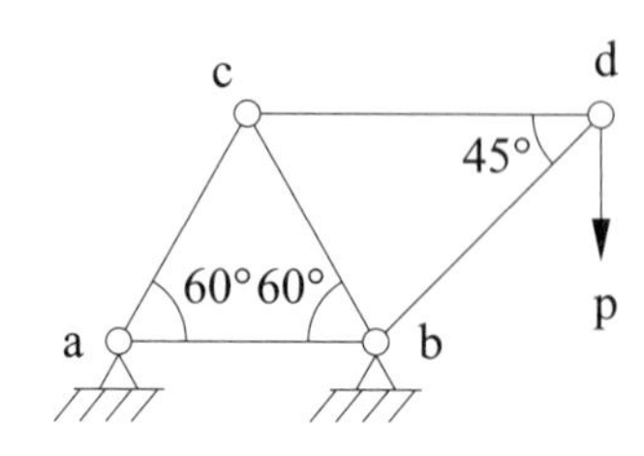

30.如圖所示的桁架，試決定 KN 桿件的內力。

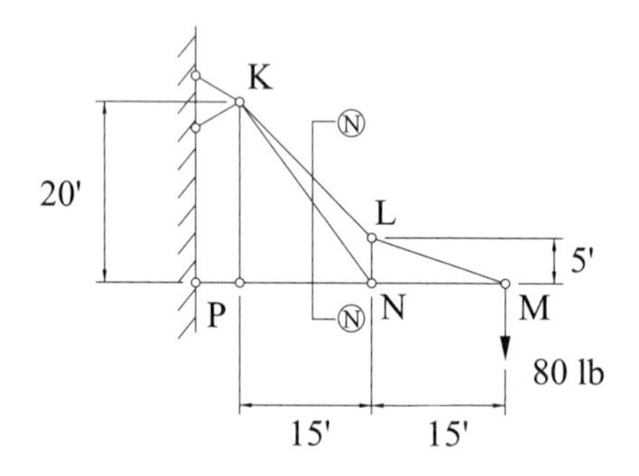

31.圖中所示桁架，$\alpha = 56.3°$，$\beta = 38.7°$，$\phi = 39.8°$ 及 $\theta = 36.9°$。試求

(1)何者為零桿件？

(2) HG、CD、HD 與 HC 桿的內力。

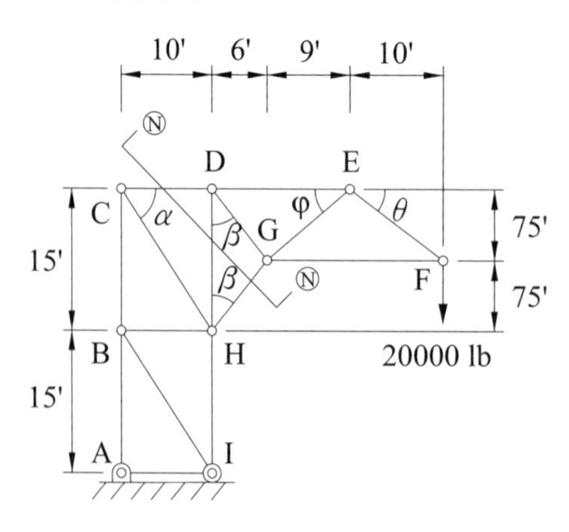

32.如圖桁架，試分析桿件 a、b 的內力。

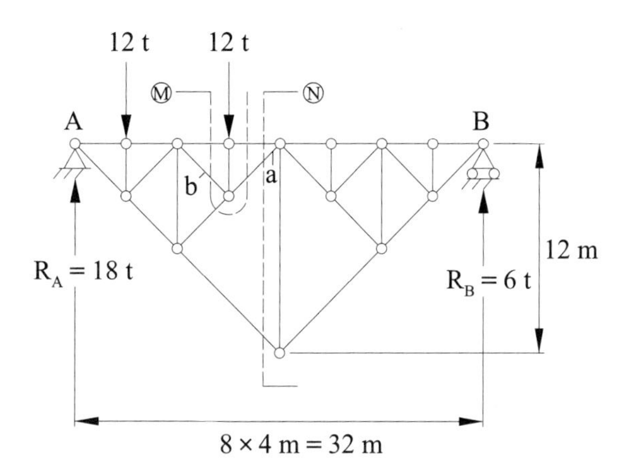

筆記欄

第 7 章　摩擦學

7-1 摩擦的觀念

一、摩擦力的意義

(一)當兩表面粗糙之物體互相接觸而產生相對滑動（或有相對滑動之趨勢）時，在其接觸面間會產生阻止滑動之力，此稱之為摩擦力 (frictional force)，簡稱 f。

(二)有摩擦力表示有摩擦係數 (μ)。

(三)有摩擦係數 (μ) 必有摩擦力 (f) 與正壓力 (N)。

(四)摩擦力恒與接觸面相切，且與運動方向相反。

二、摩擦力之種類

(一)靜摩擦力 (static friction)(f_s)：

1. 兩物體間有滑動的傾向時，其接觸面所產生之摩擦力。
2. 物體僅有滑動之趨勢而仍保持靜止。
3. 靜摩擦力 f 恆與外力 p 成正比。
4. 只要兩物體未發生相對滑動，都是受到靜摩擦力。
5. 位於靜止的物體上時使用「靜力平衡方程式」求之，位於會動的物體上時使用「牛頓第二定律」求之。

(二)最大靜摩擦力 (maximum friction)(f_M)：

1. 兩物體間正要開始滑動時，其接觸面所產生之摩擦力。
2. 物體正要開始滑動之瞬間。
3. 此時之摩擦力最大，又仍屬於靜摩擦力，故稱為「最大靜摩擦力」。
4. 由公式 $f_M = \mu_s N$ 求之（μ_s：靜摩擦係數）。

㈢動摩擦力 (kinetic friction)(f_k)：

1. 兩物體間已發生相對滑動時，其接觸面所產生之摩擦力。
2. 物體發生相對滑動時。
3. 動摩擦力亦與正壓力成正比，由圖 7–1–1 ⒝可知動摩擦力略小於最大靜摩擦力。
4. 由公式 $f_k = \mu_k N$ 求之（μ_k：動摩擦係數）。

㈣滾動摩擦：物體滾動所受之阻力，稱為滾動摩擦。

三、摩擦力的重點

㈠摩擦係數之大小代表接觸面之粗糙度情形。

㈡兩接觸面間愈粗糙則所能提供之摩擦力亦愈大。

㈢接觸面面積大小及正壓力大小均無關。

㈣摩擦係數無單位。

㈤動摩擦力與運動之速率無關。

㈥靜摩擦力與正壓力無關但最大靜摩擦力及動摩擦力皆與正壓力成正比。

㈦摩擦係數之範圍及大小關係：$0 < \mu_k < \mu_s < \infty$。

㈧溫度之變化對摩擦力之影響甚小。

四、摩擦力與作用外力之關係

㈠如圖 7–1–1 ⒜所示，一重為 W 的物體，置於粗糙水平面上，受到水平外力 P 作用，由零逐漸增加時，則摩擦力 f 與外力 P 之關係如圖 7–1–1 ⒝所示：

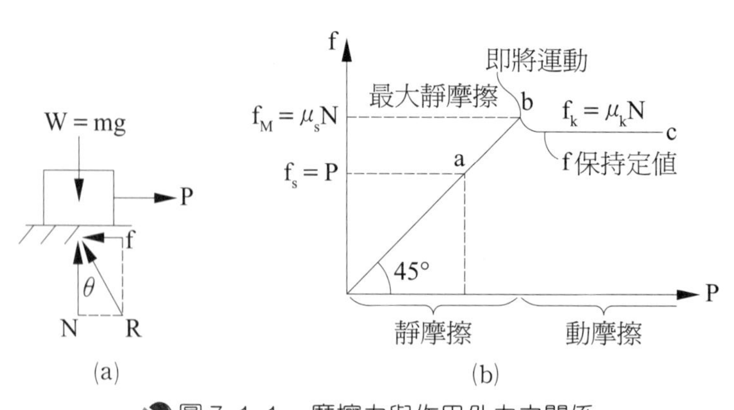

圖 7–1–1　摩擦力與作用外力之關係

㈡討論：

1. 當 $P = 0$ 時：因無滑動趨勢，故無摩擦力存在，即：$f = 0$。

2. 當 $0 < P < f_M$ 時：此時物體靜止不動，摩擦力為靜摩擦力，由靜力平衡條件知：$f = f_s = P$。

3. 當 $P = f_M$ 時：此時物體正要動而未動，摩擦力為最大靜摩擦，即：$f = f_M = \mu_s \cdot N$。

4. 當 $P > f_M$ 時：此時物體已滑動，摩擦力為動摩擦力，即：$f = f_k = \mu_k \cdot N$。

7-2 摩擦角與靜止角

一、摩擦角

㈠靜摩擦角：兩物體間即將開始產生相對滑動時，正向力及最大靜摩擦力的合力與正向力之夾角，稱之為「靜摩擦角」，以 ϕ_s 示之，如圖 7-2-1 所示為靜摩擦角。

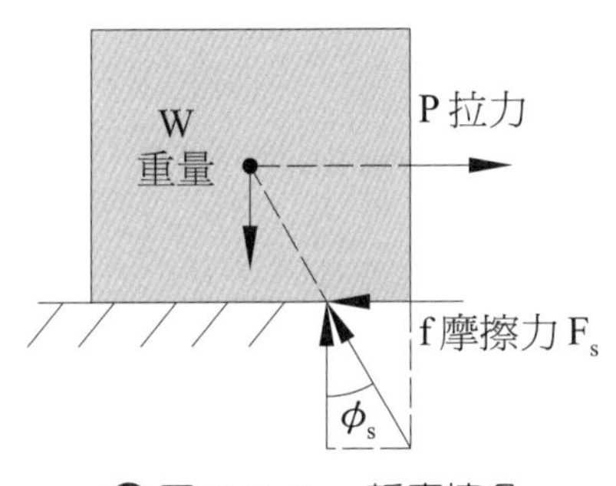

圖 7-2-1 靜摩擦角

㈡動摩擦角：兩物體間已產生相對滑動時，正向力及動摩擦力的合力與正向力之夾角，稱之為「摩擦角」，以 ϕ_k 示之，圖 7-2-2 所示為動摩擦角。

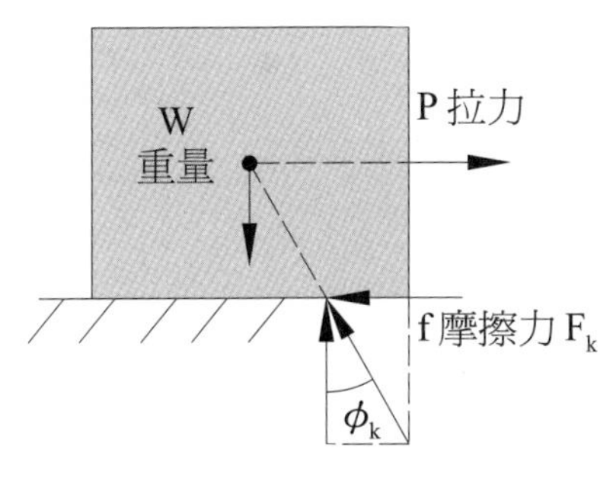

圖 7-2-2 動摩擦角

㈢「靜摩擦角之正切值」等於「靜摩擦係數」，即：$\mu_s = \tan\phi_s$。

二、靜止角

㈠物體即將由斜面上往下滑動時，斜面的傾斜角度 α 稱為「靜止角」，圖 7–2–3 所示為靜止角。

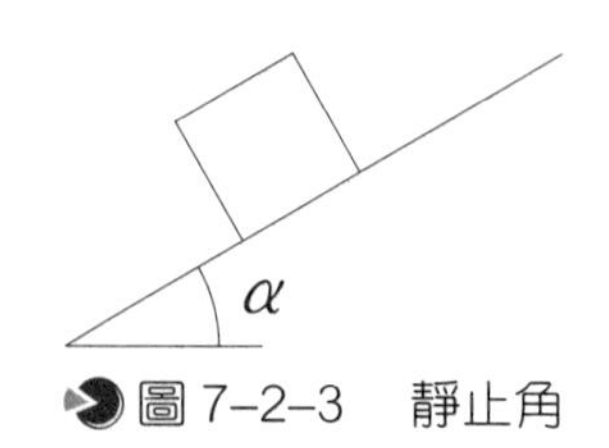

圖 7–2–3　靜止角

㈡靜摩擦係數 μ_s 亦會等於靜止角之正切值 ⇒ $\mu_s = \tan\alpha_s$

㈢若斜角 α 小於靜摩擦角 ϕ_s，則物體會靜止在斜面上。

㈣若斜角 α 大於靜摩擦角 ϕ_s，則物體會由斜面上滑下。

特別說明

靜止角之各種情況之正向力 N（由 $\Sigma F_y = 0$ 求出）：

1. 由 $\Sigma F_y = 0$ 求出：$N = W$。

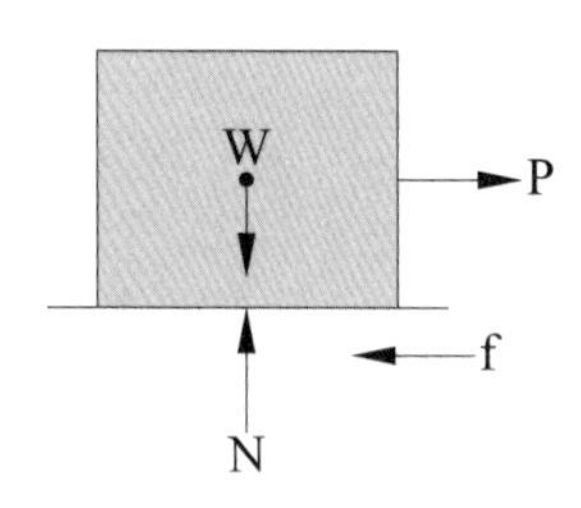

2. 由 $\Sigma F_y = 0$ 求出：$N + P\sin\theta = W$，$N = W - P\sin\theta$

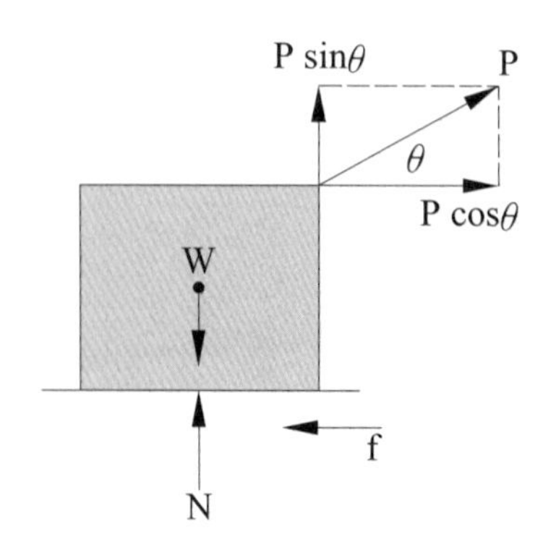

3. 由 $\Sigma F_y = 0$ 求出：$N = P\sin\theta + W$

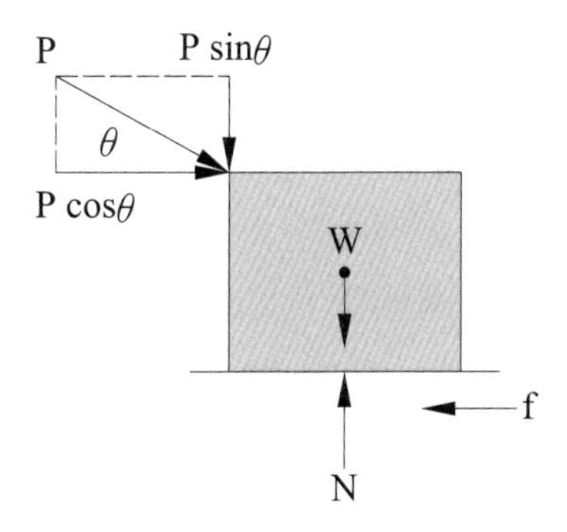

4. 由 $\Sigma F_y = 0$ 求出，上滑時 f 向下：$N = W\cos\theta$

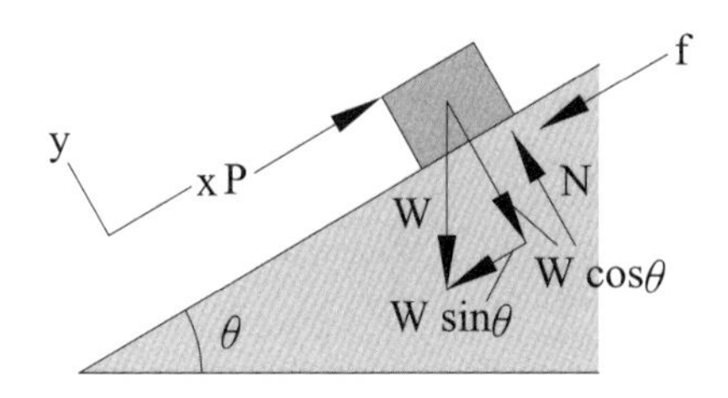

5. 由 $\Sigma F_y = 0$ 求出，上滑時 f 向下：$N = P\sin\theta + W\cos\theta$

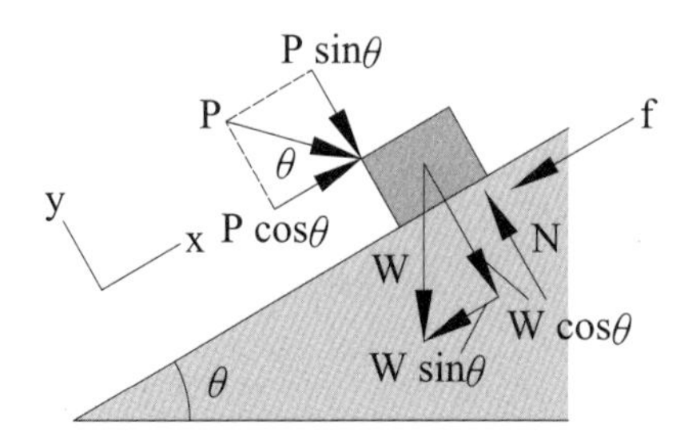

6. 下滑時 f 向上：$N + P\sin\theta = W\cos\theta$，$N = W\cos\theta - P\sin\theta$

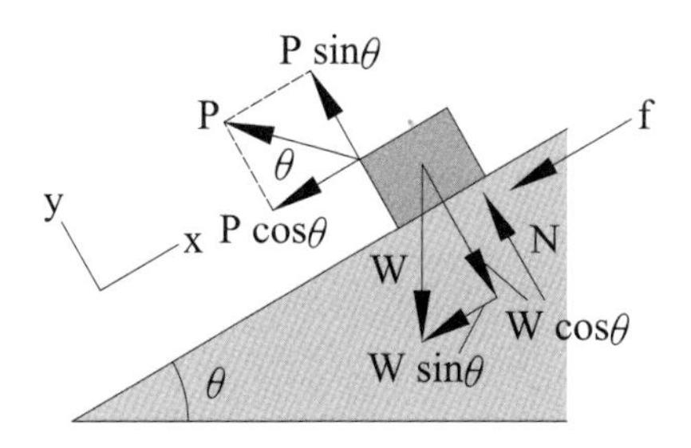

範例 1

200 N 之物體置於水平面上，開始運動時，需水平推力 100 N，則接觸面之摩擦係數為若干？(註：單位 N 表牛頓，$f = \mu N$ 之 N 表正向力)

解題觀念

先由平衡方程式求出正向力，再由摩擦力的公式求出 μ 即可。

解 由 $\Sigma F_y = 0$，$200 - N_1 = 0$，$N_1 = 200$ N

$\because \Sigma F_x = 0$，$100 - f = 0$，$f = 100$ N

由 $f = \mu N_1$，$100 = \mu \times 200$

$\therefore \mu = 0.5$

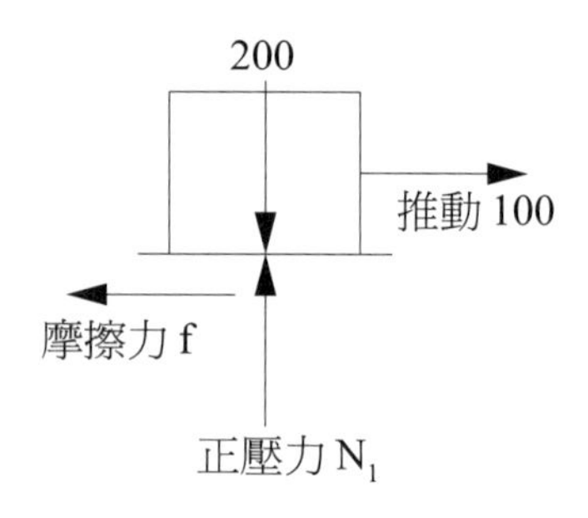

範例 2

如圖所示，一物體重量為 100 N，物體與水平面間之摩擦係數為 0.25，則使物體滑動所需之作用力 F 為若干？

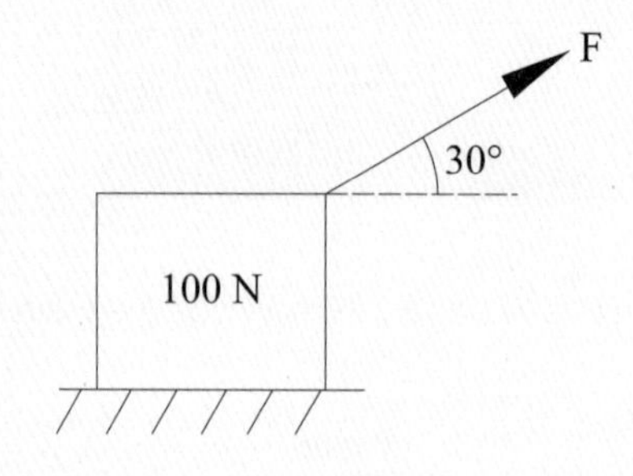

解題觀念

觀念如上題，先將作用力 F 分解成水平與垂直分力，再代入公式即可。

解 先將 F 分解成 x 軸和 y 軸之兩分量

由 $\Sigma F_y = 0$，$N_1 + F\sin 30° - 100 = 0$

$\therefore N_1 = 100 - 0.5F$

$\therefore$摩擦力 $f = \mu N_1 = 0.25N_1$

由 $\Sigma F_x = 0$，$F\cos 30° - 0.25N_1 = 0$

$F\cos 30° - 0.25(100 - 0.5F) = 0$

$F = 25.2$ N

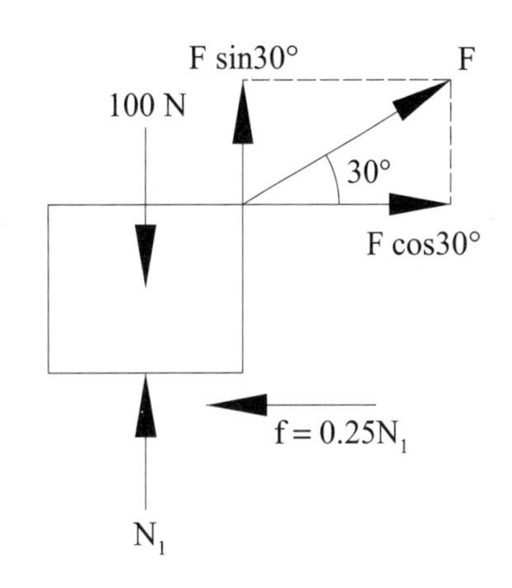

範例 3

如圖所示，100 N 之力作用於物體，恰使物體開始滑動，求接觸面之摩擦係數。

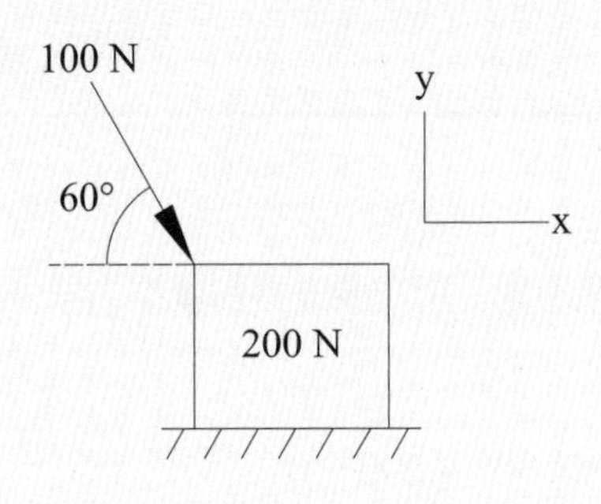

解題觀念

觀念同上題，取自由體圖分解 100 N 之力，代入公式即可。

解 取自由體圖

由 $\Sigma F_y = 0$，$N_1 - 200 - 100\sin 60° = 0$

$\therefore N_1 = 286.6$ N

由 $\Sigma F_x = 0$，$100\cos 60° - f = 0$，得 $f = 50$ N

$\because f = \mu N_1$，$50 = \mu \times 286.6$

$\therefore \mu = \dfrac{50}{286.6} = 0.174$

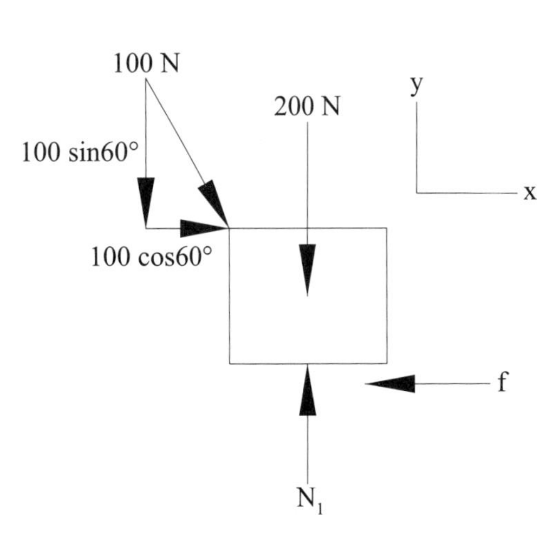

範例 4

如圖所示，一物體重 200 N，置於粗糙之水平面上，設物體與地面間之靜摩擦係數為 0.40，動摩擦係數為 0.35。

(1)當拉力為 80 N 時，物體與地面間之摩擦力為何？

(2)當拉力為 60 N 時，物體與地面間之摩擦力為何？

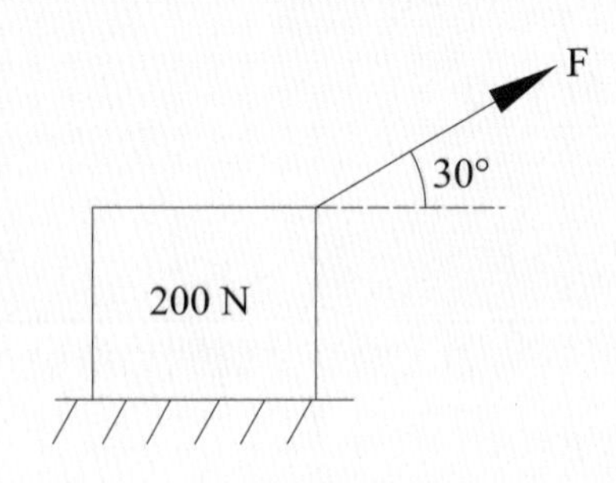

解題觀念

此題目並沒有事先說明物體滑動，所以要先探討摩擦力與外力的關係。

解 (1)取自由體圖

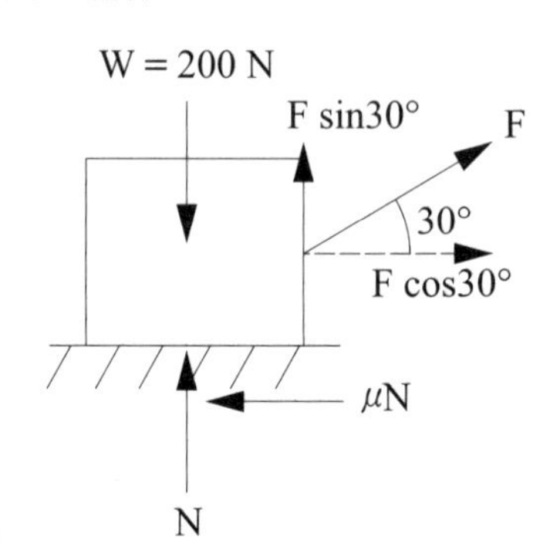

由 $\Sigma F_y = 0$，$N + 80 \cdot \sin 30° - 200 = 0$

$\therefore N = 160\ N$

由 $\Sigma F_x = 0$，$f = 80 \cdot \cos 30° = 69.28\ N$

又 $f = \mu N$

$\therefore 69.28 = \mu \cdot 160$，$\mu = 0.43$（大於靜摩擦係數，代表物體開始滑動）

由 $f = \mu_k \cdot N$

$\Rightarrow f = 0.35 \cdot 160 = 56\ N$

(2)同上題

由 $\Sigma F_y = 0$，$N + 60 \cdot \sin 30° - 200 = 0$

$\therefore N = 170\ N$

由 $\Sigma F_x = 0$，$f = 60 \cdot \cos 30° = 51.96\ N$

又 $f = \mu N$

$\therefore 51.96 = \mu \cdot 170$，$\mu = 0.31$（小於靜摩擦係數，代表物體靜止不動）

由平衡方程式

$\Sigma F_x = 0$，$f = 51.96\ \text{N}$

範例 5

如圖所示，梯子重 100 N，牆為光滑面，梯子與地面間之摩擦係數為 $\mu_s = 0.2$，$\mu_k = 0.15$，則當梯子與水平面夾 30° 時，摩擦力為何？

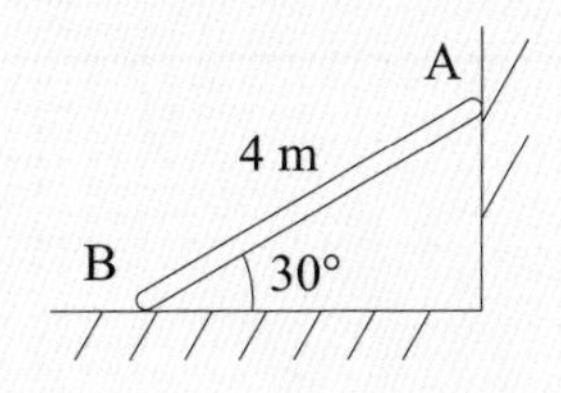

解題觀念

觀念同上題，B 點最多未知反力所以對 B 點取力矩。

解 取自由體圖

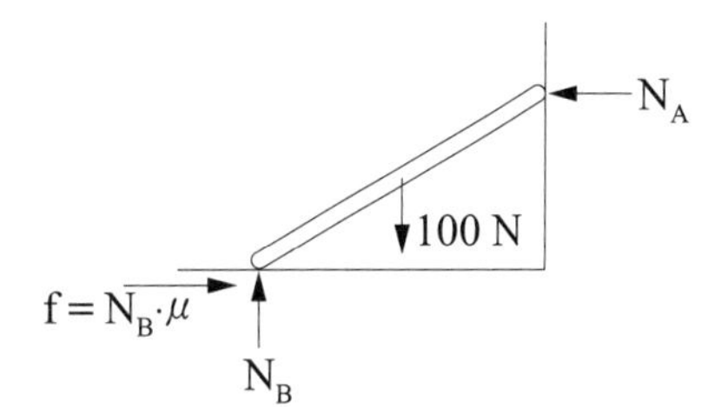

由 $\Sigma F_y = 0$，$N_B = 100\ \text{N}$

令 $\Sigma M_B = 0$，$N_A \cdot 2 - 100 \cdot \sqrt{3} = 0$

$\therefore N_A = 86.6\ \text{N}$

令 $\Sigma F_x = 0$，$f = N_A = 86.6\ \text{N}$

又 $f = \mu N$

$\therefore 86.6 = \mu \cdot 100$，$\mu = 0.87$（大於靜摩擦係數，代表物體開始滑動）

由 $f = \mu_k \cdot N \Rightarrow f = 0.15 \cdot 100 = 15\ \text{N}$

範例 6

如圖所示，一寬度 b 之方塊重 W，靜置於水平面上，若物體與水平面間之摩擦係數為 μ，今有一水平推力 P 作用於其上時，試求使物體移動而不發生傾倒的 P 力作用點距地面高 h 為若干？

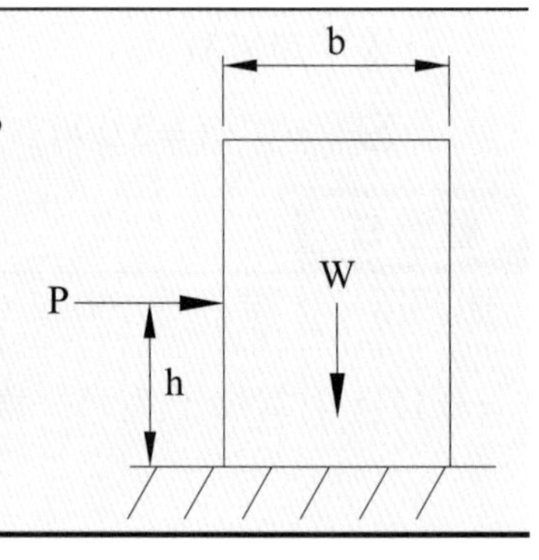

解題觀念

傾倒問題，取自由體圖即可。

解 由自由體圖，∵平衡

∴由 $\Sigma F_y = 0$，$N - W = 0$，$N = W$

∴ $\Sigma F_x = 0$，$P - f = 0$，$P = f = \mu N = \mu W$

∴由 $\Sigma M_A = 0$，$W(\frac{b}{2}) - P \times h = 0$

$W \cdot \frac{b}{2} = \mu W \cdot h$ ∴ $h = \frac{b}{2\mu}$

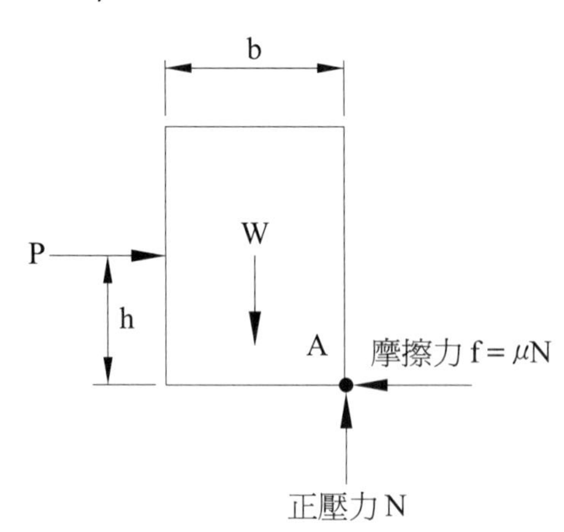

範例 7

如圖所示，A 物體重 100 N，用一繩繫於一端，並置於重 300 N 之 B 物體上，A 與 B 間之摩擦係數為 $\mu_1 = 0.2$，物體與地面之摩擦係數為 $\mu_2 = 0.1$，求使 B 物體即將向右滑動之 P 力。

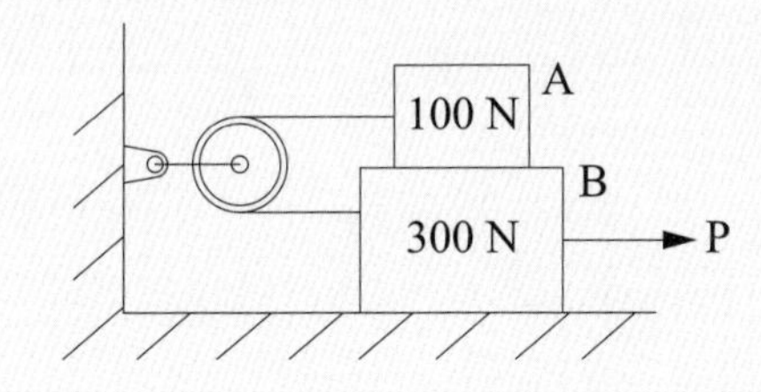

解題觀念

分別對 A 與 B 物體取自由體圖，再代入公式即可。

解 取 A 物為自由體，如右圖所示，則

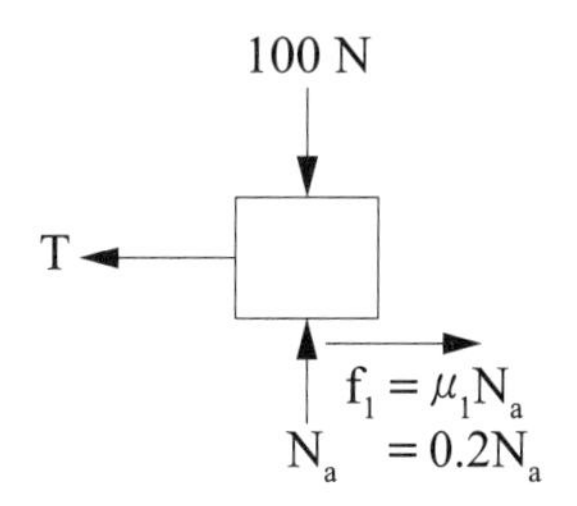

$\Sigma F_y = 0$

$N_a - 100 = 0$，即 $N_a = 100$ N

$\therefore f_1 = \mu_1 N_a$

$= 0.2 \times 100 = 20$ N

$T = f_1 = 20$ N

取 B 物為自由體，如右圖所示，則

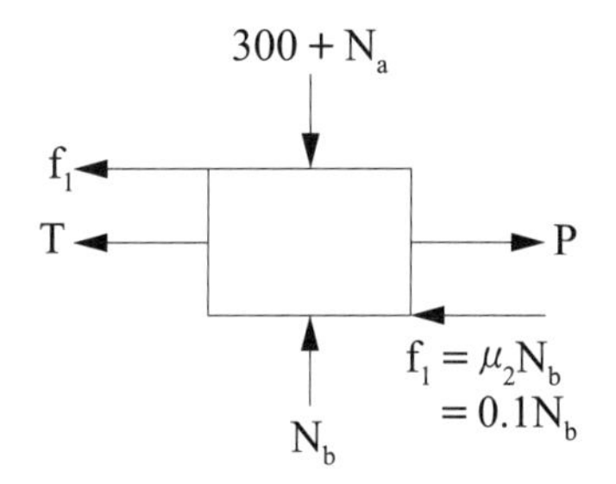

$\Sigma F_y = 0$

$N_b = N_a + 300 = 100 + 300 = 400$ N

由 $\Sigma F_x = 0$

$P - f_1 - f_2 - T = 0$

$\therefore P = f_1 + f_2 + T$

$= 20 + 0.1 \times 400 + 20$

$= 80$ N

範例 8

如圖所示，兩小題欲使物體不下滑之最小 P 力各為多少？

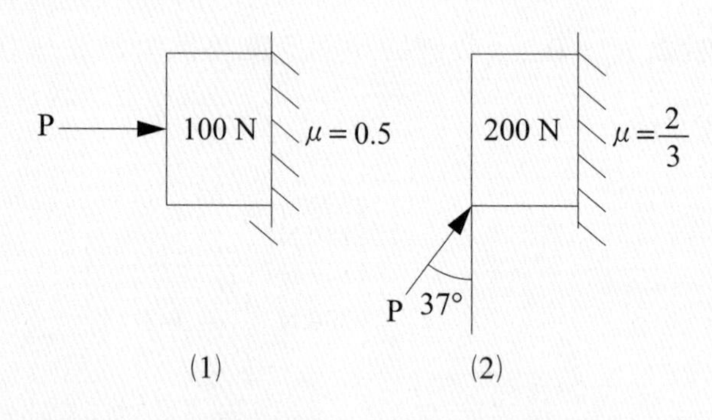

解題觀念

取自由體圖，代入摩擦力公式即可。

 (1) $100 = 0.5P$

$\therefore P = 200\ N$

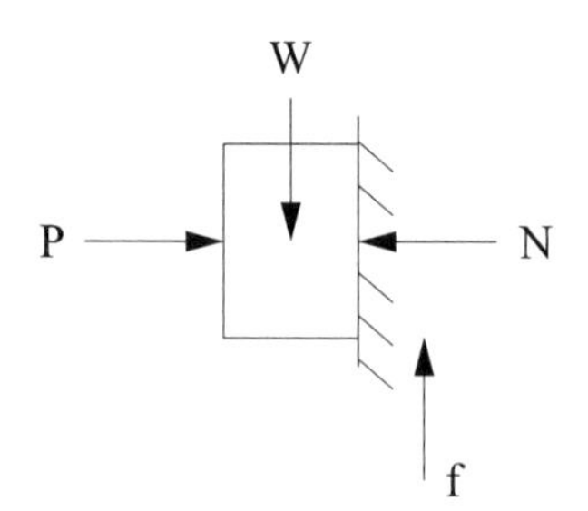

(2) $N = 0.6P$

$f = \frac{2}{3} \times 0.6P = 0.4P$

由 $\sum F_y = 0.8P + 0.4P = 120$

$\therefore P = 100\ N$

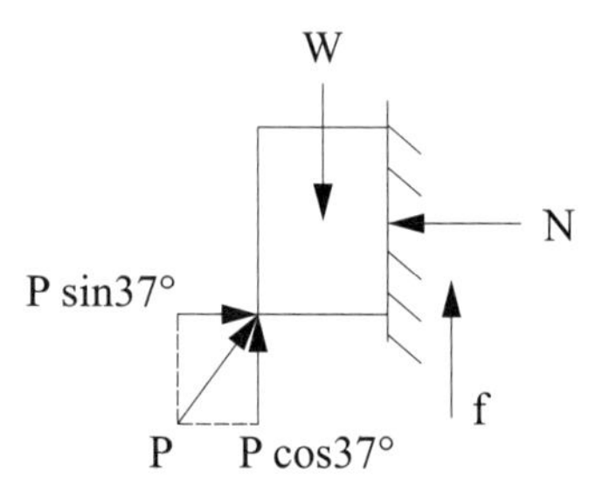

範例 9

如圖所示，一梯子重 80 N，直牆為光滑面，梯與地板之摩擦係數為 0.4，今欲使梯子開始向右運動，試求所需之 P 力。

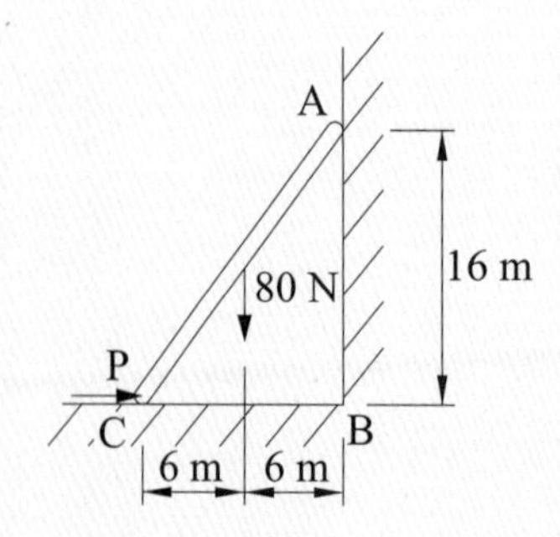

解題觀念

仔細的取自由體圖，釐清觀念最重要。

解 物體向右運動，∴ f 向左

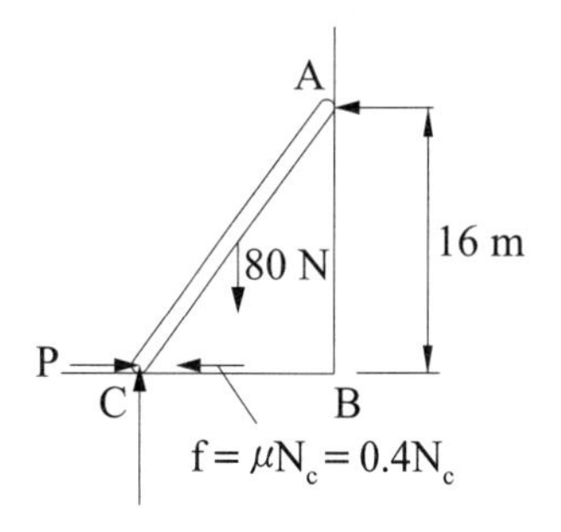

由 $\Sigma F_y = 0$，$80 - N_c = 0$，$N_c = 80\text{ N}$

由 $\Sigma M_c = 0$，$80 \times 6 - N_A \times 16 = 0$

$\therefore N_A = 30\text{ N}$，$f = \mu N = 0.4 \times 80 = 32\text{ N}$

由 $\Sigma F_x = 0$，$P - f - N_A = 0$

$P = 30 + 32 = 62\text{ N}$

範例 10

如圖所示，對稱圓柱重 600 N，直牆為光滑面，圓柱與水平面之摩擦係數為 0.2，試求不使圓柱轉動之最大 P 力為何？

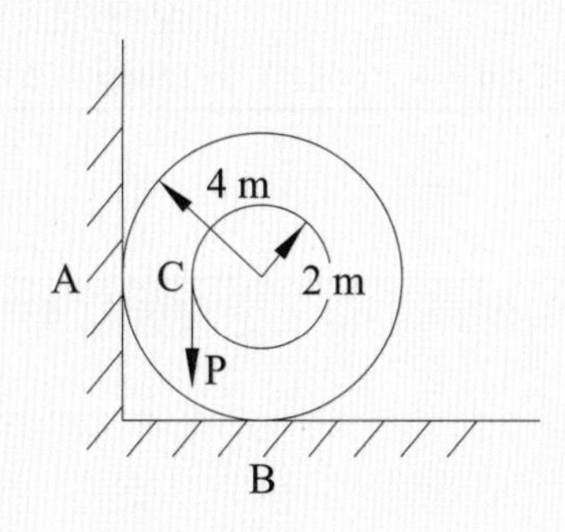

解題觀念

以力矩原理求出反力後，以平衡方程式解之即可。

解 $\Sigma M_c = 0$，$600 \times 2 - N_B \times 2 + 0.2N_B \times 4 = 0$

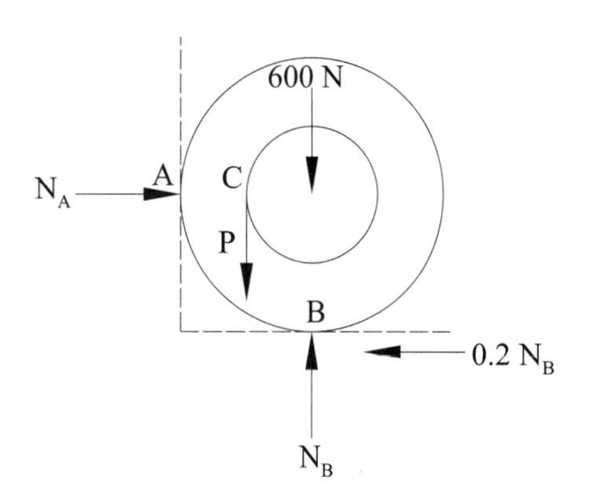

$\therefore N_B = 1000\text{ N}$

$\therefore f = \mu N_B = 0.2 \times 1000 = 200\text{ N}$

由 $\Sigma F_y = 0$，$P + 600 - N_B = 0$

$\therefore P = N_B - 600 = 400\text{ N}$

由 $\Sigma F_x = 0$，$N_A = f = 0.2N_B = 200\text{ N}$

7-3 斜面問題探討

考型一	考型二
圖示： P　P sinθ　f　θ　P cosθ　θ　N　W　W cosθ　θ　W sinθ	圖示： P　P sinα　α　f = μN　P cosα　α　N　W　W cosα　α　W sinα
欲使物體正要往上升： $P = W(\sin\theta + \mu\cos\theta)$	欲使物體正要往上升： $P = W\tan(\theta + \phi)$（ϕ：摩擦角）
欲使物體正要往下滑： $P = W(\sin\theta - \mu\cos\theta)$	欲使物體正要往下滑： $P = W\tan(\theta - \phi)$
欲使物體既不往上升亦不往下滑： $W(\sin\theta - \mu\cos\theta) \le P \le W(\sin\theta + \mu\cos\theta)$	欲使物體既不往上升亦不往下滑： $W\tan(\theta - \phi) \le P \le W\tan(\theta + \phi)$

範例 11

如圖所示，設 $W = 50$ N，$\mu = 0.6$，斜面上之夾角為 45°，則 P 力為何可使物體維持靜止狀態？

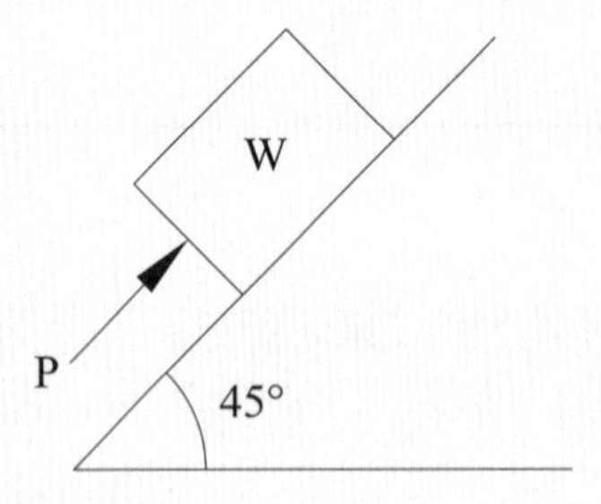

解題觀念

斜面的題目主要是要考慮多少力會因為撐不住而下滑（最小維持靜止的力）或是使物體往上移動（超過即會往上跑的力），而這兩個問題最大的關鍵在於摩擦力的方向。

因為預想的方向因此而影響了力的大小。

維持不往下滑的最小力，意即，再小就會往下掉，所以摩擦力要往上（但不是指它會使物體往上跑，只是會使物體可以保持在斜面上）。

維持不往上跑的力，意即，超過此力就會往上跑，所以摩擦力必須向下。

記住：摩擦力永遠與運動方向相反。

解 a.設物體往上滑動，則 f 向下，如圖(a)所示

由 $\Sigma F_y = 0$，$N - 50\cos 45° = 0$

$\therefore N = 50\cos 45°$

由 $\Sigma F_x = 0$，$P - f - 50\sin 45° = 0$

$P - 0.6(50\cos 45°) - 50\sin 45° = 0$

$\therefore P = 56.56\text{ N}$

b.設物體往下滑動，則 f 向上，如圖(b)所示

由 $\Sigma F_y = 0$，$N = 50\cos 45°$

由 $\Sigma F_x = 0$，$P + f - 50\sin 45° = 0$

$P + 0.6(50\cos 45°) - 50\sin 45° = 0$

$\therefore P = 14.14\text{ N}$

∴維持物體於靜止狀態所需之 P 為

$14.14\text{ N} \le P \le 56.56\text{ N}$

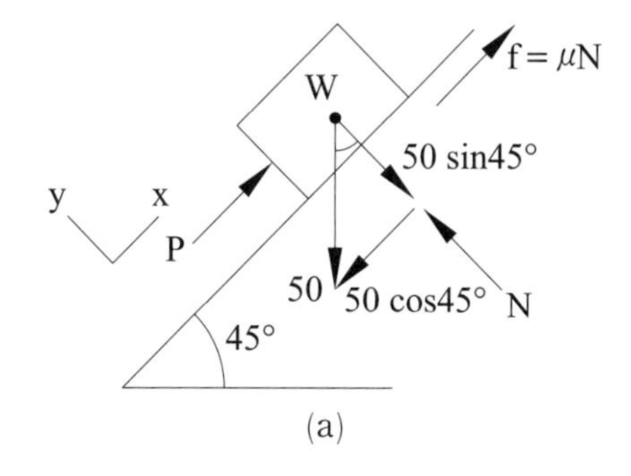

(a)

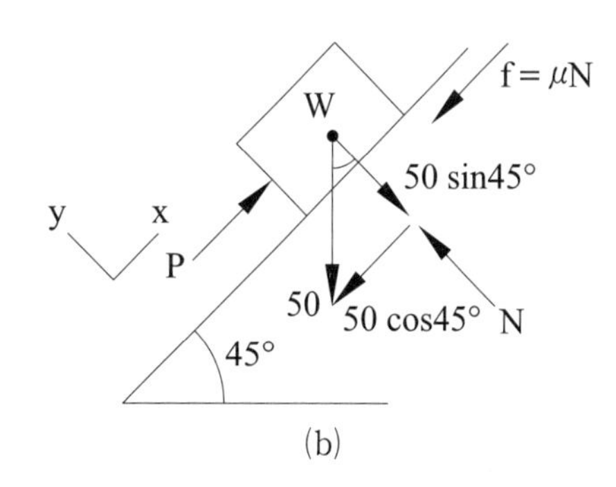

(b)

範例 12

如圖所示，若物體與斜面間之摩擦係數為 0.25，求解 P 力恰可使物體維持靜止狀態。

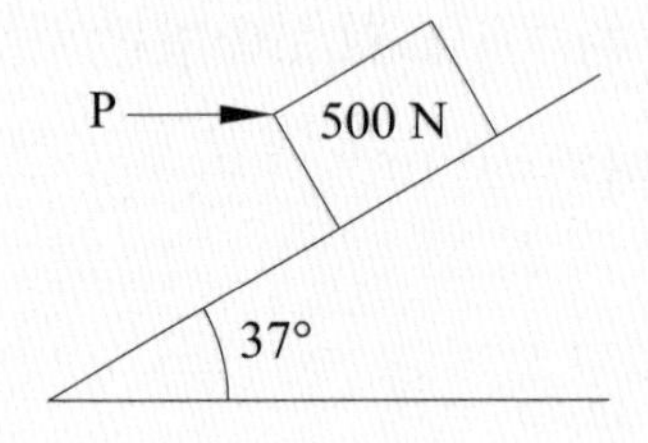

解題觀念

先取 F.B.D.，再分解力後判斷物體運動狀態，若靜止即平衡解之。

解 $f = \mu N_1 = 0.25(400 + 0.6P) = 100 + 0.15P$

a.物體欲上滑，f 向下

$\therefore 0.8P = f + 300 = (100 + 0.15P) + 300$

$P = 615.4$ N

b.物體欲下滑，f 向上

$\therefore 0.8P + f = 300 \Rightarrow 0.8P + (100 + 0.15P) = 300$，$P = 210.5$ N

$\therefore 210.5 < P < 615.4$ 物體靜止不動

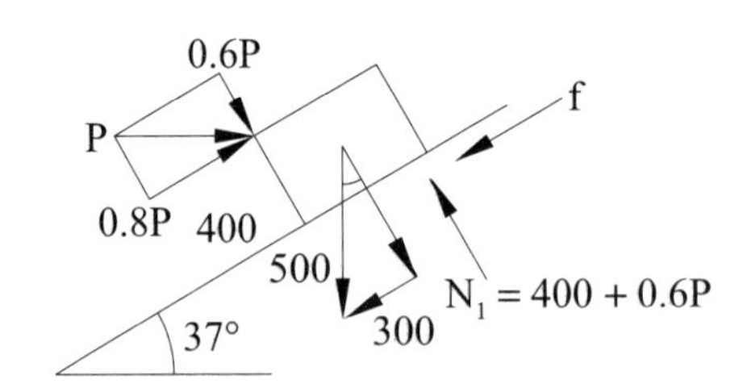

7-4 傾倒問題探討

一、正壓力之作用位置

物體受 P 之推力作用，若物體保持靜止不動，則正壓力 (N) 之作用位置與重力作用線之距離 x，可由平衡方程式求得，如下：

$\Sigma F_x = 0 \Rightarrow P = f$

$\Sigma F_y = 0 \Rightarrow N = W$

$\Sigma M = 0 \Rightarrow P \times h = W \times x$

故得：$x = \dfrac{Ph}{W}$

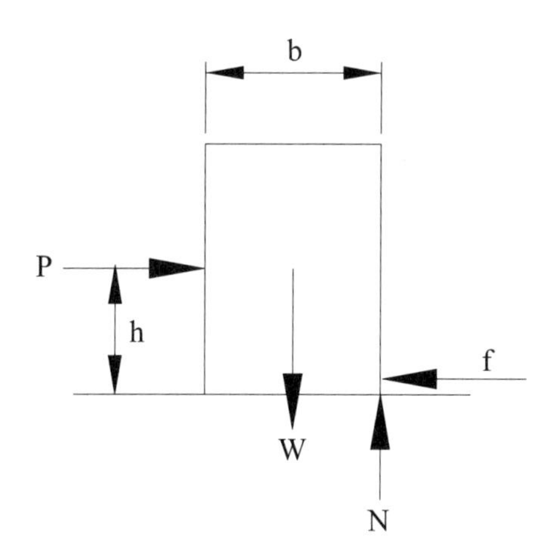

二、傾倒之分析

承上分析，由 $x \leq \dfrac{b}{2}$ 知：若 $Ph > \dfrac{Wb}{2}$ 則物體傾倒。此時「P 對支點 A 之力矩」必大於「重力 W 對支點 A 之力矩」，即：$P \times h > W \times \dfrac{b}{2}$，得：$P > \dfrac{Wb}{2h}$ 或 $h > \dfrac{Wb}{2P}$

範例 13

如圖所示，在不滑動情況下，使 W = 100 N 在作用力 F = 50 N 的作用時，不致翻倒的最小高度 h 為若干？

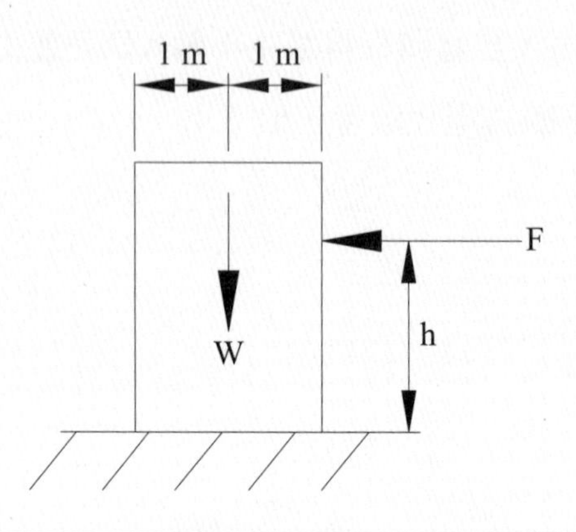

解題觀念

這裡的題目，我們除了考慮移動的問題外，還要考慮傾倒的問題，在這裡我們從一個質點的問題，考慮到一個平面，我們必須知道，物體的重量會集中在重心處，摩擦力的方向。利用力矩原理來求出答案。相同的，自由體圖一定要先畫出來，再考慮轉向。

解 $\Sigma M_A = 0$，$50 \times h - 100 \times 1 = 0 \quad \therefore h = 2\ m$

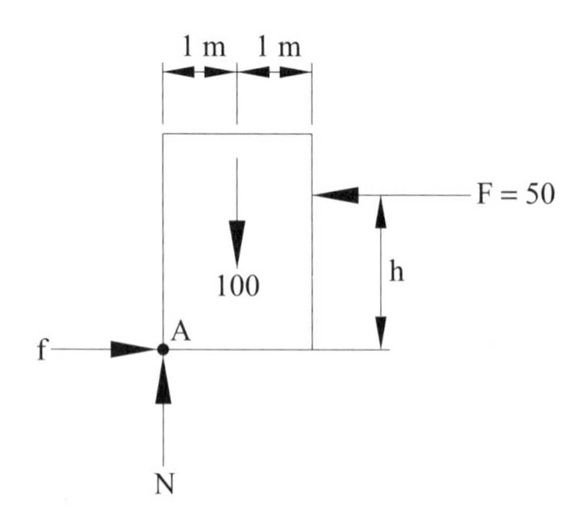

7–5 摩擦的應用

一、尖劈 (wedge)

㈠尖劈 (wedge) 為利用三角形斜面之一種機械，若作用在木材可嵌入使之縫隙變大。

㈡當摩擦角 $\phi \leq \frac{\alpha}{2}$ 時尖劈自然拔出，故尖劈要正常使用，摩擦角 ϕ 要大於 $\frac{\alpha}{2}$ (α 為尖劈頂角)。即在正常使用下須使尖劈不輕易拔出，因此頂角應小於二倍摩擦角才可以。

二、螺旋摩擦

㈠為捲於圓棒上之斜面，為三角形斜面之應用，如圖 7–5–1 所示。

㈡螺旋起重機摩擦角要大於導程角才可以使用。

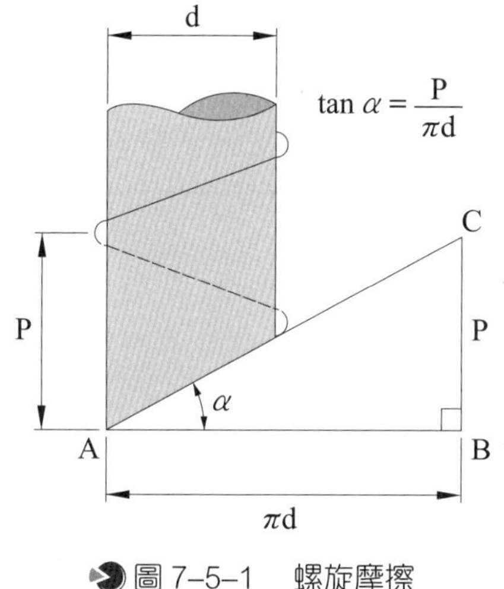

圖 7–5–1　螺旋摩擦

三、皮帶摩擦

撓性平皮帶繞於一固定圓柱上，設皮帶與圓柱間之摩擦係數為 μ，接觸角為 β，若皮帶兩邊之張力 $T_2 > T_1$，使皮帶有即將朝順時針方向滑動之趨勢時，兩邊張力 T_1 及 T_2 之關係為：$\frac{T_2}{T_1} = e^{\mu\beta}$

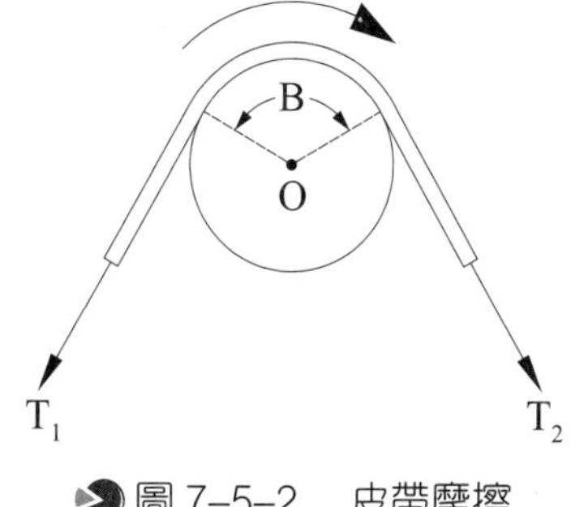

圖 7–5–2　皮帶摩擦

註

⑴ T_2 稱為緊邊張力、T_1 稱為鬆邊張力。

⑵ β 需以弧度 (rad) 表之。

⑶皮帶所提供之有效扭矩 $M = (T_2 - T_1) \times r = T_1(e^{\mu\beta} - 1) \times r$

範例 14

如圖所示，一繩索繞一固定之圓柱，並支持重量為 100 N 之重物，若接觸面之靜摩擦係數為 0.24，接觸角為 90 度，則支持該重物靜止不下滑之最小拉力 T_1 為多少？

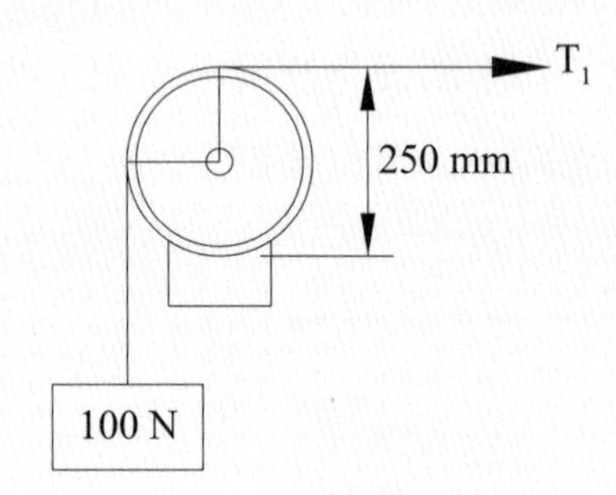

解題觀念

將角度換弧度，代入扭矩公式即可。

解 $\alpha = 90° = \frac{\pi}{2}$ 弧度

由公式：緊邊張力 $T_{緊} = T_{鬆} \times e^{\mu\alpha}$

$T_2 = 100$ N 不致下滑　∴ T_1 為鬆邊

$\therefore 100 = T_1 e^{0.24 \times \frac{\pi}{2}}$

$\therefore T_1 = 100e^{-0.12\pi}$

7-6 滾動摩擦

一、滾動摩擦

㈠滾動摩擦是由物體滾動產生之摩擦阻力。

㈡滾動摩擦阻力會遠小於滑動摩擦阻力，故交通工具之車輪設計為圓形，而阻力的來源為車輪與變形的平面接觸。

二、滾動摩擦力

㈠當圓輪正要繼續往前滾動時，需施加水平力 P 對 A 點取力矩平衡如：

$\Sigma M_A = 0$

$\Rightarrow W \times a = P \times (r\cos\theta)$

$\because \theta$ 很小　$\therefore \cos\theta = 1$

得：$P = W(\frac{a}{r})$

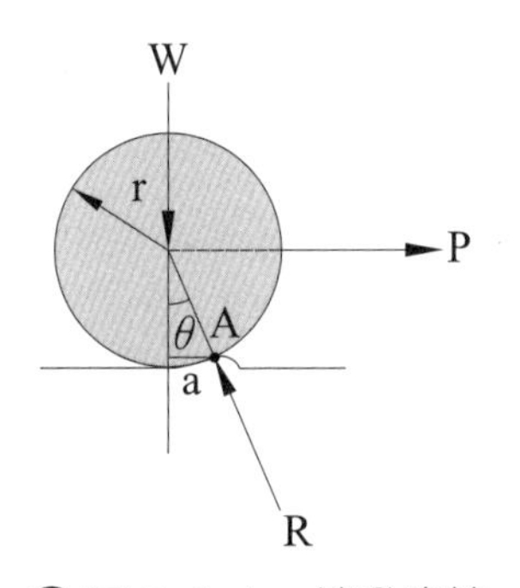

圖 7-6-1　滾動摩擦

㈡欲使物體繼續滾動，至少需要在軸心上施以一大於 $\frac{W \cdot a}{r}$ 之 P 力，此 $\frac{W \cdot a}{r}$ 稱為滾動摩擦力。

討　論

① a = 滾動摩擦係數

② $\mu = \frac{a}{r}$ = 滾動阻力係數

範例 15

直徑 100 cm 之壓路滾輪重 600 N，若滾動摩擦係數 a = 5 cm，拉動此壓路滾輪需力若干？

解 $f=\frac{Wa}{r}=\frac{600\times 5}{(\frac{100}{2})}=60\ N$

範例 16

如圖所示，一鋼板穿過四個等大之鋼滾子拉動，滾動摩擦係數為 0.02 cm，P_1 = 1000 N，試求力 P。

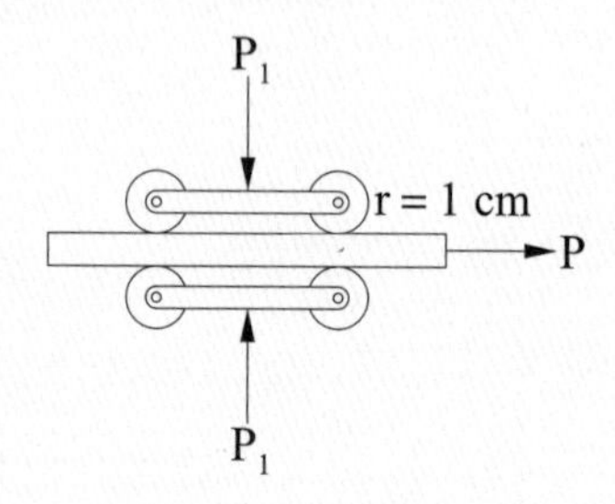

解題觀念

P 需克服 4 個輪子之摩擦力

解 $P=4\times\frac{W\cdot a}{r}=4\times\frac{500\times 0.02}{1}=40\ N$

本章重點精要

1. 摩擦：所有的面都是粗糙的，依情況略有不同而已。在接觸面的切線方向與垂直方向的分力均須考慮，而切線力即是摩擦 (friction) 所造成。
2. 靜摩擦力：兩物體間有滑動的傾向時，其接觸面所產生之摩擦力。
3. 最大靜摩擦力：兩物體間正要開始滑動時，其接觸面所產生之摩擦力。
4. 動摩擦力：兩物體間已發生相對滑動時，其接觸面所產生之摩擦力。
5. 公式：$f = \mu N$（f：最大靜摩擦力，N：接觸面之正壓力）。

   註：正壓力與接觸面垂直，摩擦力與接觸面平行。
6. 摩擦係數 $\mu = 0$ 時為完全光滑面，$\mu = \infty$ 時為完全粗糙面，故摩擦係數之範圍為 $0 < \mu < \infty$。
7. 靜摩擦係數 > 動摩擦係數 > 滾動摩擦係數。
8. 庫侖理論的重點：

   (1)摩擦係數之大小代表接觸面之粗糙度，而與接觸面面積大小及正壓力大小均無關。

   (2)動摩擦力與運動之速率無關。

   (3)靜摩擦力與正壓力無關，但最大靜摩擦力及動摩擦力皆與正壓力成正比。

   (4)兩接觸面間愈粗糙則所能提供之摩擦力亦愈大。

   (5)摩擦力與接觸面面積大小無關。

   (6)溫度之變化對摩擦力之影響甚小。
9. 靜摩擦角：兩物體間即將開始產生相對滑動時，正向力及最大靜摩擦力的合力與正向力之夾角，稱之為「靜摩擦角」，以 ϕ_s 示之。
10. 動摩擦角：兩物體間已產生相對滑動時，正向力及動摩擦力的合力與正向力之夾角，稱之為「摩擦角」，以 ϕ_k 示之。
11. 靜止角：物體即將由斜面上往下滑動時，斜面的傾斜角度 α 稱為「靜止角」。
12. 靜摩擦係數 μ_s 亦會等於靜止角之正切值 $\Rightarrow \mu_s = \tan\alpha_s$

13.摩擦的應用：尖劈、螺旋、皮帶摩擦。

14.滾動摩擦：物體滾動所受之阻力，稱為滾動摩擦。

15.滾動摩擦力：當圓輪正要繼續往前滾動時，必須克服的力 $P = W(\frac{a}{r})$

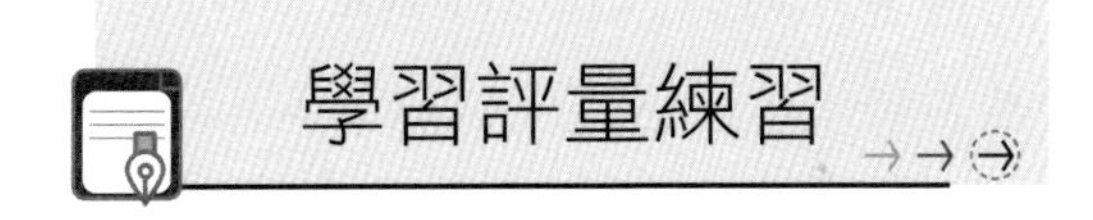

1. 如圖所示，有一物體重 W，置於一水平面上，物體與平面間之摩擦係數為 μ，若欲以一個與水平成 θ 之推力 P 作用使其移動，試求 P 力之大小至少應為若干？

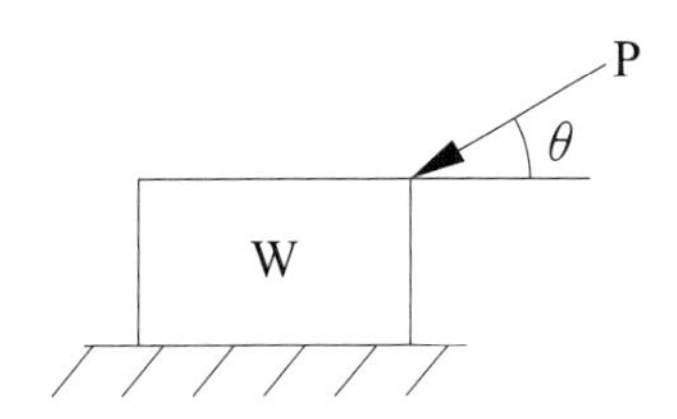

2. 一重 100 N 之物體靜置於地面上，物體與地面的靜摩擦係數為 0.4，動摩擦係數為 0.3，今以 100 N 之力與地面成 30° 角的方向向下推此物，則摩擦力約為多少？

3. 如圖所示，一對稱圓筒重 300 N，其垂直壁面為光滑面，圓筒與水平面之摩擦係數為 0.2，則使圓筒不致產生滾動之最大 P 值為多少？

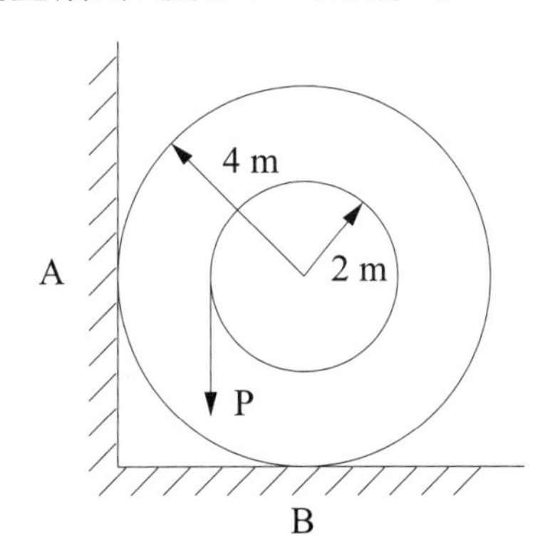

4. 承上題，圓筒對垂直壁之作用力為多少？

5. 如圖所示，一梯重為 80 N，斜靠於一光滑之牆面，假設地板與梯之摩擦係數 $\mu = 0.4$，若欲使梯向右移動，試求所需 P 力之大小為何？

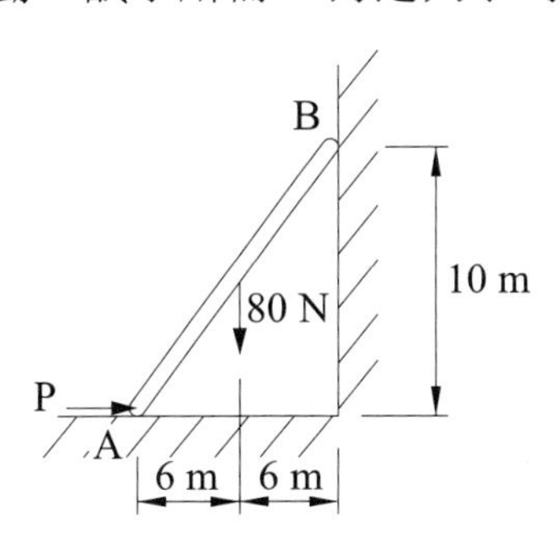

6. 如圖所示，一梯子重量為 W，靠於一光滑的牆壁，若梯子達即將滑動之狀態，則梯子與地面之摩擦係數為若干？

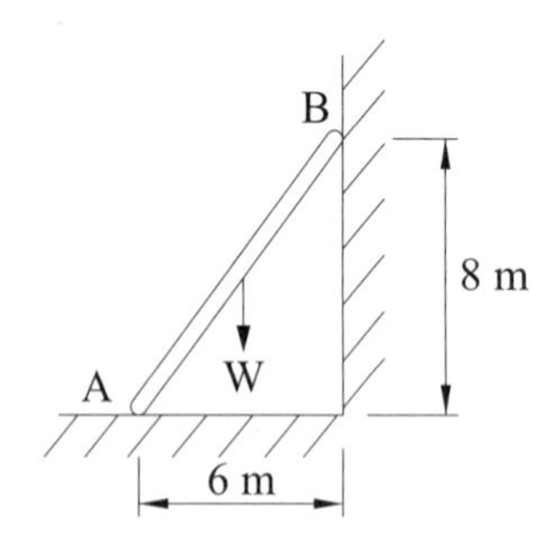

7. 如圖所示，一重量為 W 的均質桿件，靜止斜靠在平滑的垂直牆面上，則桿件與地板間之最大靜摩擦係數應大於何值？

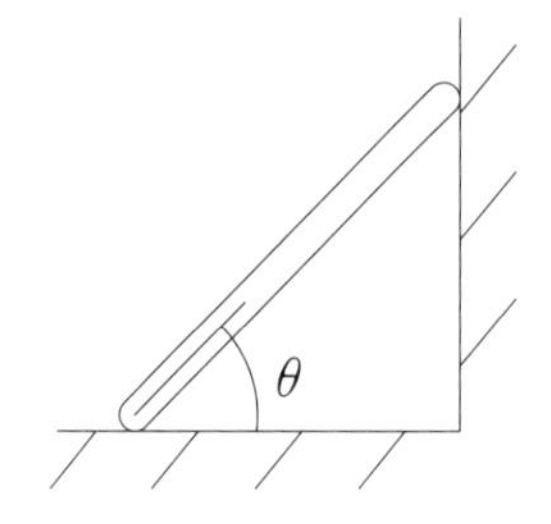

8. 如圖所示，一均勻棒長度為 2 m，質量為 2 kg。棒之 B 端受一繩索支撐，而棒 A 端貼於一垂直壁，壁之靜摩擦係數為 0.35，試求棒在不產生滑動狀況下與壁之最大夾角約為多少？

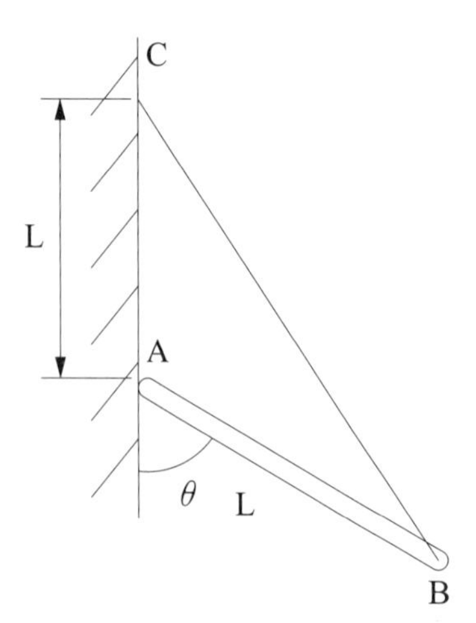

9.如圖所示一上端繫繩纜之細桿（繩纜之另一端跨於一定滑輪），今自垂直位置（$\theta = 90°$）緩慢降下，若於 $\theta = 45°$ 時桿底端滑動，則桿與平面之靜摩擦係數為多少？

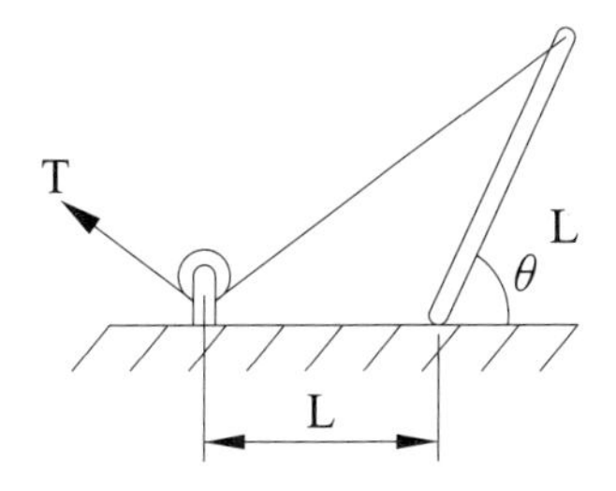

10.如圖所示，AB 為一均勻直桿，長度為 L，重 100 N，與接觸面之摩擦係數均為 0.3，如有一水平力 F 作用於此桿之重心處，則此力需為多少 N，方不致使此桿下滑？

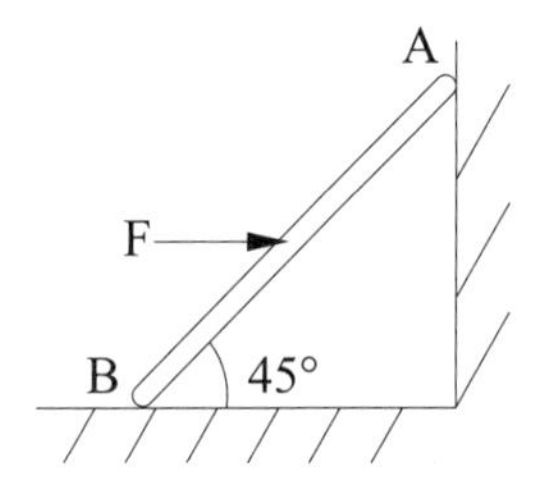

11.一 90 kg 之油漆工爬上 4 m 長、15 kg 之梯如圖所示，若梯子頂端有一小滾子，可不計摩擦；而與地面間之靜摩擦係數為 0.25。試問：若梯子於 A 處不產生滑動，則此人所能爬上之最大距離 s 為何？（假設油漆工之質心在其腳上）

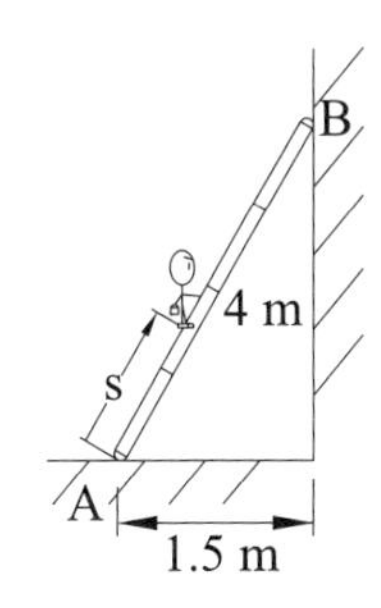

12.如圖所示，各物體間接觸面之摩擦係數均為 0.3，請問要拉動 300 kg 物體所需之最小力 F 為何？

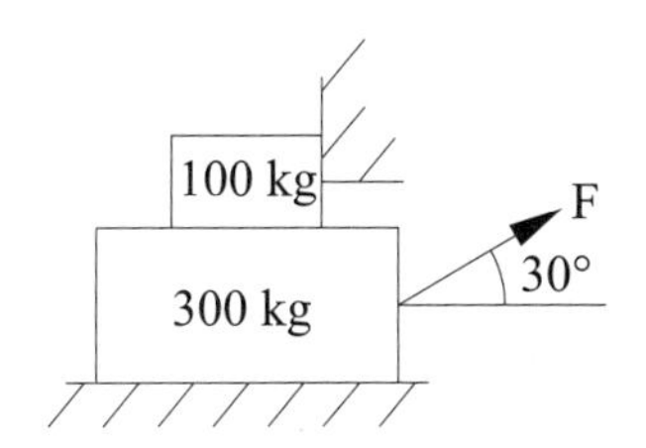

13.圖中滑塊之重量分別為：$W_A = 20$ N、$W_B = 40$ N、$W_C = 60$ N，各接觸面間之摩擦係數如圖所示，試求：使滑塊 A 滑動所需之最小水平拉力。

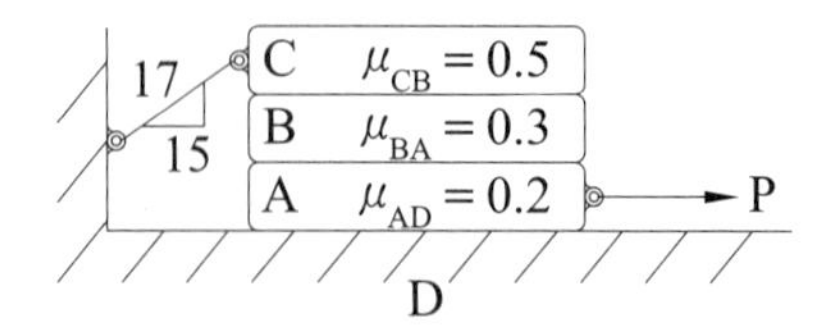

14.如圖所示，一重 50 N 之物體靜置於一斜面上，以一質量不計之細繩繞經無摩擦之滑輪，而連接另一重為 W 之物體，若接觸面間的靜摩擦係數為 0.4，則 W 為何值時，該 50 N 之物體會開始移動？

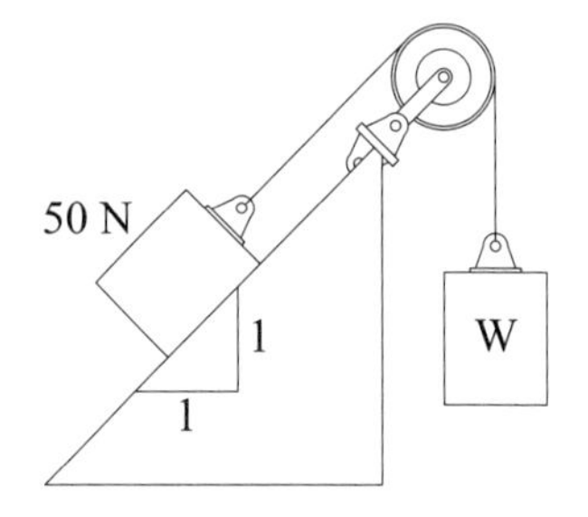

15.如圖所示，物塊重 280 N，若物塊和地面間之摩擦係數 $\mu = 0.4$，則二者間之摩擦力為多少 N？

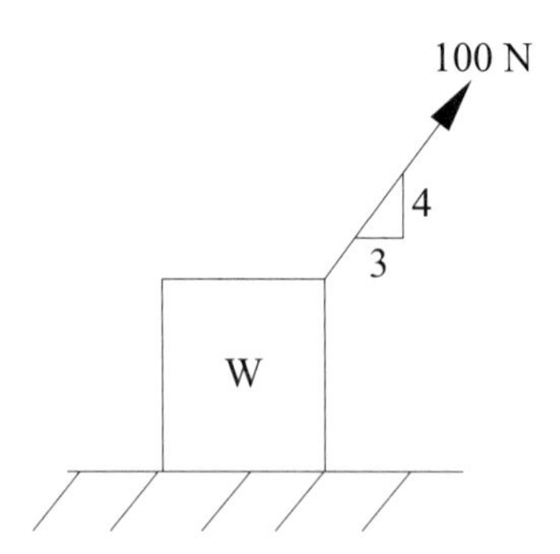

16.如圖所示，繩索與輪間之摩擦不計，其餘接觸面之靜摩擦係數 $\mu = 0.2$，則 P 力至少應多大才可拉動？

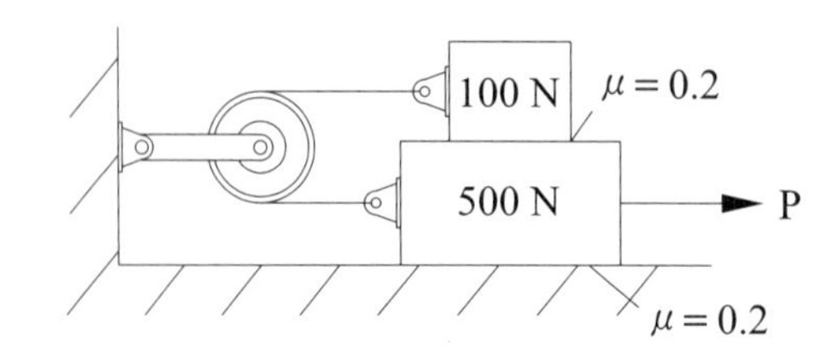

17.如圖所示，梯子重 100 N，梯與地板之摩擦係數為 0.5，梯與牆之摩擦係數為 0.25，今欲使梯子開始向右運動，則需 P 力大小為何？

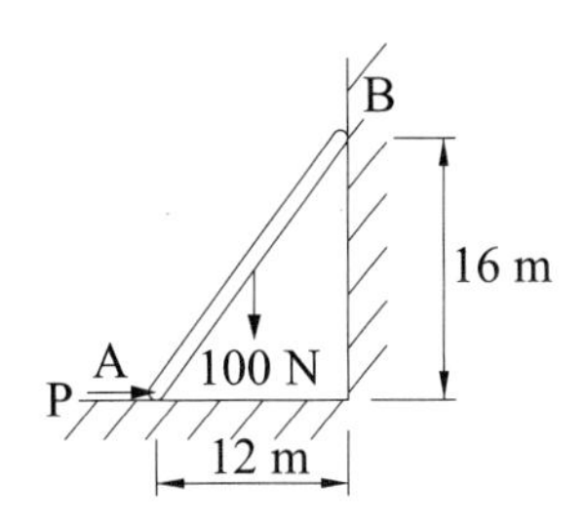

筆記欄

第 8 章 慣性矩

8-1 慣性矩基本觀念

一、面積一次矩

(一)面積一次矩用於求面積的形心。

(二)面積一次矩利用積分 $\int xdA$ 值求形心。

二、面積二次矩

(一)面積二次矩稱為面積慣性矩 (moment of inertia for the area)。

(二)面積二次矩利用 $\int x^2dA$ 值求慣性矩。

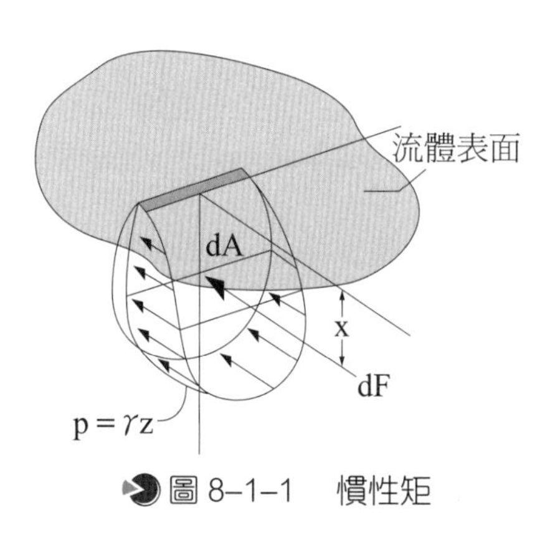

圖 8–1–1　慣性矩

三、慣性矩

(一)平面內各微小截面積乘以轉軸間距離平方之總和，稱為慣性矩，又稱二次矩。以 I 表示。

(二)慣性矩單位：慣性矩為正值，是純量，單位為長度的四次方，如 in^4、cm^4。

四、截面係數

(一)截面係數 (Z)：又稱截面模數或剖面係數，為慣性矩除以中立軸至截面最遠之距離所得之商，稱為截面係數，如圖 8–1–2 所示。

㈡截面係數之單位：in^3、cm^3。

㈢對 x 軸截面係數：

$$Z_{x_1}=\frac{I_x}{y_1}，Z_{x_2}=\frac{I_x}{y_2} \quad （一般取較小值為 Z_x）$$

㈣對 y 軸截面係數：

$$Z_{y_1}=\frac{I_y}{x_1}，Z_{y_2}=\frac{I_y}{x_2} \quad （一般取較小值為 Z_y）$$

㈤若截面對 x 軸或 y 軸對稱時：

$$則\ Z_x=\frac{I_x}{y}，Z_y=\frac{I_y}{x} \quad (x=x_1=x_2，y=y_1=y_2)$$

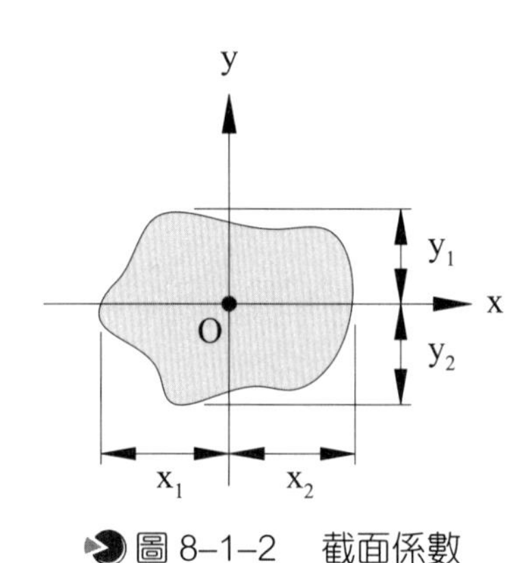

圖 8–1–2　截面係數

五、平行軸定理

㈠平行軸定理：一面積對某軸之慣性矩，等於該面積對該軸平行且通過形心軸之慣性矩與此面積至兩軸間距離平方之乘積總和，稱為平行軸定理。

㈡平行軸定理公式：$I_s=I_x+AL^2$

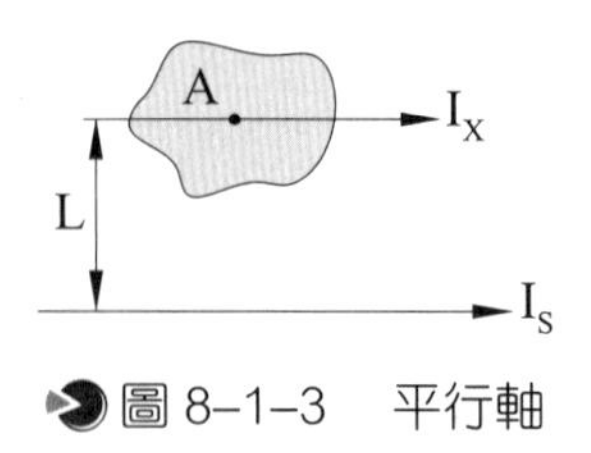

圖 8–1–3　平行軸

㈢面積對於數平行軸之慣性矩中，以對中立軸（形心軸）慣性矩最小。

六、迴轉半徑

(一)慣性矩為長度的 4 次方，可寫成面積乘以一長度之平方，此長度稱為該軸之迴轉半徑，以 K 表示之。

(二)迴轉半徑公式：$K_x = \sqrt{\dfrac{I_x}{A}}$，$K_y = \sqrt{\dfrac{I_y}{A}}$

(三)迴轉半徑單位為 cm、in 等。

(四)截面中心軸之迴轉半徑最小（∴ I 最小）。

(五)迴轉半徑大於其形心至該軸距離（$\because I_s = I_{形心} + AL^2 = A \cdot K^2 \quad \therefore K > L$）。

七、極慣性矩

(一)極慣性矩：一面積對垂直於其所在平面之軸之極慣性矩，等於該面積內各微小面積乘以至該軸距離平方之總和。

(二)極慣性矩公式：$J = I_x + I_y$（即面積對垂直軸的極慣性矩 = 互相垂直軸的慣性矩和）

(三) $J = AK_p^{\ 2}$（K_p：極迴轉半徑）又 $I = A \cdot K^2$

$$\therefore J = I_x + I_y \Rightarrow A \cdot K_p^{\ 2} = A \cdot K_x^{\ 2} + A \cdot K_y^{\ 2} \quad \therefore K_p^{\ 2} = K_x^{\ 2} + K_y^{\ 2}$$

範例 1

面積 300 mm^2，對 x 軸之迴轉半徑為 10 mm，求與該軸相距 5 mm 之平行軸慣性矩。

解 $I_x = A \cdot K^2 = 300 \times 10^2 = 3 \times 10^4$ mm^4

$I_s = I_x + A \cdot L^2 = 3 \times 10^4 + 300 \times 5^2 = 3.75 \times 10^4$ mm^4

範例 2

如圖所示，面積 1000 mm^2，該面積對 a、b 軸慣性矩 $I_b = 40 \times 10^4$ mm^4，$I_a = 80 \times 10^4$ mm^4，試求形心軸距 b 軸之距離為若干？b 軸之迴轉半徑為何？

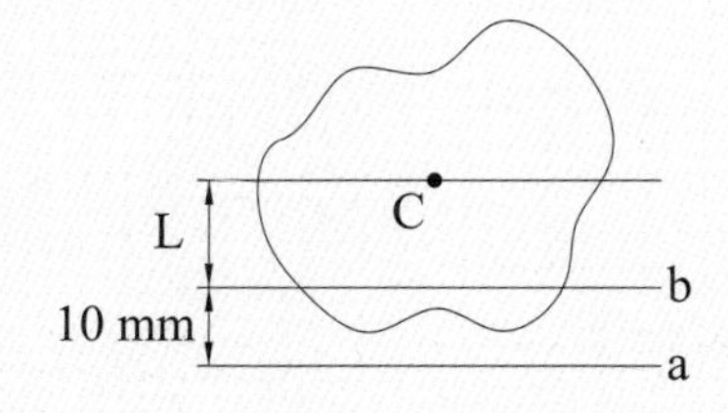

解題觀念

利用平行軸定理（只要慣性矩無通過形心軸都可使用）再代入迴轉半徑公式即可。

解 $I_s = I_x + A \cdot L^2$

$80 \times 10^4 = I_x + 1000 \times (L+10)^2$

$40 \times 10^4 = I_x + 1000 \times (L)^2$

$\Rightarrow\ 40 \times 10^4 = 1000(20L + 100) \quad \therefore L = 15\text{ mm}$

又 $I_b = A \cdot {K_b}^2$，$40 \times 10^4 = 1000 \cdot {K_b}^2 \quad \therefore K_b = 20\text{ mm}$

8-2 基本圖形之慣性矩

一、矩形之慣性矩

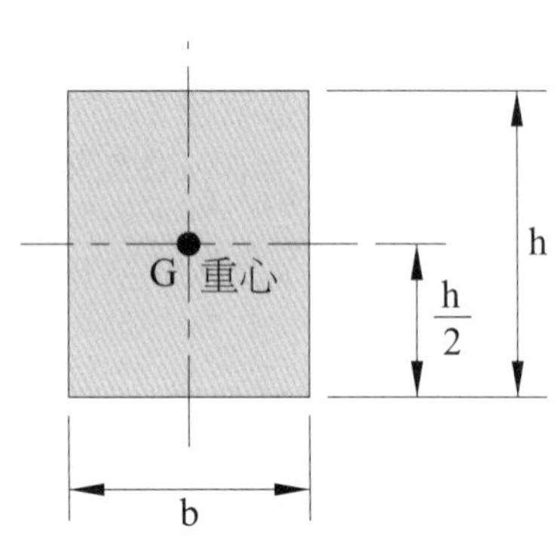

圖 8-2-1　矩形之慣性矩

(一) $I_x = \dfrac{bh^3}{12}$，$I_y = \dfrac{hb^3}{12}$

(二) $J_{矩形} = I_x + I_y = \dfrac{bh^3}{12} + \dfrac{hb^3}{12} = \dfrac{bh}{12}(h^2 + b^2)$

(三) $Z_{矩形\ x} = \dfrac{I}{y} = \dfrac{\frac{bh^3}{12}}{(\frac{h}{2})} = \dfrac{bh^2}{6}$

(四) $I_{矩形\ (形心)} = A \cdot K^2_{形心} \quad \therefore \dfrac{bh^3}{12} = bhK^2_{形心}$

$\therefore K_{形心} = \dfrac{h}{\sqrt{12}}$

(五)對矩形底邊之慣性矩 $= \dfrac{bh^3}{3}$

(六)邊長為 a 之正方形，$I_x = \dfrac{a \times a^3}{12} = \dfrac{a^4}{12}$，$J = I_x + I_y = \dfrac{a^4}{12} + \dfrac{a^4}{12} = \dfrac{a^4}{6}$

二、三角形之慣性矩

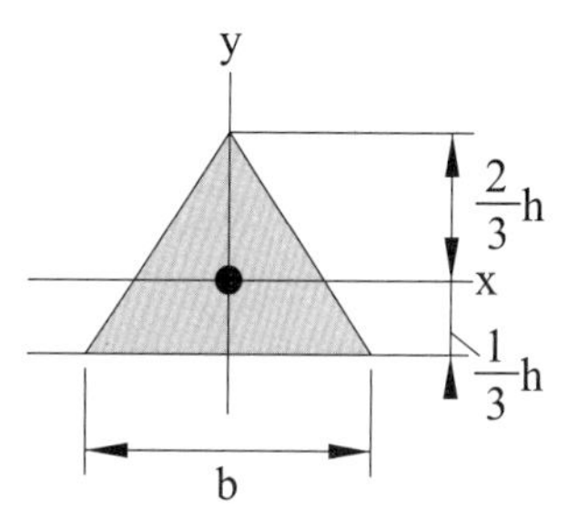

圖 8-2-2　三角形之慣性矩

(一) $I_{\triangle(形心)}=\frac{bh^3}{36}$　（b：寬度，h：高度）

三角形對頂點而平行底邊之慣性矩為：

（由平行軸定理 $I_s=I_x+AL^2$，距頂點 $L=\frac{2h}{3}$）

$$I_{頂}=I_x+AL^2=\frac{bh^3}{36}+(\frac{1}{2}bh)\cdot(\frac{2}{3}h)^2=\frac{bh^3}{4}$$

(二)三角形對底邊之慣性矩：

$$I_{底}=I_x+AL^2=\frac{bh^3}{36}+(\frac{1}{2}bh)\cdot(\frac{h}{3})^2=\frac{bh^3}{12}$$

三、圓形之慣性矩

(一) $I_x=I_y=\frac{\pi d^4}{64}$

(二)圓形之截面係數：$Z_O=\frac{I}{y}=\frac{\frac{\pi d^4}{64}}{(\frac{d}{2})}=\frac{\pi d^3}{32}$

(三)圓形之極慣性矩：$J=\frac{\pi d^4}{64}+\frac{\pi d^4}{64}=\frac{\pi d^4}{32}$

(四)圓形形心軸迴轉半徑：$I_{形心}=A\cdot K_{形心}^2$

$$\therefore\ \frac{\pi d^4}{64}=\frac{\pi d^2}{4}\times K_{形心}^2\qquad \therefore\ K_{形心}=\frac{d}{4}$$

(五)對圓心之極迴轉半徑：$J=AK_P^2$

$$\therefore\ \frac{\pi d^4}{32}=\frac{\pi d^2}{4}\times {K_P}^2\qquad \therefore\ K_P=\frac{d}{\sqrt{8}}=\frac{d}{2\sqrt{2}}$$

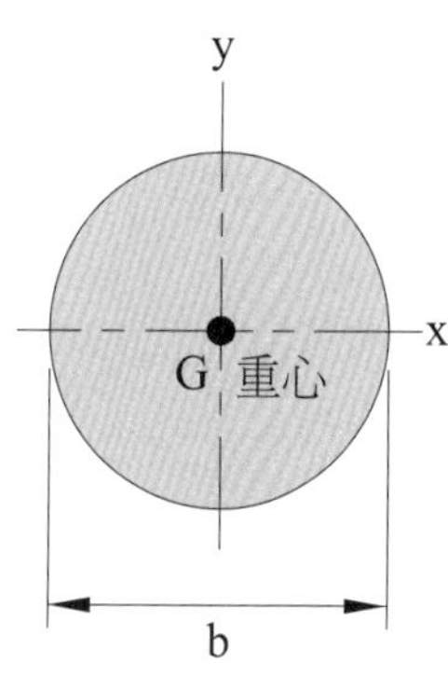

圖 8-2-3　圓形之慣性矩

表 8–1

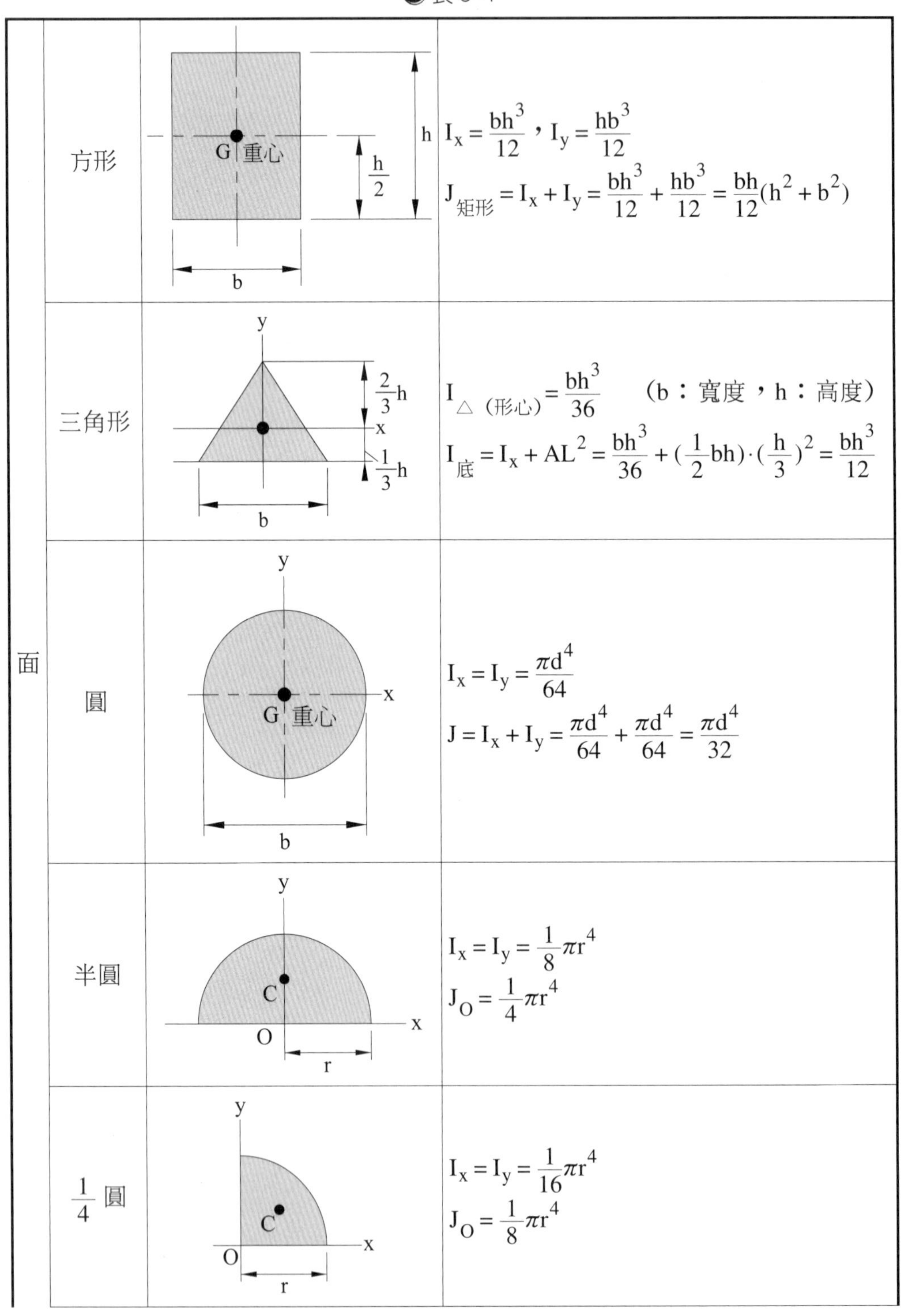

面	方形		$I_x = \frac{bh^3}{12}$，$I_y = \frac{hb^3}{12}$ $J_{矩形} = I_x + I_y = \frac{bh^3}{12} + \frac{hb^3}{12} = \frac{bh}{12}(h^2 + b^2)$
	三角形		$I_{\triangle(形心)} = \frac{bh^3}{36}$　（b：寬度，h：高度） $I_{底} = I_x + AL^2 = \frac{bh^3}{36} + (\frac{1}{2}bh)\cdot(\frac{h}{3})^2 = \frac{bh^3}{12}$
	圓		$I_x = I_y = \frac{\pi d^4}{64}$ $J = I_x + I_y = \frac{\pi d^4}{64} + \frac{\pi d^4}{64} = \frac{\pi d^4}{32}$
	半圓		$I_x = I_y = \frac{1}{8}\pi r^4$ $J_O = \frac{1}{4}\pi r^4$
	$\frac{1}{4}$ 圓		$I_x = I_y = \frac{1}{16}\pi r^4$ $J_O = \frac{1}{8}\pi r^4$

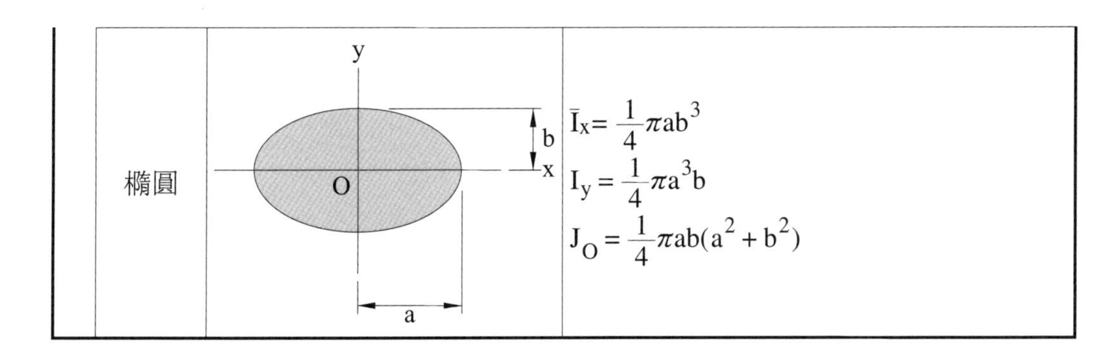

橢圓		$\bar{I}_x = \frac{1}{4}\pi ab^3$ $I_y = \frac{1}{4}\pi a^3 b$ $J_O = \frac{1}{4}\pi ab(a^2 + b^2)$

範例 3

如圖所示，求 x–x 軸之 I_x、Z_x、K_x，並求 I_s。

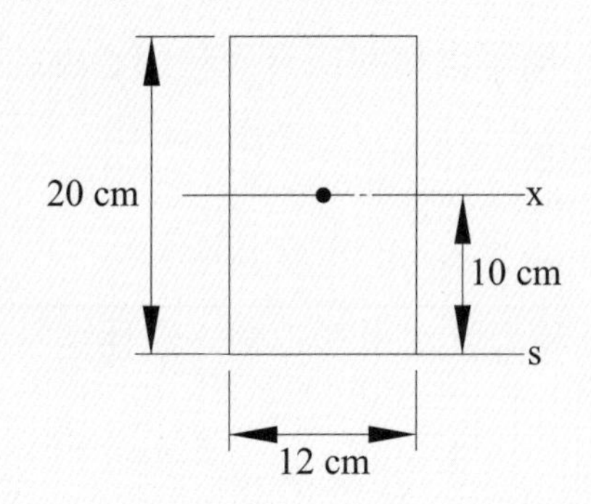

解 $I_x = \frac{bh^3}{12} = \frac{12 \times (20)^3}{12} = 8000\ \text{cm}^4$

$$Z_x = \frac{I}{y} = \frac{8000}{(\frac{20}{2})} = 800\ \text{cm}^3$$

$$I_x = A \cdot K_x^2，8000 = (12 \times 20) \cdot K_x^2 \quad \therefore K_x = \frac{10}{\sqrt{3}} = \frac{10\sqrt{3}}{3}\ \text{cm}$$

$$I_s = I_x + A \cdot L^2 = 8000 + (12 \times 20) \times 10^2 = 32000\ \text{cm}^4$$

範例 4

如圖所示，求形心軸之慣性矩及通過底邊之慣性矩。

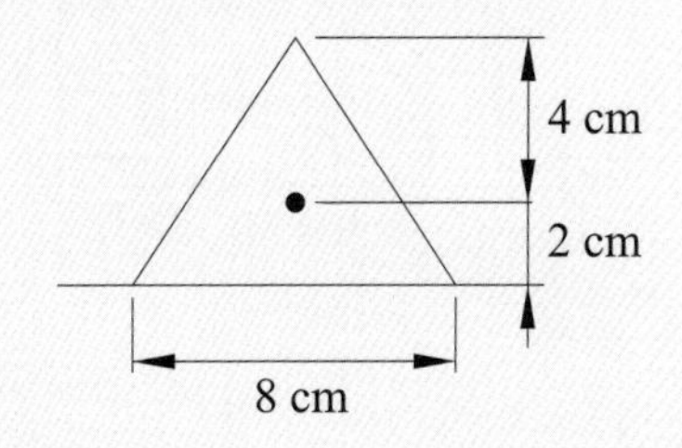

解 $I_{形心}=\frac{8\times 6^3}{36}=48\ cm^4$，$I_{\triangle 底部}=\frac{bh^3}{12}=\frac{8\times 6^3}{12}=144\ cm^4$

8-3 組合面積之慣性矩

一、組合面積

簡單形狀組合成之圖形為組合面積。

二、面積的慣性矩演算步驟

(一)將一組合面積分為幾個簡單形狀。

(二)求組合面積的形心軸（即重心軸）。

(三)應用平行軸定理，求每一簡單面積對組合面積形心軸的慣性矩。

$$I_s=I_{形心}+A\cdot L^2$$

範例 5

如圖所示，求斜線部分面積對其水平形心軸之慣性矩和截面係數。

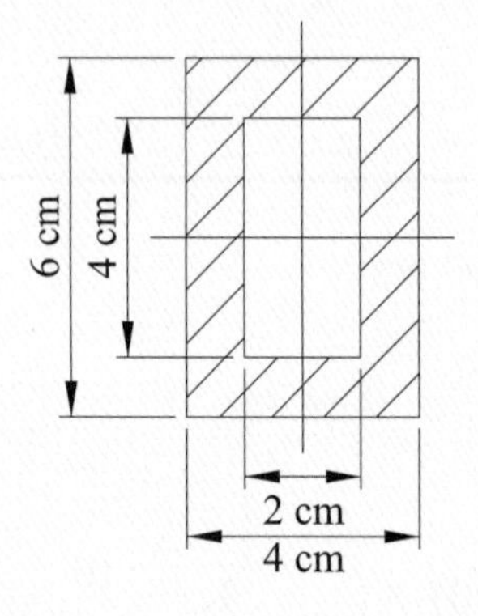

解 $I_x=I_{x1}-I_{x2}=\frac{4\times 6^3}{12}-\frac{2\times 4^3}{12}=61.3\ cm^4$，$Z_x=\frac{I_x}{y}=\frac{61.3}{(\frac{6}{2})}\doteqdot 20.4\ cm^3$

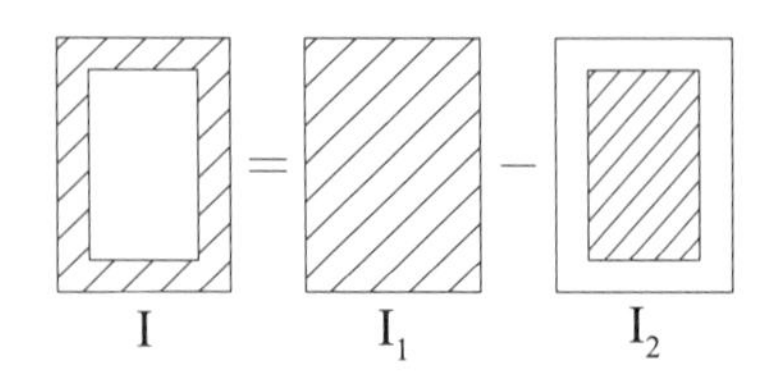

範例 6

正三角形邊長為 a，則此三角形之形心軸慣性矩為多少？對底邊慣性為多少？

解　正三角形邊長為 a，則高 $h=\dfrac{\sqrt{3}}{2}a$

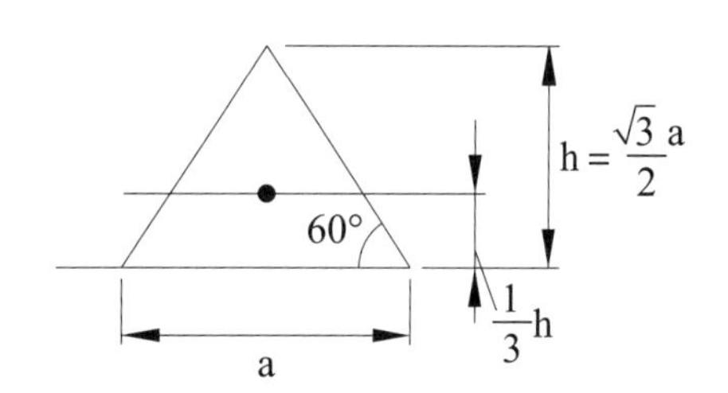

$$\therefore I_{形心}=\frac{bh^3}{36}=\frac{a}{36}(\frac{\sqrt{3}}{2}a)^3=\frac{\sqrt{3}}{96}a^4$$

$$I_{底部}=\frac{bh^3}{12}=\frac{a}{12}(\frac{\sqrt{3}}{2}a)^3=\frac{\sqrt{3}}{32}a^4$$

範例 7

如圖所示，求斜線面積對水平形心軸之(1)慣性矩，(2)截面係數各為若干？

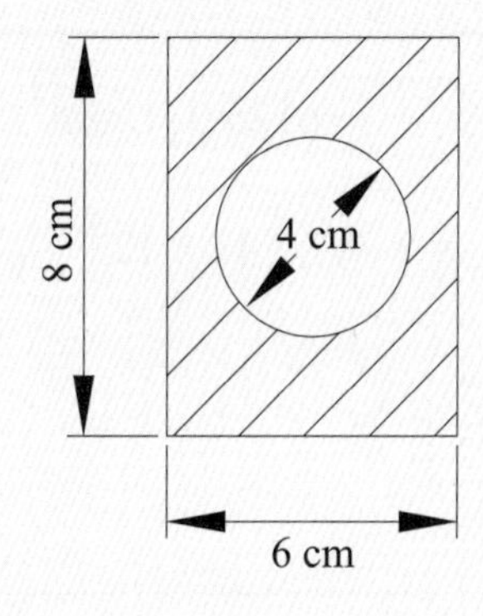

解　(1)慣性矩：$I_x=(I_x)_1-(I_x)_2=\dfrac{6\times 8^3}{12}-\dfrac{\pi\times 4^4}{64}=243\ cm^4$

(2)截面係數：$Z_x=\dfrac{I_x}{y}$

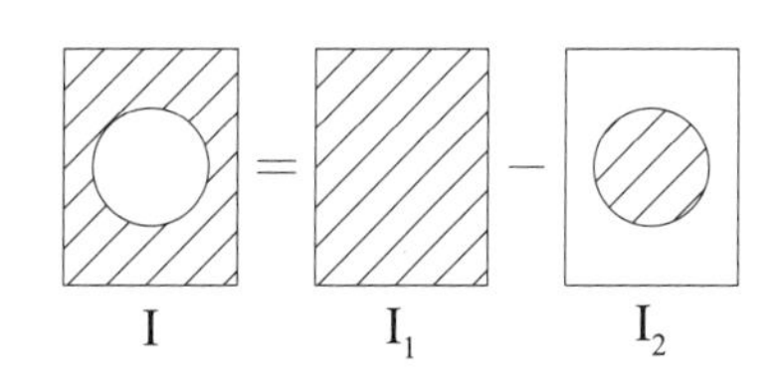

範例 8

如圖所示，求形心軸慣性矩、極慣性矩。(圖中間為正方形)

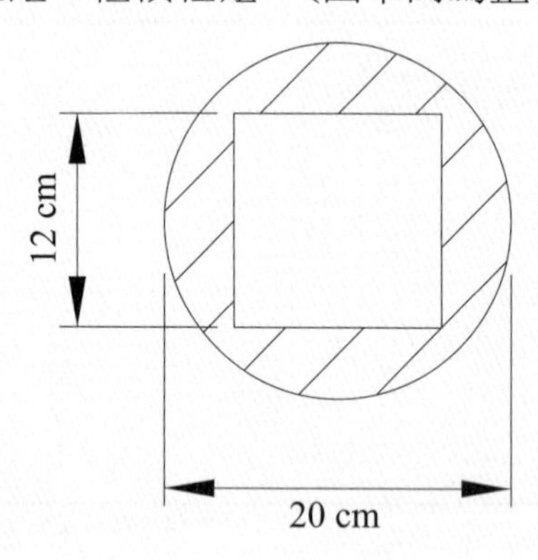

解 $I_x = I_o - I_{\triangle} = \dfrac{\pi \times 20^4}{64} - \dfrac{12 \times 12^3}{12} = 6125.981\ \text{mm}^4$

$J = J_o - J_{\triangle} = \dfrac{\pi d^4}{32} - \dfrac{a \times a^3}{6} = \dfrac{\pi \times 20^4}{32} - \dfrac{12 \times 12^3}{6} = 12251.963\ \text{mm}^4$

$[J_{正方} = \dfrac{bh^3}{12} + \dfrac{hb^3}{12} = \dfrac{a^4}{12} + \dfrac{a^4}{12} = \dfrac{a^4}{6} \quad \because b = h = a$ (邊長)]

範例 9

如圖所示，已知 $I_x = \dfrac{\pi}{4}R^4$，試利用平行軸定理，求 $I_{x'}$；已知 O 為圓心，求對底邊之迴轉半徑 K。

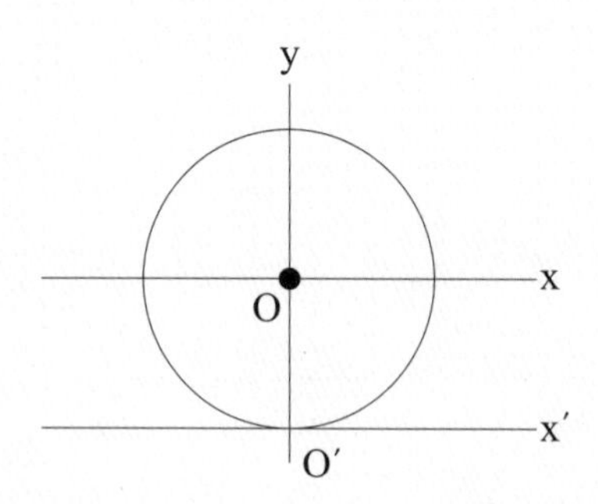

解 $I_{x'} = I_x + AL^2$

$= \dfrac{\pi}{4}R^4 + \pi R^2 \cdot R^2 = \dfrac{5\pi}{4}R^4$

又 $I_{x'} = AK^2$，$\dfrac{5\pi R^4}{4} = \pi R^2 \cdot K^2 \quad \therefore K = \dfrac{\sqrt{5}}{2}R$

範例 10

如圖所示，I 形截面積對 x 軸之慣性矩 I_x 約為多少？

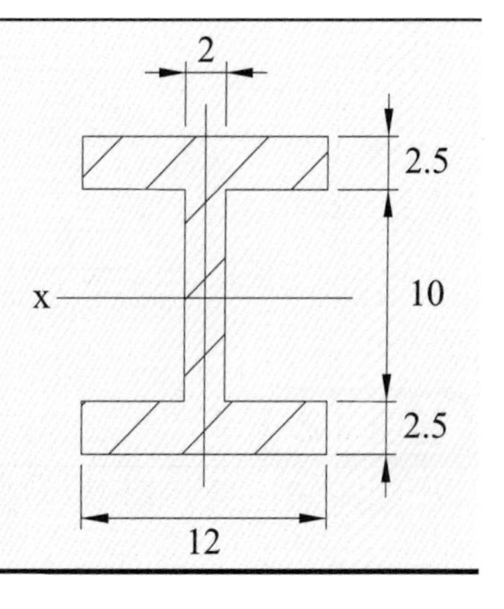

解 $I_x = \dfrac{12\times 15^3}{12} - 2(\dfrac{5\times 10^3}{12}) \doteqdot 2541\ \text{cm}^4$

x——x = 15 − 10
12　　5

範例 11

如圖所示，T 形面積對形心軸 x−x 之慣性矩為多少？

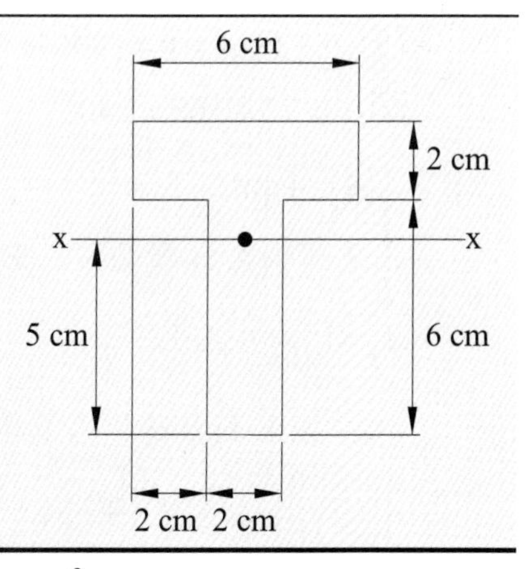

解 公式：對某一軸慣性矩 $I_s = I_{形心} + AL^2$，$I_{矩形} = \dfrac{bh^3}{12}$

$\therefore I = I_a + I_b = (\dfrac{2\times 6^3}{12} + 2\times 6\times 2^2) + (\dfrac{6\times 2^3}{12} + 6\times 2\times 2^2)$

$= 36 + 48 + 4 + 48 = 136\ \text{cm}^4$

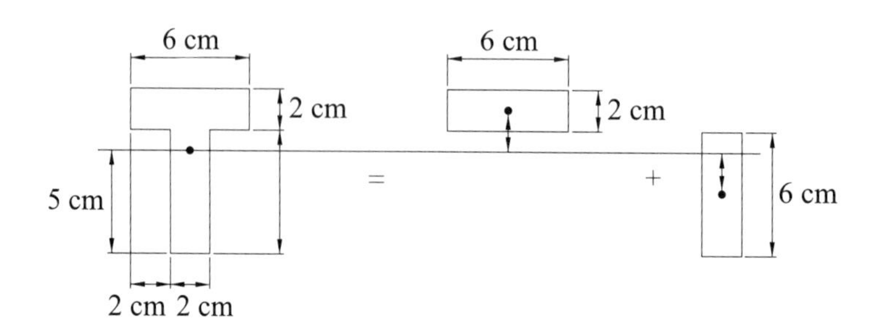

範例 12

如圖所示，哪一軸慣性矩最小？哪一軸最大？對 B 軸慣性矩為多少？

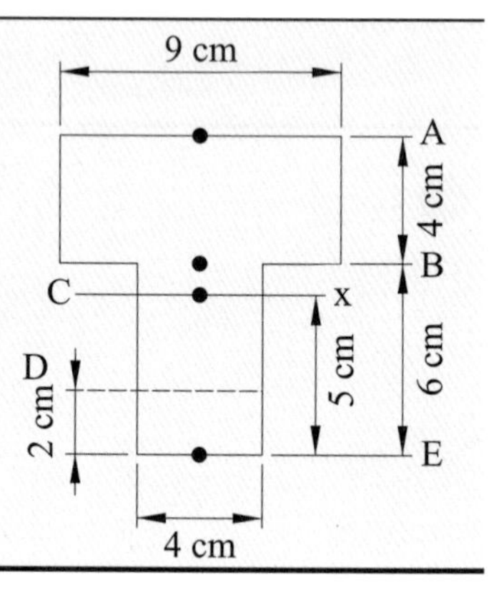

解 a.先求重心位置：

$(9\times4+6\times4)\cdot\overline{y}=(9\times4)\times2+(6\times4)\times7$

$60\cdot\overline{y}=72+168=240$

$\therefore\ \overline{y}=4\text{ cm}$

∴重心軸在 B 斷面　∴ B 軸為形心軸，慣性矩最小

b. $I_s=I_{形心}+A\cdot L^2$

形心距 E 軸最遠　∴ E 軸慣性矩最大

c. $I_B=I_1+I_2=(\frac{9\times4^3}{12}+9\times4\times2^2)+(\frac{4\times6^3}{12}+4\times6\times3^2)$

$=480\text{ cm}^4$

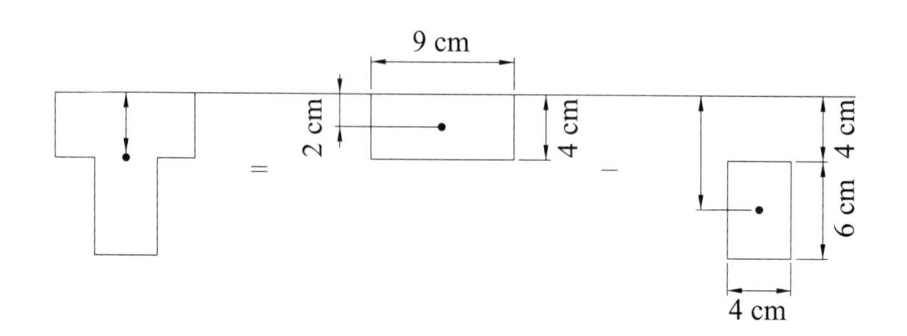

本章重點精要

1. 慣性矩：平面內各微小截面積乘以轉軸間距離平方之總和，稱為慣性矩，又稱面積二次矩。以 I 表示。慣性矩的單位為長度的四次方，如 in^4、cm^4。
2. 截面係數 (Z)：又稱截面模數或剖面係數，為慣性矩除以中立軸至截面最遠之距離所得之商，稱為截面係數，截面係數之單位為 in^3、cm^3。
3. 對 x 軸截面係數：

   $Z_{x_1}=\dfrac{I_x}{y_1}$，$Z_{x_2}=\dfrac{I_x}{y_2}$　（一般取較小值為 Z_x）
4. 對 y 軸截面係數：

   $Z_{y_1}=\dfrac{I_y}{x_1}$，$Z_{y_2}=\dfrac{I_y}{x_2}$　（一般取較小值為 Z_y）
5. 平行軸定理：一面積對某軸之慣性矩，等於該面積對該軸平行且通過形心軸之慣性矩與此面積至兩軸間距離平方之乘積總和，稱為平行軸定理。
6. 平行軸定理公式：$I_s=I_x+AL^2$
7. 迴轉半徑：慣性矩為長度的 4 次方，可寫成面積乘以一長度之平方，此長度稱為該軸之迴轉半徑，以 K 表示之。迴轉半徑單位為 cm、in 等。
8. 迴轉半徑公式：$K_x=\sqrt{\dfrac{I_x}{A}}$，$K_y=\sqrt{\dfrac{I_y}{A}}$
9. 極慣性矩：一面積對垂直於其所在平面之軸之極慣性矩，等於該面積內各微小面積乘以至該軸距離平方之總和。
10. 極慣性矩公式：$J=I_x+I_y$（即面積對垂直軸的極慣性矩 = 互相垂直軸的慣性矩和）
11. 矩形極慣性矩：$J=I_x+I_y=\dfrac{bh^3}{12}+\dfrac{hb^3}{12}=\dfrac{bh}{12}(h^2+b^2)$
12. 三角形：$I_x=\dfrac{bh^3}{36}$（通過形心軸之慣性矩）
13. 圓形：圓形之慣性矩 $I=\dfrac{\pi d^4}{64}$、極慣性矩 $J=\dfrac{\pi d^4}{64}+\dfrac{\pi d^4}{64}=\dfrac{\pi d^4}{32}$

14.面積的慣性矩，其演算步驟為：

(1)將一組合面積分為幾個簡單形狀。

(2)求組合面積的形心軸（即重心軸）。

(3)應用平行軸定理，求每一簡單面積對組合面積形心軸的慣性矩。

1. 若某截面積對 x 軸及 y 軸的慣性矩分別為 500 cm^4 及 300 cm^4，則對 z 軸的極慣性矩為多少？
2. 一平面 x 軸及 y 軸的迴轉半徑分別為 7 cm 及 24 cm，則對 z 軸的迴轉半徑為多少？
3. 圓之直徑為 d，對其切線之迴轉半徑為多少？
4. 若中空圓柱，外徑為 4 cm，內徑為 2 cm，則極慣性矩為多少？
5. 如圖所示，一矩形面積之寬為 b，高為 h，對底邊 x 軸的迴轉半徑 K_x 為多少？

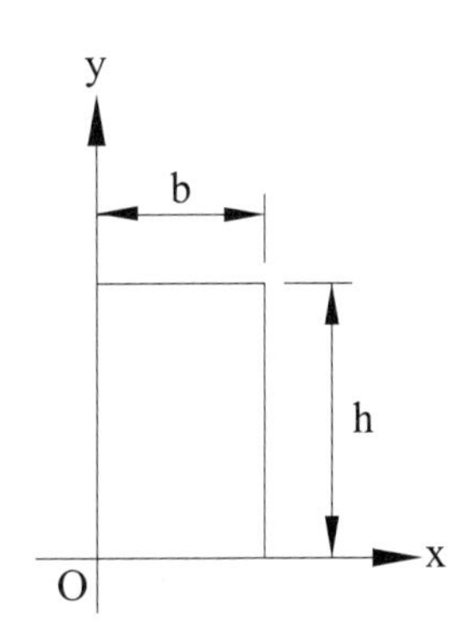

6. 某邊長為 12 cm 之正方形截面，中間有一直徑為 8 cm 之圓孔，則此截面對中心之極慣性矩為多少 cm^4？
7. 如圖所示，空心圓截面之外徑為 8 mm，內徑 4 mm，則此截面對水平形心軸之慣性矩為多少 mm^4？

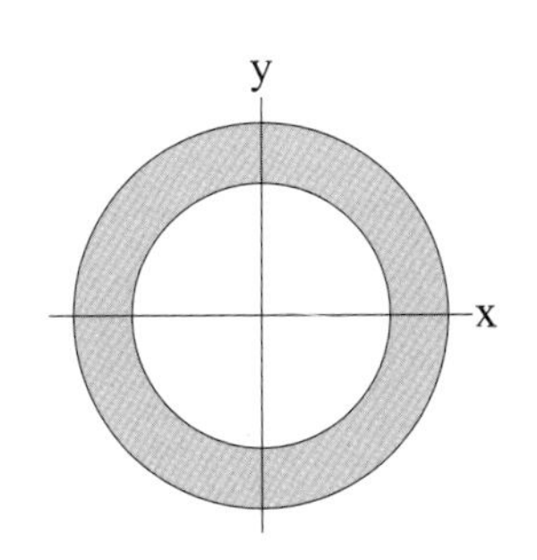

8. 如圖所示之矩形斷面對形心軸 y–y 之面積慣性矩 I_{yy} 為多少 cm^4？

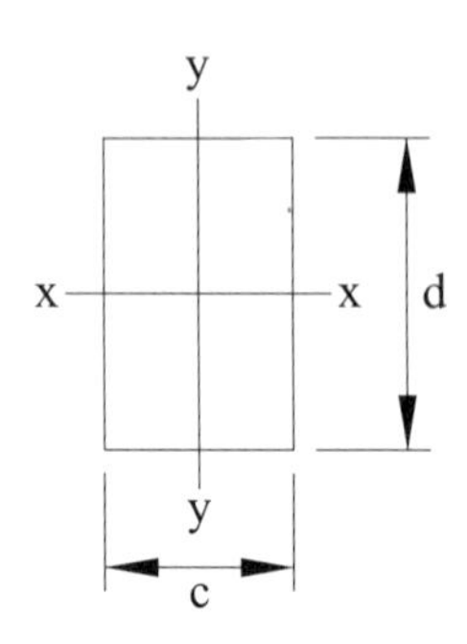

9. 如圖所示，十字形面積對 x–x 軸之慣性矩為多少？

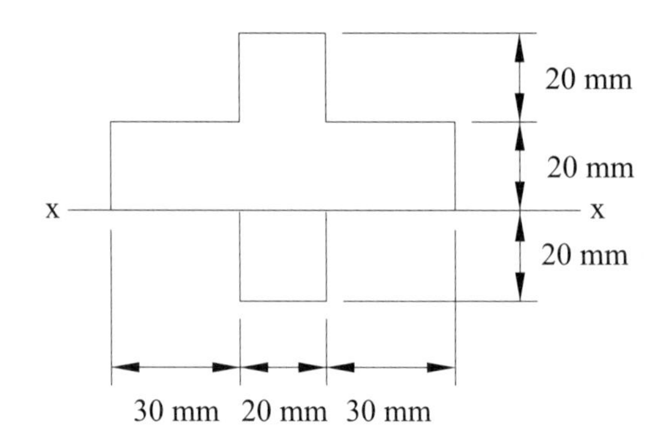

10. 如圖所示，尺寸單位 cm，求該截面積對通過形心的 x–x 軸的慣性矩為多少 cm^4？

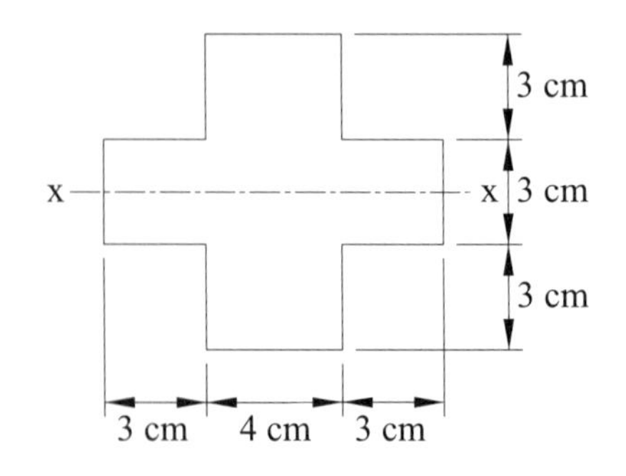

11.如圖所示面積，其對底邊之慣性矩為多少？

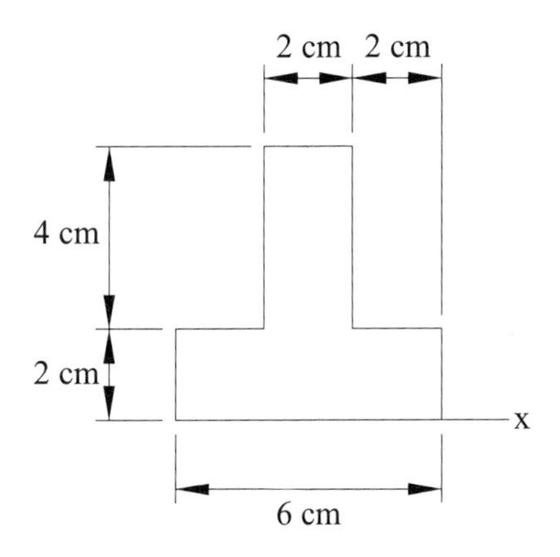

12.如圖所示之對稱面，其慣性矩 I_{xx} 約為多少 cm^4？

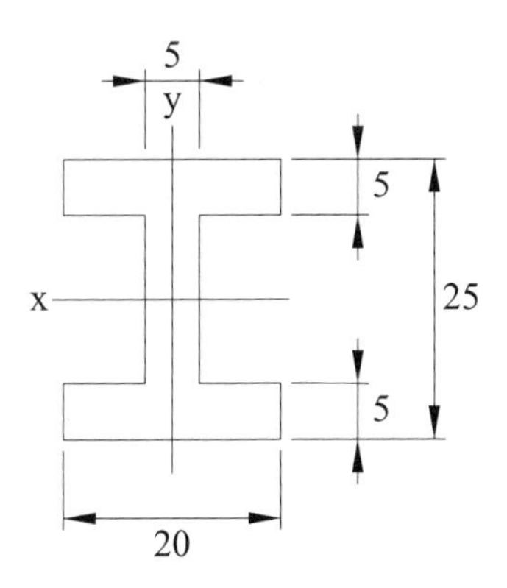

13.試求圖中所示的樑截面積對形心軸 x 和 y 的慣性矩。

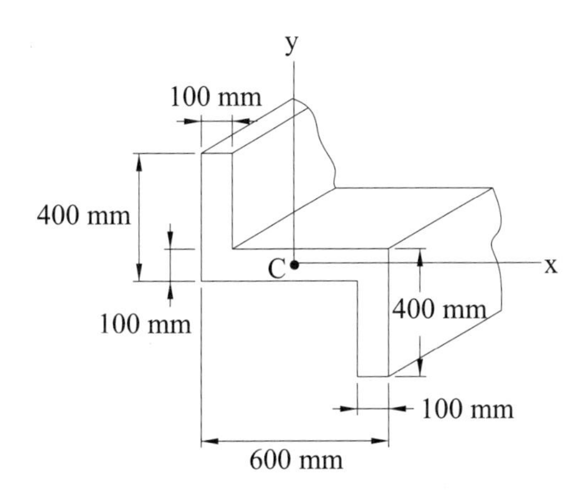

14.相對於下列條件，試決定下圖中，所示陰影斷面的二次矩。

(1) x 軸

(2) y 軸

(3)通過 xy 坐標系統原點且垂直於平斷面之軸

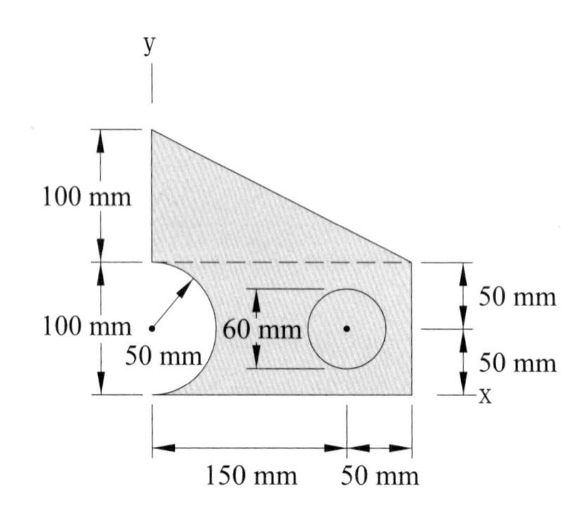

第9章 張力與壓力

9-1 材料力學緒論

一、材料力學分析對象

㈠材料力學之分析對象為由線狀構件（桿、樑、軸、柱）所組合而成的剛架（骨架）。

㈡一般材料所受的外力有張力、壓力、剪力、彎曲及扭轉等五種，有些是單獨作用，亦有兩種或兩種以上之外力同時作用。

㈢應用力學把物體視為剛體，材料力學則視為彈性體（變形體）。

二、材料力學學習目的

㈠計算構件的強度：須計算構件在受負載時，何時會破壞。

㈡計算構件的剛性：須計算構件的剛性是否足夠來抵抗變形。

㈢分析構件的穩定度：須計算構件承受軸向負載時，保持原有平衡狀態的能力。

㈣合適材料的選用與形狀尺寸的決定。

三、材料力學的基本假設

㈠材料為線性彈性。

㈡材料必須遵守虎克定律。

㈢構件的長度遠大於斷面。

㈣構件變形時斷面保持為平面。

㈤構件之變形與應變均很小。

㈥接觸力遠大於自重時，只計入接觸力。

㈦全部及局部自由體均能維持平衡。

9-2 應　力

一、應力定義

單位面積上所受的力量，稱為應力。

二、應力公式

$$\sigma = \frac{P}{A}$$

σ：應力

P：作用之外力

A：力所作用面積

三、應力單位

制度	常用單位
SI	$1\ N/m^2 = 1\ Pa$，$1\ kPa = 10^3\ Pa$，$1\ MPa = 10^6\ Pa = 1\ N/mm^2$，$1\ GPa = 10^9\ Pa = 10^3\ MPa = 10^3\ N/mm^2$
英制	$1\ psi = 1\ lb/in^2$，$1\ ksi = 1000\ psi = 1\ kpsi/in^2$
重力單位	$1\ kg/mm^2$，$1\ kg/cm^2$，$1\ t/m^2 = 1000\ kg/m^2$

四、應力之種類

(一)拉應力 (σ_t)：材料受拉力時截面上所生之應力，又稱為張應力。

拉應力 $\sigma_t = \frac{P}{A_t}$ $\begin{cases} P：拉力 \\ A_t：拉力所作用之面積 \end{cases}$

(二)壓應力 (σ_c)：材料受壓力時，截面上所生之應力，又稱壓應力。

壓應力 $\sigma_c = \frac{P}{A_c}$ $\begin{cases} P：壓力 \\ A_c：壓力所作用之面積 \end{cases}$

五、$\sigma = \frac{P}{A}$ 公式注意事項

(一)拉應力和壓應力與材料斷面垂直，所以又稱為正交應力（或軸向應力）。

(二)通常以正值表示拉應力，負值表示壓應力。

(三)材料為均質且等截面，材料本身的重量忽略不計。

(四)所受外力之作用線需通過材料的形心，與材料之軸線一致，即受軸向負荷。

範例 1

空心圓筒受 201.062 kN 之軸向載重，圓筒的外徑為 100 mm，內徑為 60 mm，試求壓應力。

解題觀念

1. 應力為單位面積內之所受之力，即力量除以面積。
2. 將空心圓形面積為 $\frac{\pi}{4}(d_{外}^2-d_{內}^2)$ 求出後代入 $\sigma_0=\frac{P}{A}$ 為所求。

解 $\sigma_0=\frac{P}{A}=\frac{P}{\frac{\pi}{4}(d_{外}^2-d_{內}^2)}=\frac{201.062\times10^3}{\frac{\pi}{4}(100^2-60^2)}=40\text{ MPa}$

範例 2

一均質桿件受到 6400 N 之軸向拉力，若桿件本身之重量不計，且其容許拉應力為 800 MPa，則桿件之斷面積最少需為多少 mm^2？

解題觀念

應力為單位面積內之所受之力，即力量除以面積。

解 $\sigma=\frac{P}{A}$，$800=\frac{6400}{A}$ $\quad\therefore A=8\text{ mm}^2$

範例 3

有一短圓柱承受壓縮負荷為 10000 N，假若圓柱之極限強度為 16000 N/cm^2，安全係數用 8，若欲安全承受此負荷，則此圓柱之直徑約為若干 cm？

解題觀念

1. 應力為單位面積內之所受之力，即力量除以面積。
2. 將圓形面積為 $\frac{\pi}{4}D^2$ 求出後代入 $\sigma_0=\frac{P}{A}$ 即為所求。

解 由 $\sigma=\frac{P}{A}$，$2000=\frac{10000}{\frac{\pi}{4}D^2}\Rightarrow D=\sqrt{\frac{20}{\pi}}\text{ cm}$

範例 4

一承受 565.5 kN 的圓形拉桿，其桿內所生的張應力為 800 MPa，試求此拉桿的直徑。

解題觀念

1. 應力為單位面積內之所受之力，即力量除以面積。

2.將圓形面積為 $\frac{\pi}{4}D^2$ 求出後代入 $\sigma_0 = \frac{P}{A}$ 即為所求。

解 由 $\sigma = \frac{P}{A}$，$800 = \frac{565.5 \times 10^3}{\frac{\pi}{4}d^2}$ $\therefore d = 30\ \text{mm}$

註：圓面積 $= \pi r^2 = \pi(\frac{d}{2})^2 = \frac{\pi}{4}d^2$

9-3 應　變

一、應變之意義

單位長度的變化量稱為應變。

二、應變公式

$$\varepsilon = \frac{\delta}{L} \quad \begin{cases} \varepsilon：應變 \\ L：原長 \\ \delta：長度變化量 = 變形後總長 - 原長 \end{cases}$$

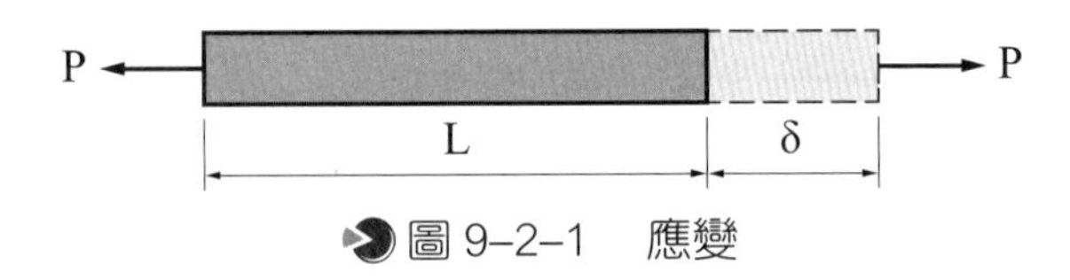

圖 9-2-1　應變

三、應變單位

應變無單位。

四、應變種類

(一)張應變：受張應力而生之應變，通常取「正」值。

(二)壓應變：受壓應力而生之應變，通常取「負」值。

範例 1

一桿長 6 公尺，受一軸向拉力後伸長 1.5 mm，試求此桿之應變為多少？

解題觀念

代入此公式 $\varepsilon = \frac{\delta}{L}$ 即為所求，需注意應變為無單位。

解 由應變 $\varepsilon = \frac{\delta}{L} = \frac{1.5\ \text{mm}}{6000\ \text{mm}} = 0.00025$

9-4 虎克定律與彈性係數

一、虎克定律

虎克定律：在彈性限度內，彈性體之應力與應變成正比，稱為虎克定律。

二、彈性係數

㈠在彈性限度內，應力與應變之比值為一常數，此比值稱彈性係數，或楊氏係數，以 E 表之。

㈡彈性係數單位為 kg/cm^2，lb/in^2 (psi)，Mpa。

㈢彈性係數公式：

彈性係數 $E = \dfrac{\sigma\text{（應力）}}{\varepsilon\text{（應變）}}$，即 $\sigma = E\varepsilon$（註：彈性係數又稱彈性模數）

三、伸長量

㈠由 $\sigma = E\varepsilon$，又因 $\sigma = \dfrac{P}{A}$，$\varepsilon = \dfrac{\delta}{L}$，則 $\dfrac{P}{A} = E\dfrac{\delta}{L}$

㈡受到拉力或壓力之變形量 $\delta = \dfrac{PL}{EA}$

四、彈性係數注意事項

㈠彈性係數 (E)，其單位與應力單位相同 (kg/cm^2，kg/mm^2，MPa)。

㈡相同材料對拉伸或壓縮之彈性係數相等。

㈢彈性係數隨材料種類而異，同材料彈性係數相等，不因形狀、斷面之大小或應力之大小而改變。

㈣材料之變形量 (δ) 與彈性係數 (E) 成反比，與其軸向剛度 (EA) 成反比，δ 與 P、L 成正比，即 $\delta = \dfrac{PL}{EA}$。

㈤ $E = \dfrac{\sigma}{\varepsilon}$，若 $\dfrac{\sigma}{\varepsilon}$ 越大，代表彈性係數 E 越大；若 $\dfrac{\varepsilon}{\sigma}$ 越大，代表 E 越小。

9-5 應力與應變之關係

一、應力與應變圖

㈠取一材料試件（斷面為圓形最常用），安裝在材料試驗機上作拉伸試驗，可以獲得材料試驗機施與材料之力量與材料變形長度之關係曲線。

㈡該曲線以應力為縱軸，應變為橫軸。應力指材料受外力與截面積之比值，而應變指受外力的材料，其長度的改變量與原來長度的比值。

㈢欲進行塑性加工應使工件材料之受力大於屈服（降伏）強度而小於極限強度。

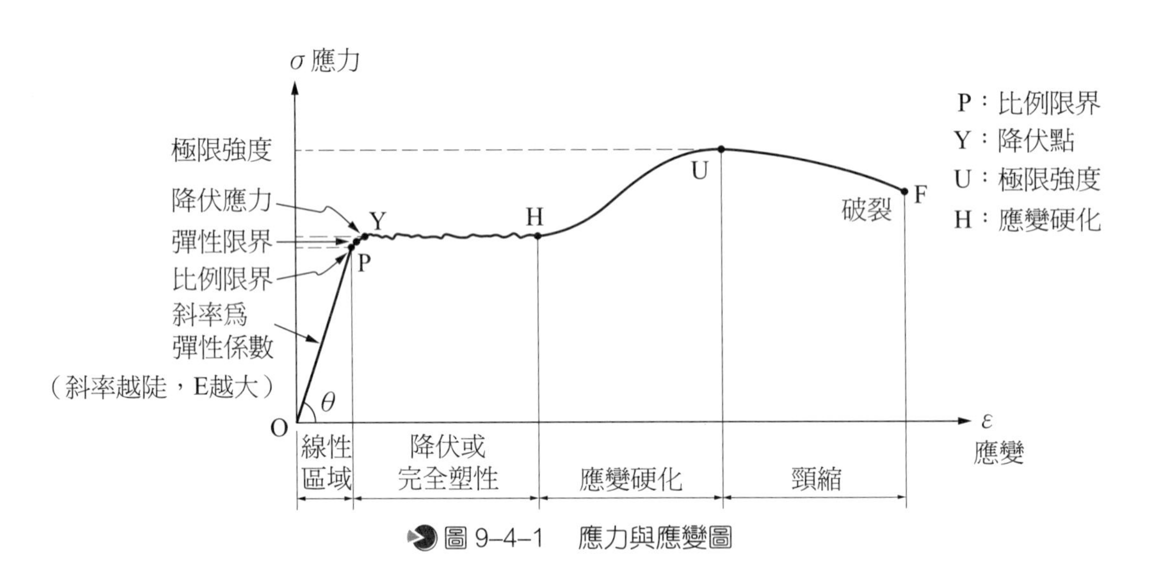

圖 9-4-1　應力與應變圖

二、重要之觀念

㈠比例限度：應力與應變保持直線關係之最大應力，稱為比例限度。

㈡彈性限度：材料所受之應力，超過此限度，外力除去後，仍不能完全恢復原狀，稱此應力為該材料之彈性限度。

㈢降伏點：過 Y 點，應力雖不增加，但應變很大，稱為降伏 (yielding)，稱 Y 點為降伏點或降伏應力。脆性材料取 2/1000 變形量畫一平行線，其交點為降伏點。

三、應力與應變注意事項

㈠材料受外力而變形。外力除去，具有恢復原形狀之特性，稱為彈性。

㈡完全彈性體為可完全恢復原狀者。

㈢部分彈性為僅能局部恢復原來之形狀。

範例 1

一棒長 300 cm，其橫截面為矩形，長為 7.5 cm，寬為 5 cm，受軸向拉力 90000 N 後之軸向伸長量為 0.4 cm，求此棒之彈性係數為多少？

解題觀念

此題直接代入公式 $\delta = \dfrac{PL}{AE}$ 求得 E。

解 由 $\delta = \dfrac{PL}{AE}$ $\quad \therefore 0.4 = \dfrac{90000 \times 300}{(7.5 \times 5) \times E}$ $\quad \therefore E = 1.8 \times 10^6\ N/cm^2$

範例 2

鋼索吊 31.4 kN 的機器，鋼索的直徑為 40 mm，求其所生的張應力。若鋼索 1 m，彈性係數 E = 400 GPa，求伸長量。

解題觀念

此題須先利用應力公式 $\sigma_1 = \dfrac{P}{A}$ 求出 σ_1，再代入 $\delta = \dfrac{PL}{AE}$ 即可求出。

解 $P = 31.4\ kN = 31.4 \times 10^3\ N$，$d = 40\ mm$，$E = 400\ GPa = 400 \times 10^3\ MPa$

(1) $\sigma_1 = \dfrac{P}{A} = \dfrac{P}{\frac{\pi}{4}d^2} = \dfrac{4P}{\pi d^2} = \dfrac{4 \times 31.4 \times 10^3}{3.14(40^2)} = 25\ N/mm^2 = 25\ MPa$

(2) $\delta = \dfrac{PL}{AE} = \dfrac{31.4 \times 10^3 \times 1000}{(\frac{\pi}{4} \times 40^2) \times 400 \times 10^3} = 0.0625\ mm$

範例 3

如右圖所示，一物體重 100 kN，若桿 BC 應力為 1000 MPa，繩 AC 應力為 173 MPa，試求桿及繩之截面積須為若干？

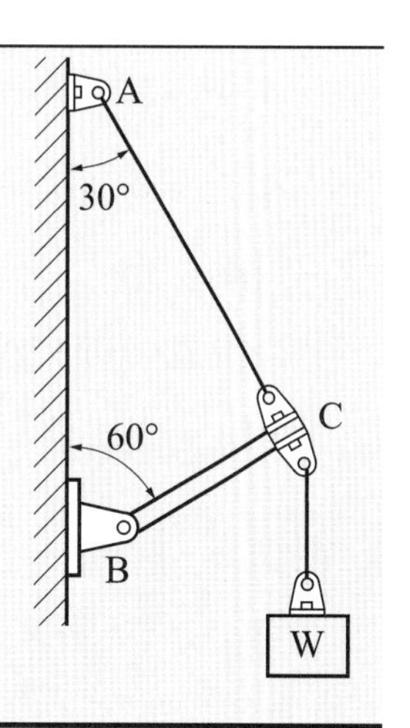

解題觀念

此題解題技巧為利用三角形法求出受力 F，再利用應力公式即可求出應力。

解 由三角形法：$F = 50\ \text{kN}$，$T = 50\sqrt{3}\ \text{kN}$

由 $\sigma = \dfrac{P}{A}$ $\quad \therefore 1000 = \dfrac{50 \times 10^3}{A_{BC}}$ $\quad \therefore A_{BC} = 50\ \text{mm}^2$

$173 = \dfrac{50\sqrt{3} \times 10^3}{A_{AC}}$，$A_{AC} = 500\ \text{mm}^2$

範例 4

如圖所示之均質水平桿，長度為 5 m，兩端分別以長 3 m 之黃銅索及 2 m 之鋁索繫之，水平桿本身重量不計，且承受一 400 kg 之負荷，黃銅之彈性係數 $E_{Br} = 1.05 \times 10^6\ \text{kg/cm}^2$，鋁之彈性係數 $E_{Al} = 0.7 \times 10^6\ \text{kg/cm}^2$，且已知鋁之截面積為 2 cm^2，如欲使此桿於承受負荷後仍保持水平，則黃銅索之斷面積應為多少 cm^2？

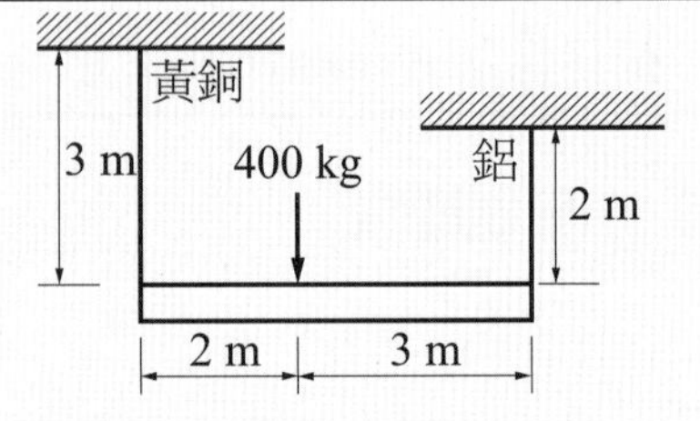

解題觀念

此題解題技巧為先由力矩原理求出兩端所受之拉力，再利用 $\delta = \dfrac{PL}{AE}$ 即可求出斷面積。

解 由 $\Sigma M_B = 0$，$R_A \times 5 - 400 \times 2 = 0$ $\quad \therefore R_A = 160\ \text{kg}$（鋁）

$\Sigma F_y = 0$，$R_B + 160 - 400 = 0$ $\quad \therefore R_B = 240\ \text{kg}$（黃銅）

又 $\delta_A = \delta_B \ (\delta = \dfrac{PL}{AE})$

$$\frac{160 \times 200}{2 \times 0.7 \times 10^6} = \frac{240 \times 300}{A_B \times 1.05 \times 10^6}$$

$\therefore A_B = 3\ \text{cm}^2$

範例 5

一圓形直桿，承受單軸向力，若其伸長量為 δ，現將其直徑縮小一半，則其伸長量為多少 δ？

解題觀念

此題由題意知直徑由 d 縮小為 d/2，因此面積會少四倍。

解 $\delta = \frac{PL}{AE} = \frac{PL}{\frac{\pi d^2}{4} \cdot E}$，$\delta_x = \frac{PL}{\frac{\pi (\frac{d}{2})^2}{4} \cdot E} = 4 \cdot \frac{PL}{\frac{\pi d^2}{4} \cdot E} = 4\delta$

範例 6

如圖所示的桿件，全長為 2L，斷面積分別為 A 及 2A，彈性係數為 E，求桿件在受到兩個 P 力之作用後的總縮短量。

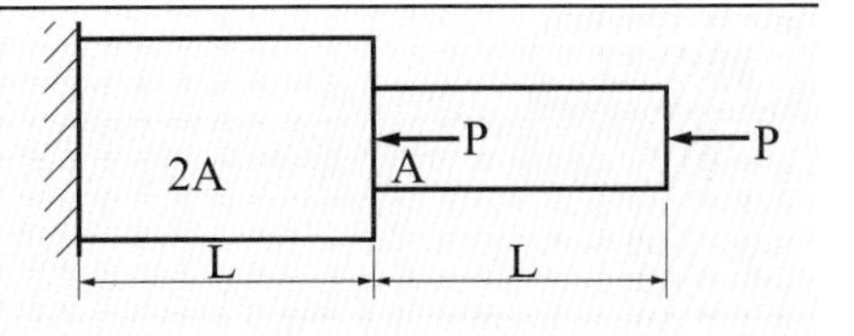

解題觀念

此題解題技巧為分段代入 $\delta = \frac{PL}{AE}$，再相加即為所求。

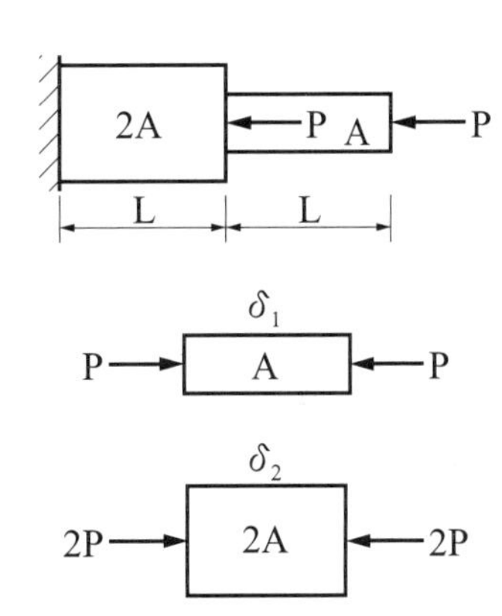

解 $\delta = \delta_1 + \delta_2 = \frac{P_1L_1}{A_1E_1} + \frac{P_2L_2}{A_2E_2}$

$= \frac{PL}{AE} + \frac{2PL}{2AE} = \frac{2PL}{AE}$

範例 7

如圖所示，同材料圓柱 A、B，其長度 L 相等，又於彈性限度內，A 圓柱直徑為 d_1，承受一 P 的壓力產生 δ_1 的變形量，而 B 圓柱直徑為 $d_2 = 2d_1$，承受 2 倍 P 的壓力產生 δ_2 的變形量，則變形量 δ_1 與 δ_2 的比為何？

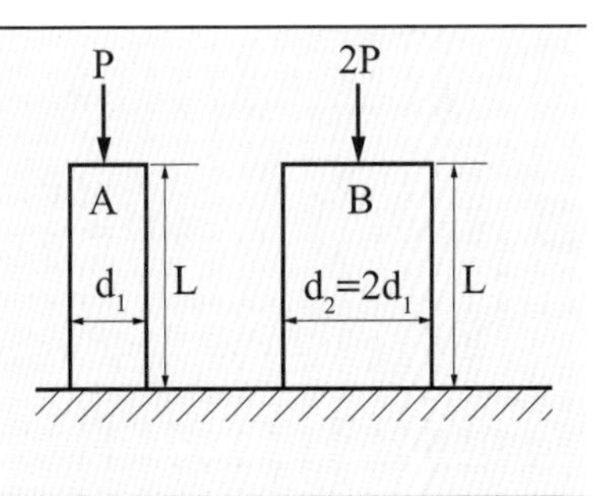

解題觀念

此題解題技巧為分別求出各個 δ，利用 $\delta = \frac{PL}{AE}$ 求出再互相比較即為所求。

解 $\dfrac{\delta_A}{\delta_B}=\dfrac{\dfrac{P_AL_A}{A_AE_A}}{\dfrac{P_BL_B}{A_BE_B}}=\dfrac{\dfrac{P}{\frac{\pi}{4}{d_1}^2}}{\dfrac{2P}{\frac{\pi}{4}(2d_1)^2}}=\dfrac{2}{1}$

範例 8

一圓形直桿，承受單軸向力，若其伸長量為 δ，現將其直徑放大一倍，則其伸長量為多少？

解題觀念

此題解題技巧為代入公式 $\delta=\dfrac{PL}{AE}$ 求得。

解 $\delta=\dfrac{PL}{AE}=\dfrac{PL}{\frac{\pi d^2}{4}\cdot E}$，$\delta_x=\dfrac{PL}{\frac{\pi(2d)^2}{4}}=\dfrac{PL}{\frac{\pi(2d)^2}{4}\cdot E}=\dfrac{PL}{\frac{4\pi d^2}{4}\cdot E}=\dfrac{1}{4}\delta$

範例 9

如右圖所示若垂直桿 BD 之截面積為 300 mm^2，其所生之應力為 400 MPa，試求此負荷 P 為多少？

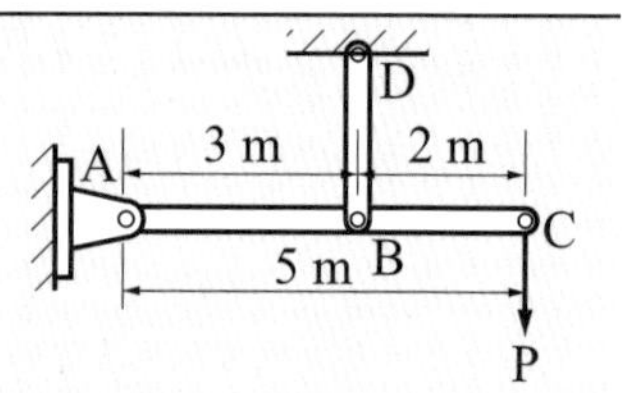

解題觀念

此題解題技巧為代入公式 $\sigma=\dfrac{P_1}{A}$，求得 P 後利用力矩原理求出桿件負荷。

解 由 $\sigma=\dfrac{P_1}{A}$ $\quad\therefore 400=\dfrac{P_1}{300}$ $\quad\therefore P_1=120000\text{ N}=120\text{ kN}$

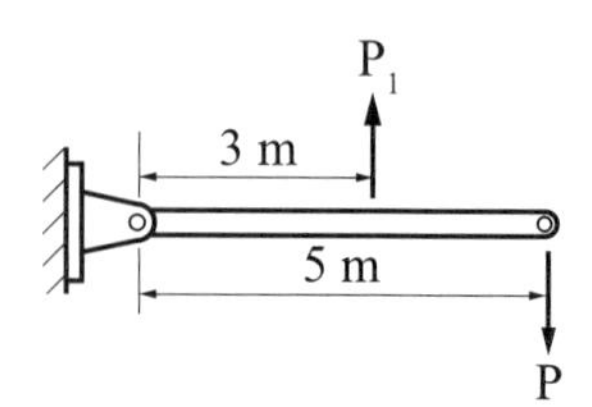

$\Sigma M_A=0$，$P_1\times 3-P\times 5=0$

$\therefore P=\dfrac{3}{5}P_1=\dfrac{3}{5}\times 120=72\text{ kN}$

9-6 蒲松比 (Poisson's Ratio)

一、縱向應變

㈠縱向應變 (ε_L)：外力作用方向所生之應變，稱為縱向應變或稱軸向應變。

㈡縱向應變公式：$\varepsilon_L = \frac{\delta}{L}$

δ：縱向伸長（或收縮）量

L：原長

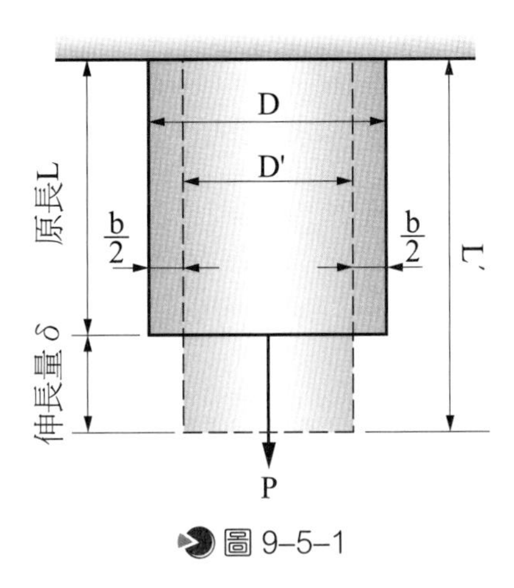

圖 9–5–1

二、橫向應變

㈠橫向應變 (ε_t)：與外力成直角的橫方向所生之應變，稱為橫向應變。

㈡橫向應變公式：$\varepsilon_t = \frac{b}{D}$

b：橫向收縮（或伸長）量，或直徑之變化量

D：原來寬度（或原來直徑）

三、蒲松比 (μ)

㈠材料在彈性限度內，橫向應變與縱向應變之比，稱蒲松比。

$$蒲松比\ \mu = \frac{\varepsilon_{橫向}}{\varepsilon_{縱向}} = \frac{\frac{b}{D}}{\frac{\delta}{L}} = \frac{bL}{D\delta}$$

㈡一般金屬 μ 值在 0.25～0.35 間，最大值為 0.5，即蒲松比恆小於或等於 0.5。即 $0 < \mu < 0.5$。

四、蒲松數 (m)

㈠蒲松比之倒數稱之為蒲松數，蒲松數 $= \frac{1}{蒲松比}$。

㈡一般蒲松數 ≥ 2。

範例 1

若一直徑 10 cm，長 100 cm 之圓柱桿子，受拉力而伸長 0.001 cm，而直徑收縮 0.000025 cm，則此桿之蒲松比為多少？

解題觀念

此題解題技巧為代入公式 $\mu=\dfrac{\varepsilon_{橫}}{\varepsilon_{縱}}=\dfrac{\frac{b}{D}}{\frac{\delta}{L}}$ 求得。

解 蒲松比 $\mu=\dfrac{\varepsilon_{橫}}{\varepsilon_{縱}}=\dfrac{\frac{b}{D}}{\frac{\delta}{L}}=\dfrac{\frac{0.000025}{10}}{\frac{0.001}{100}}$　$\therefore \mu=0.25$

範例 2

直徑 2 cm，長 50 cm 之圓桿，受軸向 800 kN 之張力作用後，長度變為 50.5 cm，若蒲松比為 0.25，試求此圓桿之直徑變為若干？

解題觀念

此題解題技巧為代入公式 $\mu=\dfrac{\varepsilon_{橫}}{\varepsilon_{縱}}=\dfrac{\frac{b}{D}}{\frac{\delta}{L}}$ 求得。

解 $\mu=\dfrac{\frac{b}{D}}{\frac{\delta}{L}}$，$0.25=\dfrac{bL}{D\delta}=\dfrac{b\times 50}{2(50.5-50)}$

$\therefore b=0.005$　$\therefore D-D'=b$，$2-D'=0.005$，$D'=1.995$ cm

9-7 應變之相互影響

一、應變之相互影響

(一)物體受二應力以上同時作用時，應力同時作用之應變相互影響。

(二)應力同時作用之應變等於各應力單獨作用時所生應變之代數和。

二、應變之相互影響公式

(一)由 $\sigma=E\varepsilon$　$\therefore \varepsilon=\dfrac{\sigma}{E}$，又 $\mu=\dfrac{\varepsilon_{橫向}}{\varepsilon_{縱向}}$　$\therefore \varepsilon_{橫向}=\mu\varepsilon_{縱向}$

㈡ σ_x 使 x 軸伸長，$\varepsilon_x = \frac{\sigma_x}{E}$

㈢ y、z 縮短，$\varepsilon_y = \varepsilon_z = -\frac{\mu\sigma_x}{E}$

㈣縮短之應變為負號，E 為彈性係數，μ 為蒲松比。

	σ_x	σ_y	σ_z
ε_x	$\frac{\sigma_x}{E}$	$-\frac{\mu\sigma_y}{E}$	$-\frac{\mu\sigma_z}{E}$
ε_y	$-\frac{\mu\sigma_x}{E}$	$\frac{\sigma_y}{E}$	$-\frac{\mu\sigma_z}{E}$
ε_z	$-\frac{\mu\sigma_x}{E}$	$-\frac{\mu\sigma_y}{E}$	$\frac{\sigma_z}{E}$

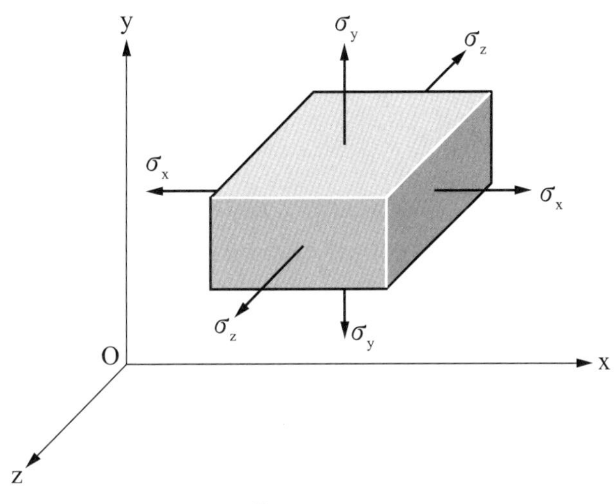

圖 9–6–1

㈤受 σ_x、σ_y、σ_z 三力作用則可利用重疊法原理得：

x 軸方向之應變 $\varepsilon_x = \frac{\sigma_x}{E} - \frac{\mu}{E}(\sigma_y + \sigma_z)$

y 軸方向之應變 $\varepsilon_y = \frac{\sigma_y}{E} - \frac{\mu}{E}(\sigma_z + \sigma_x)$

z 軸方向之應變 $\varepsilon_z = \frac{\sigma_z}{E} - \frac{\mu}{E}(\sigma_x + \sigma_y)$

㈥當各軸向應力相等時 $(\sigma_x = \sigma_y = \sigma_z = \sigma)$，則 $\varepsilon_x = \varepsilon_y = \varepsilon_z = \frac{\sigma(1-2\mu)}{E}$

三、體積應變 (ε_v)

㈠單位體積之變形量：

$$\text{體積應變 } \varepsilon_v = \frac{V'-V}{V} = \frac{\Delta V\ \text{(體積變化量)}}{V\ \text{(原來體積)}} \quad \begin{cases} \text{受拉力體積增加} \\ \text{受壓力體積減少} \end{cases}$$

㈡體積應變等於互成直角三方向之長度應變之和。

體積應變 $\varepsilon_V = \dfrac{\Delta V}{V} = \varepsilon_x + \varepsilon_y + \varepsilon_z = \dfrac{(1-2\mu)(\sigma_x + \sigma_y + \sigma_z)}{E}$

㈢若各軸向應力相等時之體積應變為（即當 $\sigma_x = \sigma_y = \sigma_z = \sigma$）

$$\varepsilon_V = 3\varepsilon = \frac{3\sigma}{E}(1-2\mu)$$

㈣若材料僅單方向受力時（即 $\sigma_x = \sigma$，$\sigma_y = \sigma_z = 0$ 時）

$$\varepsilon_V = \varepsilon_x + \varepsilon_y + \varepsilon_z = \frac{\sigma}{E}(1-2\mu) = \varepsilon(1-2\mu)$$

四、體積彈性係數

㈠材料各方向承受相同應力時，應力與體積應變之比值，稱為體積彈性係數，以 K 表示。

㈡體積彈性係數 $K = \dfrac{\sigma}{\varepsilon_V} = \dfrac{\sigma}{3\sigma(1-2\mu)/E} = \dfrac{E}{3(1-2\mu)}$ （μ 為蒲松比，E 為彈性係數）

範例 1

某機械零件在互相垂直之三軸向均承受相等的軸向應力，若應力不變而材質改變，使其彈性係數由 E 變成 1.2E，蒲松比由 0.4 變成 0.3，則各軸向所產生之應變會變成原來的多少倍？

解題觀念

此題解題技巧為分別討論與計算不同彈性係數與蒲松比，並且利用 $\varepsilon_x = \dfrac{\sigma_x}{E} - \dfrac{\mu}{E}(\sigma_y + \sigma_z)$ 此公式代入比較即可。

解 $\varepsilon_x = \dfrac{\sigma_x}{E} - \dfrac{\mu}{E}(\sigma_y + \sigma_z)$，當 $\sigma_x = \sigma_y = \sigma_z = \sigma$ 時

$$\varepsilon_x = \frac{\sigma}{E}(1 - 2\times 0.4) = 0.2\frac{\sigma}{E}$$

$$\varepsilon'_x = \frac{\sigma}{1.2E}(1 - 2\times 0.3) = \frac{0.4}{1.2}\frac{\sigma}{E} = \frac{1}{3}\frac{\sigma}{E}$$

$$\therefore \frac{\varepsilon'_x}{\varepsilon_x} = \frac{\frac{1}{3}\frac{\sigma}{E}}{0.2\frac{\sigma}{E}} = 1.67$$

範例 2

雙軸向負荷，若 $\sigma_x = 1000$ MPa，$\sigma_y = 600$ MPa，材料之蒲松比 $\mu = 0.2$。今欲以一單軸向負荷來取代此雙軸向負荷，且其產生之最大應變相等，試求此單軸向之應力。

解題觀念

此題解題技巧為代入公式 $\varepsilon_x = \dfrac{\sigma'_x}{E} = \dfrac{\sigma_x}{E} - \dfrac{\mu(\sigma_y + \sigma_z)}{E}$ 求得。

解 一個方向應力產生應變 = 雙軸向之應變，令此單一負荷叫 σ'_x

$$\varepsilon_x = \frac{\sigma'_x}{E} = \frac{\sigma_x}{E} - \frac{\mu(\sigma_y + \sigma_z)}{E} \quad \text{（在 x 軸應變最大）}$$

$$\therefore \sigma'_x = \sigma_x - \mu\sigma_y = 1000 - 0.2 \times 600 = 880 \text{ MPa}$$

範例 3

如右圖所示，若 σ_x 為 120 MPa、σ_y 為 160 MPa 及 σ_z 為 200 MPa，材料之彈性係數為 200 GPa，蒲松比為 0.25，試求各軸向之總應變。

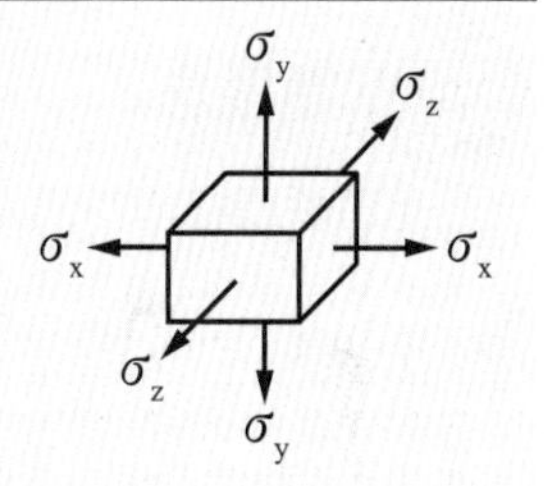

解題觀念

此題解題技巧為代入公式求得。

解 $E = 200 \text{ GPa} = 200 \times 10^3 \text{ N/mm}^2 = 200 \times 10^3 \text{ MPa}$

$$\varepsilon_x = \frac{\sigma_x}{E} - \frac{\nu}{E}(\sigma_y + \sigma_z) = \frac{120 - 0.25(160 + 200)}{200 \times 10^3} = 1.5 \times 10^{-4}$$

$$\varepsilon_y = \frac{\sigma_y}{E} - \frac{\nu}{E}(\sigma_x + \sigma_z) = \frac{160 - 0.25(120 + 200)}{200 \times 10^3} = 4 \times 10^{-4}$$

$$\varepsilon_z = \frac{\sigma_z}{E} - \frac{\nu}{E}(\sigma_x + \sigma_y) = \frac{200 - 0.25(120 + 160)}{200 \times 10^3} = 6.5 \times 10^{-4}$$

範例 4

直徑 25 cm，長 1 m 之實心鋼，若蒲松比為 0.3，彈性係數為 21 GPa，則體積彈性係數為多少？

解題觀念

此題解題技巧為代入公式 $K=\dfrac{E}{3(1-2\mu)}$ 求得。

解　體積彈性係數 $K=\dfrac{E}{3(1-2\mu)}=\dfrac{21\times10^3}{3(1-0.3\times2)}=17500\text{ MPa}=17.5\text{ GPa}$

範例 5

一立方體體積 2000 cm^3 置於水中，若水壓為 500 MPa，且材料之蒲松比 $\mu=0.25$，彈性係數 E = 200 GPa，試求三軸向應變各為若干？體積應變為多少？變形後的體積為多少？

解題觀念

此題解題技巧為代入公式求得。

解　$\varepsilon_x=\varepsilon_y=\varepsilon_z=\varepsilon=\dfrac{\sigma}{E}(1-2\mu)=\dfrac{-500}{200\times10^3}(1-2\times0.25)=-0.00125$

$\varepsilon_v=3\varepsilon_x=3(-0.00125)=-0.00375$

$\varepsilon_v=\dfrac{\Delta V}{V}$，$0.00375=\dfrac{\Delta V}{2000}$　$\therefore \Delta V=7.5\text{ cm}^3$

$\therefore$ 變形後體積 $=V-\Delta V=2000-7.5=1992.5\text{ cm}^3$

9-8 容許應力與安全因數

一、容許應力（工作應力）(σ_w)

㈠材料在安全範圍或安全設計所承受之最大工作應力，稱為容許應力。

㈡安全的應力應小於彈性限度亦得小於疲勞限度，即所謂容許應力。

二、安全因數（安全係數）(n)

㈠破壞應力與容許應力之比，稱為安全因數。

㈡安全因數 $=\dfrac{\text{破壞應力}}{\text{容許應力}}$

(三)安全因數比 1 大。

三、安全因數（安全係數）注意事項

(一)延性材料：如熟鐵、軟鋼等。在降伏點處所生之永久變形甚大，所以容許應力須較降伏應力低方為安全，安全因數取 2 以上。此時

$$安全因數=\frac{降伏應力}{容許應力}\ （延性材料）$$

(二)脆性材料：如生鐵、混凝土等。降伏點不明顯，雖至破壞，其應變亦甚微小，故容許應力可就小於極限強度求之，如此即安全，安全因數取 5～7。

$$安全因數=\frac{破壞應力}{容許應力}\ （脆性材料）$$

範例 1

一圓柱軸向承受 31.4 kN 負荷，若極限應力為 800 MPa，安全因數取 8，欲承受此負荷，則此圓柱之直徑為若干？容許應力為多少？

解題觀念

此題解題技巧為代入公式 $\sigma_{容許}=\frac{\sigma_{極限}}{n}$ 求得容許應力，利用應力觀念即可解題。

解 $\sigma_{容許}=\frac{\sigma_{極限}}{n}=\frac{800}{8}=100\text{ MPa}$

又 $\sigma_{容許}=\frac{P}{A}$ $\quad\therefore 100=\frac{31.4\times10^3}{\frac{\pi}{4}d^2}$ $\quad\therefore d=20\text{ mm}$

範例 2

鋼索之極限強度為 2000 MPa，若安全係數為 5，欲掛負荷 200 kN 時鋼索之斷面積應為若干 mm^2？

解題觀念

此題解題利用應力觀念即可。

解 $\sigma_{容許}=\frac{2000}{5}=400\text{ MPa}$

又 $\sigma_{容許}=\frac{P}{A}$ $\quad\therefore A=\frac{P}{\sigma}=\frac{200\times10^3}{400}=500\text{ mm}^2$

本章重點精要

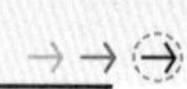

1. 單位面積上所受的力量，稱為應力，即 $\sigma = \frac{P}{A}$。
2. 單位長度的變化量稱為應變，即 $\varepsilon = \frac{\delta}{L}$。
3. 虎克定律：在彈性限度內，彈性體之應力與應變成正比，稱為虎克定律。
4. 在彈性限度內，應力與應變之比值為一常數，此比值稱彈性係數，或楊氏係數，以 E 表之。
5. 受到拉力或壓力之變形量 $\delta = \frac{PL}{EA}$。
6. 材料之變形量 (δ) 與彈性係數 (E) 成反比，與其軸向剛度 (EA) 成反比，δ 與 P、L 成正比，即 $\delta = \frac{PL}{EA}$。
7. $E = \frac{\sigma}{\varepsilon}$，若 $\frac{\sigma}{\varepsilon}$ 越大，代表彈性係數 E 越大；若 $\frac{\varepsilon}{\sigma}$ 越大，代表 E 越小。
8. 材料在彈性限度內，橫向應變與縱向應變之比，稱蒲松比。

   蒲松比 $\mu = \frac{\varepsilon_{橫向}}{\varepsilon_{縱向}} = \frac{\frac{b}{D}}{\frac{\delta}{L}} = \frac{bL}{D\delta}$。
9. 一般金屬 μ 值在 0.25～0.35 間，最大值為 0.5，即蒲松比恆小於或等於 0.5。即 $0 < \mu < 0.5$。
10. 蒲松比之倒數稱之為蒲松數，蒲松數 $= \frac{1}{蒲松比}$。
11. 受 σ_x、σ_y、σ_z 三力作用則可利用重疊法原理得：

    x 軸方向之應變 $\varepsilon_x = \frac{\sigma_x}{E} - \frac{\mu}{E}(\sigma_y + \sigma_z)$

    y 軸方向之應變 $\varepsilon_y = \frac{\sigma_y}{E} - \frac{\mu}{E}(\sigma_z + \sigma_x)$

    z 軸方向之應變 $\varepsilon_z = \frac{\sigma_z}{E} - \frac{\mu}{E}(\sigma_x + \sigma_y)$

12. 體積彈性係數 $K = \frac{\sigma}{\varepsilon_v} = \frac{\sigma}{3\sigma(1-2\mu)/E} = \frac{E}{3(1-2\mu)}$ （μ 為蒲松比，E 為彈性係數）

13. 安全因數 $= \frac{\text{破壞應力}}{\text{容許應力}}$，安全因數比 1 大。

14. 延性材料：如熟鐵、軟鋼等。在降伏點處所生之永久變形甚大，所以容許應力須較降伏應力低方為安全，安全因數取 2 以上。

15. 脆性材料：如生鐵、混凝土等。降伏點不明顯，雖至破壞，其應變亦甚微小，故容許應力可就小於極限強度求之，如此即安全，安全因數取 5～7。

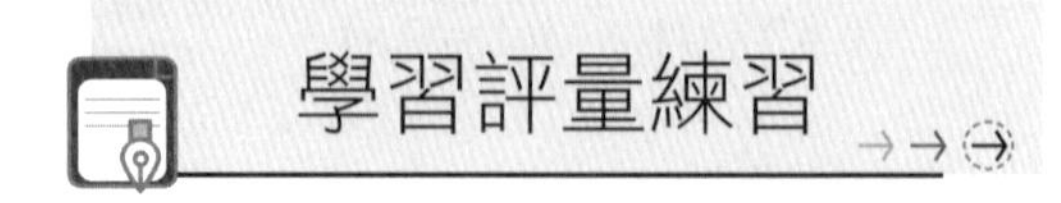

學習評量練習

1. 直徑 2 cm，長 50 cm 之圓棒，受軸向拉力而伸長 0.05 cm，若蒲松比為 0.2，則此圓棒在橫方向之收縮量為何？
2. 有一鑄鐵棒長 30 cm，直徑 10 cm，承受一壓力作用，使之壓縮 0.022 cm，直徑增加 0.0018 cm，則蒲松比為何？
3. 在正方形水泥柱之軸方向施加 160 kN 的壓力，其所產生之壓應力為 100 MPa，則正方形每邊長為多少 cm？
4. 如圖，若面積為 200 mm^2，彈性係數 E = 50 GPa，其長度總變化量為多少 mm？

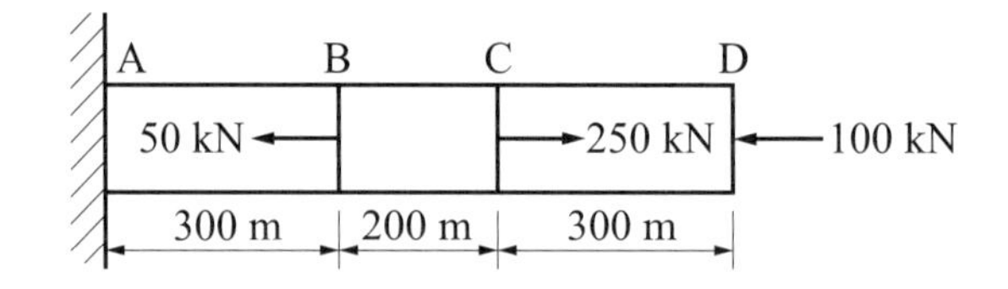

5. 長 1 m，截面積為 200 mm^2 之圓桿，受軸向拉力 10 kN 後，其長度增加 0.4 mm，試求此軸之彈性係數 E 為何？
6. 一圓柱材料受單軸向拉力蒲松比 $\mu = 0.3$，軸向應變為 0.5%，則體積應變為若干？
7. 一外徑 25 mm 之中空圓柱用來支援 31.4 kN 之機器，若材料之降伏應力為 500 MPa，安全係數為 5，則在最小的材料重量考慮下，此中空圓柱之內徑為多少 mm？
8. 圓柱受負荷為 200 kN，若圓柱極限強度為 1000 MPa，安全係數為 5，欲安全承受此負荷，則此圓柱之直徑約為若干 mm？
9. 一截面積為 A，長度為 ℓ 之均質桿件，彈性係數為 E，若桿的一端固定而下垂，則此桿因自身重量 W 所生之伸長量為何？

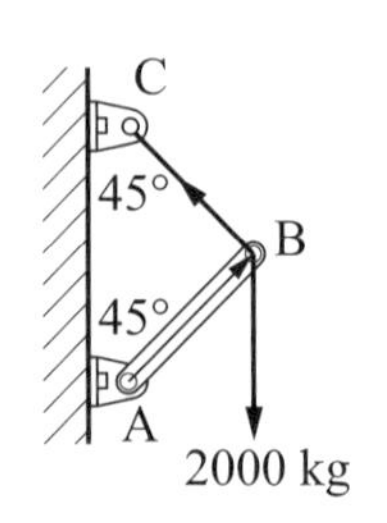

10.如圖所示之繩索及支柱裝置，負荷 $P = 2000$ N，繩索之截面積為 5 cm^2，支柱之長度為 5 m，截面積為 10 cm^2，繩索及支柱之重量不計，試求支柱所承受之壓應力約若干 N/cm^2？

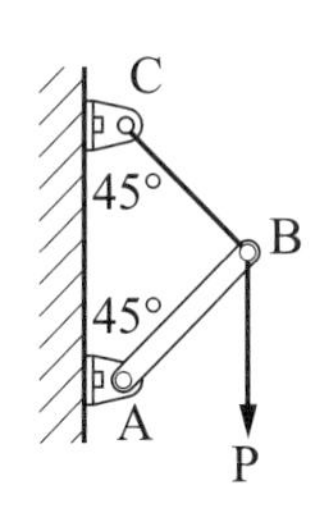

11.一材質均勻之實心圓軸，在彈性範圍內受到軸向之拉伸負荷作用，在不改變材質、工作長度及負荷大小之情況下，僅將軸徑由 15 mm 改變為 45 mm 時，其伸長量會變為原來之多少倍？

12.一桿件分別在 1、2 兩點承受 P_1 與 P_2 的集中力，如圖所示，試問 2～3 段之變形量為何？(假設桿件之斷面為 A，彈性係數 E)

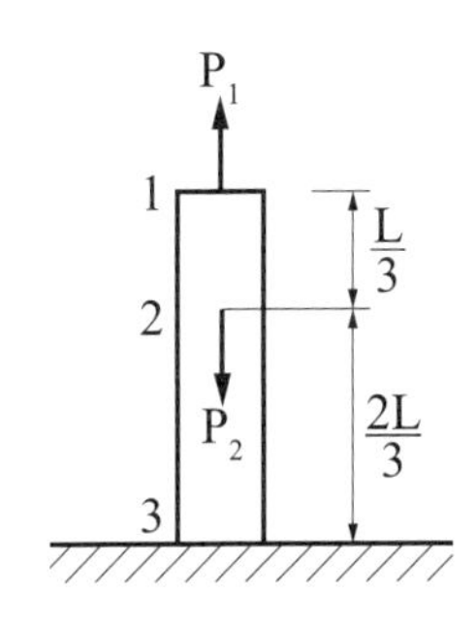

13.同長度及彈性係數之 A 圓棒及 B 圓棒，若作用於 A 圓棒之力為 B 圓棒的一半，且 A 圓棒之直徑為 B 圓棒之 2 倍，則 A 圓棒變形量為 B 圓棒變形量之多少倍？

14.長 300 mm，面積為 180 mm^2，受拉力 6 kN 後伸長量為 0.1 mm，求該桿之彈性係數為多少 GPa？

15.一承受 31.4 kN 的圓形拉桿，其桿內所生的張應力為 400 N/mm^2，此拉桿的直徑 d 為多少 mm？

16.正方形方柱受 32 kN 的壓力，其截面所生的壓應力為 80 MPa，則此鑄鐵塊的邊長為多少 mm？

17. 直徑為 50 mm 之圓桿，長度 250 mm，受 75 kN 拉力時伸長量為 0.9 mm，若改用直徑為 30 mm 之桿件，則伸長量為多少 mm？

18. 若 E = 40 GPa 之桿件如圖，斷面積 $A = 0.02\ m^2$。試求桿的總變形量為多少 mm？

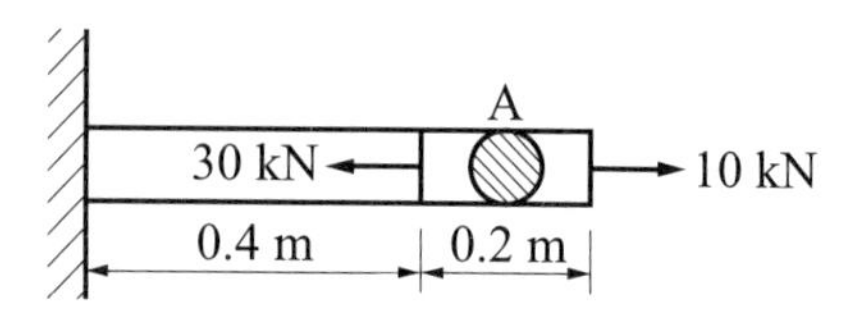

19. 如圖所示，BC 桿件面積為 $200\ mm^2$，則 BC 桿件所承受之壓應力為多少 MPa？

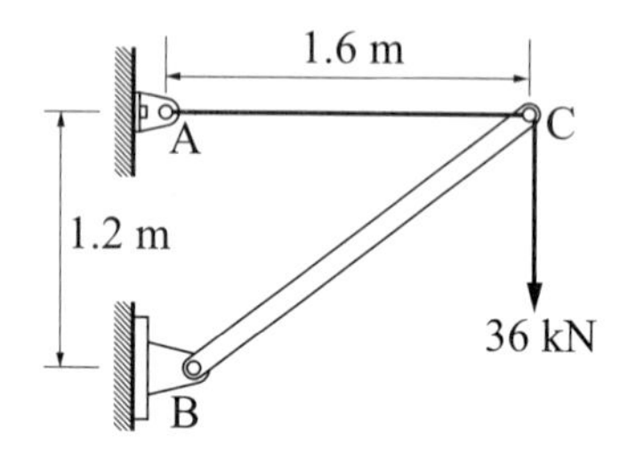

20. 鋼桿及銅桿相連接組合桿，如右圖所示，兩桿之彈性係數各為 $E_{鋼} = 200$ GPa，$E_{銅} = 100$ GPa，求此組合桿之伸長量。

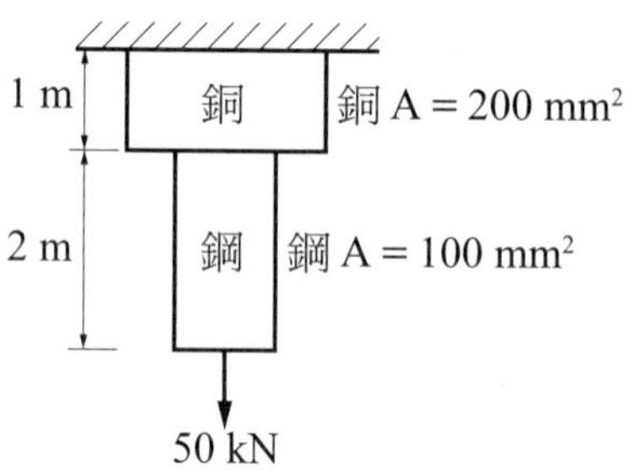

21. 如右圖所示之鋼桿，其斷面積均為 $500\ mm^2$，楊氏係數 E = 200 GPa，則該桿件總變形量為若干？

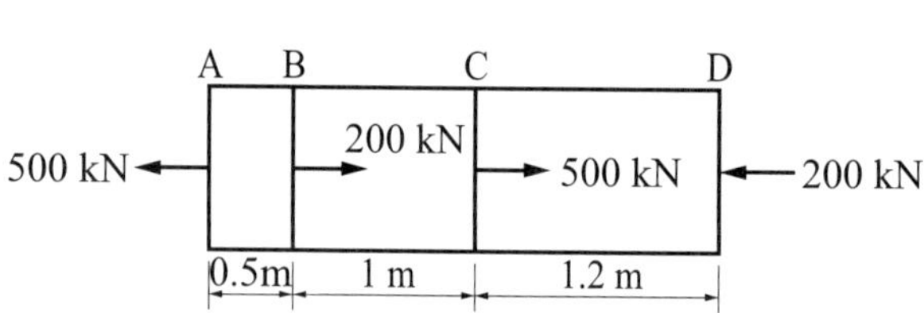

第 10 章　剪　力

10-1 剪應力

一、剪　力

㈠物體受力之作用，使其沿一部分發生剪斷或滑動現象時，此外力即稱為剪力。如圖 10-1-1 所示。

㈡剪應力與作用面平行，亦稱為正切應力。

㈢剪力的方向恆與作用面平行。

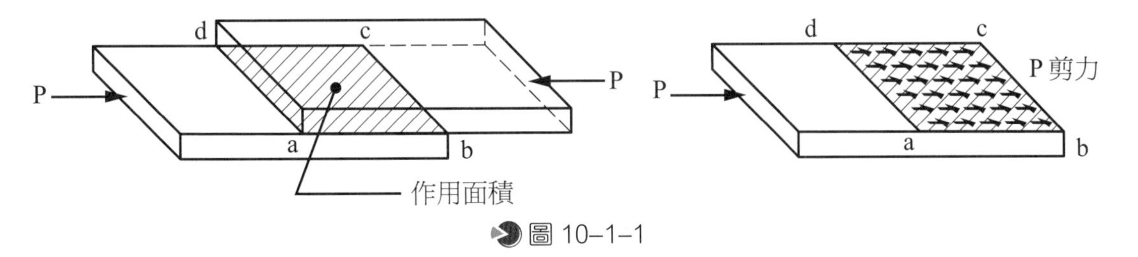

圖 10-1-1

二、剪應力 (τ)

㈠單位面積所受之剪力，稱為剪應力 (shear stress)。

㈡剪應力公式：$\tau = \dfrac{P}{A}$

P：剪力負荷 (kg，N)

A：剪力的面積 (mm^2，cm^2)

τ：剪應力 (kg/cm^2，MPa)

三、剪應力單位

制度	常用單位
SI	$1\ N/m^2 = 1\ Pa$，$1\ kPa = 10^3\ Pa$，$1\ MPa = 10^6\ Pa = 1\ N/mm^2$， $1\ GPa = 10^9\ Pa = 10^3\ MPa = 10^3\ N/mm^2$
英制	$1\ psi = 1\ lb/in^2$，$1\ ksi = 1000\ psi = 1\ kpsi/in^2$
重力單位	$1\ kg/mm^2$，$1\ kg/cm^2$，$1\ t/m^2 = 1000\ kg/m^2$

四、鍵受轉矩的剪力計算

(一)剪力的面積 A = 鍵長 × 鍵寬

(二)鍵受剪應力 $\tau = \dfrac{P}{A}$

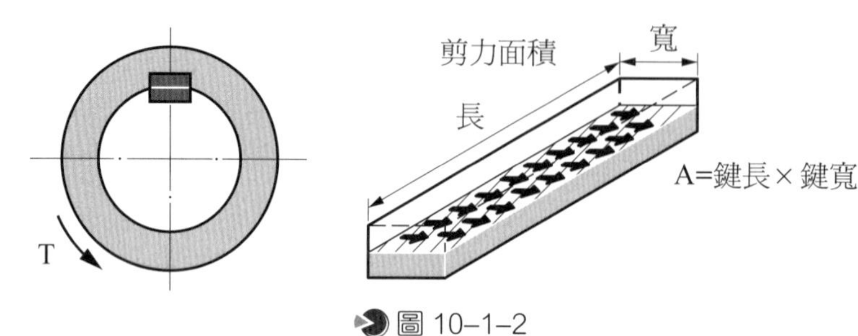

圖 10–1–2

五、平板受沖壓剪斷的剪力計算

(一)剪力的面積 $A = \pi dt$

(二)剪應力 $\tau = \dfrac{P}{A} = \dfrac{P}{\pi dt}$

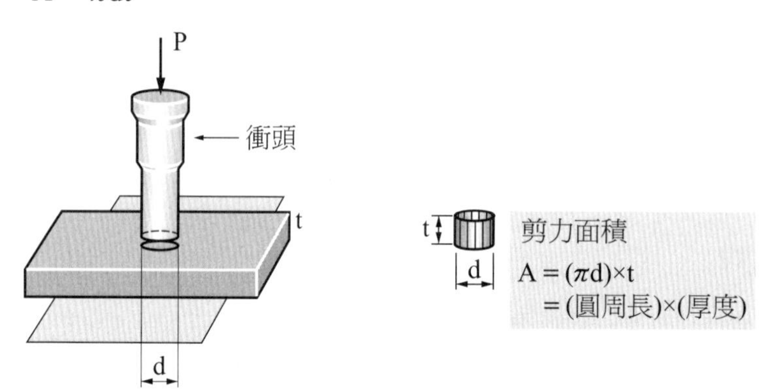

圖 10–1–3

六、螺栓單剪力的計算

(一)單剪：剪力面積，$A = (\dfrac{\pi}{4}d^2)$

(二)單剪應力 $\tau = \dfrac{P}{A} = \dfrac{P}{\dfrac{\pi}{4}d^2}$

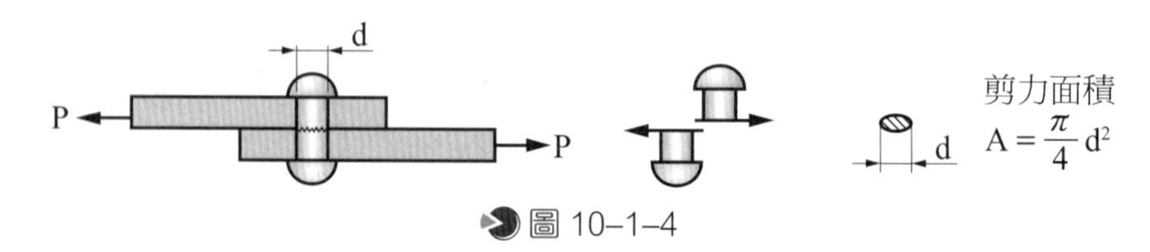

圖 10–1–4

七、螺栓雙剪力的計算

㈠雙剪：剪力面積，$A = 2(\frac{\pi}{4}d^2)$

㈡雙剪應力 $\tau = \frac{P}{A} = \frac{P}{2(\frac{\pi}{4}d^2)}$

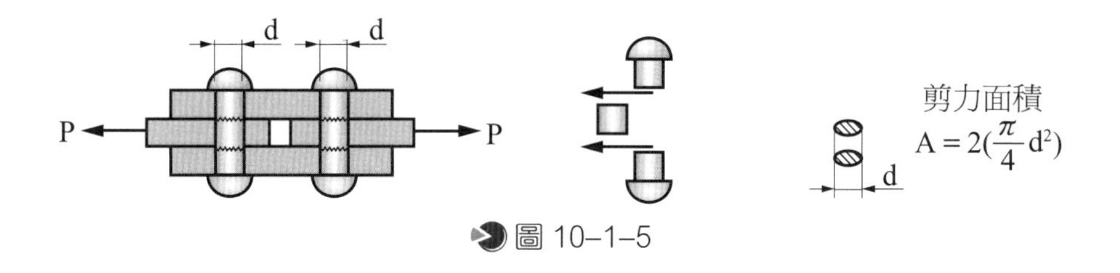

圖 10–1–5

範例 1

板厚為 10 mm，極限剪力為 600 MPa，今欲在此板中鑿一直徑為 20 mm 之洞，試求鑿洞時所需之外力為多少 kN？

解題觀念

剪力的定義為單位面積受到的剪力，代入公式 $\tau = \frac{P}{A} = \frac{P}{\frac{\pi}{4}d^2}$ 即為所求。

解 $\tau = \frac{P}{A}$，$600 = \frac{P}{\pi \times 10 \times 20}$ $\therefore P = 120000\pi\ N = 120\pi\ kN$

範例 2

如圖所示，三支直徑為 20 mm 之螺釘，用以連接兩鋼板，如受 31.4 kN 之外力時，試求螺釘所受之剪應力約為多少 MPa？

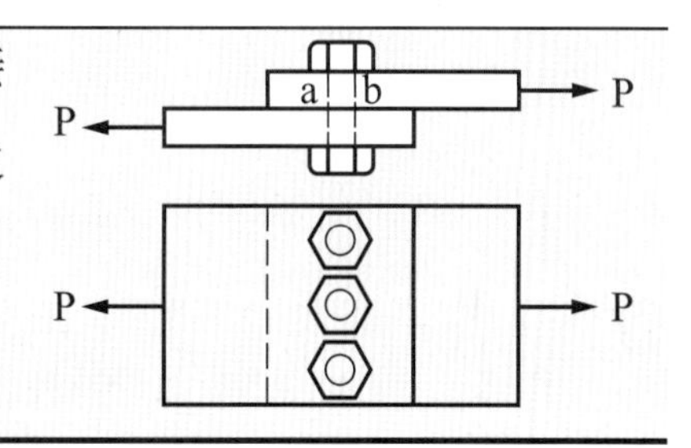

解題觀念

剪力的定義為單位面積受到的剪力，代入公式 $\tau = \frac{P}{A} = \frac{P}{\frac{\pi}{4}d^2}$ 即為所求。

解 $\tau = \frac{P}{A} = \frac{31.4 \times 10^3}{3(\frac{\pi}{4} \times 20^2)} = \frac{100}{3}\ MPa = 33.3\ MPa$

範例 3

某 10 cm × 10 cm 斷面之桿件，兩端承受拉力作用，若桿件可承受最大拉應力為 140 N/cm^2，最大剪應力為 60 kg/cm^2，則許可兩端最大拉力為何？

解題觀念

此題由於題目給予拉應力與剪應力，因此在解題時需分別求出拉應力與壓應力的負荷，再比較安全因素。

解 $\sigma_{max} = \dfrac{P}{A}$　$\therefore 140 = \dfrac{P}{100}$　$\therefore P = 14000$ N

$\tau_{max} = \dfrac{P}{2A}$　$\therefore 60 = \dfrac{P}{2 \times 100}$　$\therefore P = 12000$ N

負荷選小者才安全　$\therefore P = 12000$ N

範例 4

如圖所示，有三塊鋼板以兩根直徑 d = 8 cm 的鉚釘接合，若拉力 P = 4000 N 時，試問鉚釘所承受之剪應力為若干 N/cm^2？

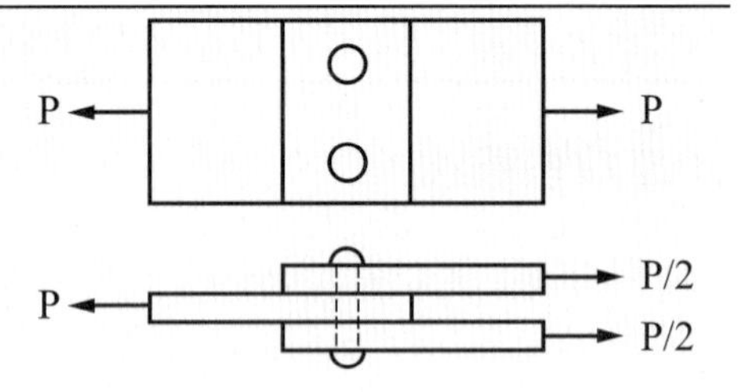

解題觀念

雙剪且 2 個鉚釘，∴ 4 倍面積，又剪力的定義為單位面積受到的剪力，代入公式 $\tau = \dfrac{P}{2A} = \dfrac{P}{2 \times \frac{\pi}{4} d^2}$ 即為所求。

解 $\tau = \dfrac{P}{2A} = \dfrac{4000}{2 \times [2 \times (\frac{\pi}{4} \times 8^2)]} = 125/2\pi$ N/cm^2

10-2 剪應變與剪割彈性係數

一、剪應變 (γ)

(一)剪力作用之物體，與剪力平行之平面產生相對移動，此單位長度間之移動量稱為剪應變，以 γ 表示。

㈡剪應變公式：γ（剪應變）$= \dfrac{\delta\text{（受剪移動量）}}{L\text{（原長）}}$。

㈢剪應變，以 rad（弧度）表示。

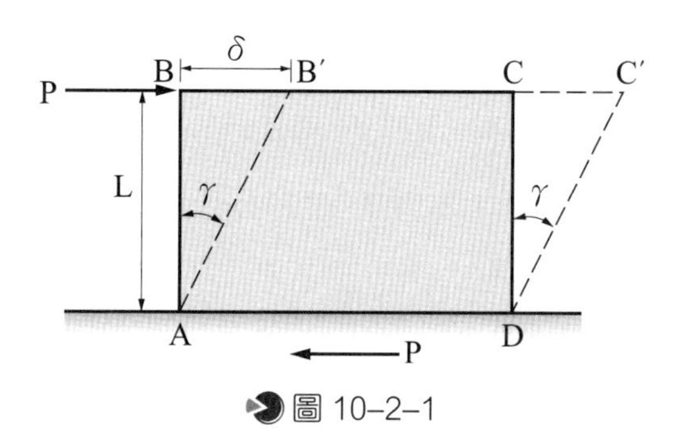

圖 10–2–1

二、剪割彈性係數 (G)

㈠在彈性限度內，剪應力與剪應變成正比，其比值為一常數，稱為剪割彈性係數，又稱剛性模數，以 G 表示。

㈡剪割彈性係數 $G = \dfrac{\tau}{\gamma}$，亦即 $\tau = G\gamma$。

㈢剪割彈性係數為：$G = \dfrac{\tau}{\gamma} = \dfrac{\frac{P}{A}}{\frac{\delta}{L}} = \dfrac{PL}{A\delta}$ （P：剪力　δ：受剪移動量）。

㈣受剪的移動量為：$\delta = \dfrac{PL}{AG}$。

三、注意事項

㈠ AG 稱為材料之抗剪剛度。抗剪剛度愈大，材料愈不易受剪力作用變形。

㈡剪應力的方向恆與作用面平行。

㈢彈性係數 E，剪割彈性係數 G，體積彈性係數 K，不因材料之形狀不同而改變。若材料不同 E、G、K 之值也不同，E、G、K 也不因應力應變之大小而改變。

四、彈性係數 (E)、剪割彈性係數 (G) 及體積彈性係數 (K)，三者之關係

㈠ $G = \dfrac{E}{2(1+\mu)}$，$K = \dfrac{E}{3(1-2\mu)}$，$E = \dfrac{9KG}{G+3K}$ 或 $\dfrac{9}{E} = \dfrac{3}{G} + \dfrac{1}{K}$。

㈡一般而言材料之 $E > K > G$（或 $E > E_V > G$）。

範例 1

如圖所示，承受 P 力作用之方塊，求其(1)剪應力，(2)剪應變各為若干？($G = 100$ GPa)

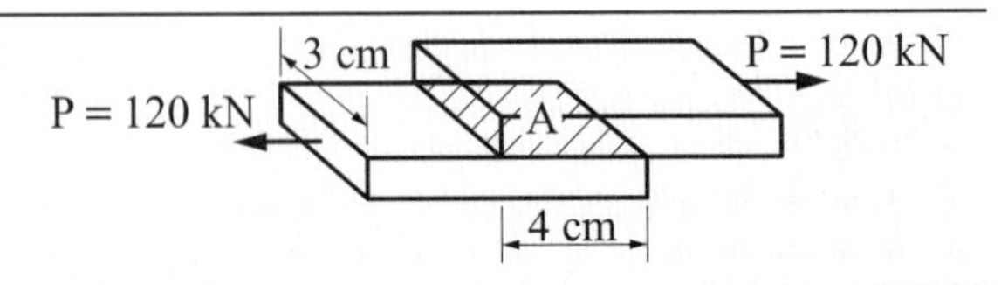

解題觀念

先由剪應力公式求出剪力，再代入剪應變公式即為所求。

解 (1)剪應力 $\tau = \dfrac{P}{A} = \dfrac{120 \times 10^3}{(30 \times 40)} = 100$ MPa

(2) $\tau = G\gamma \quad \therefore \gamma = \dfrac{100}{100 \times 10^3} = 0.001$ 弧度（註：$1\ \text{GPa} = 10^3\ \text{MPa}$）

範例 2

若材料受剪力作用後，其剪應力為 500 N/cm^2，剪應變為 0.01 rad，蒲松比 $\mu = 0.4$，則此材料之彈性係數 E 為多少 N/cm^2？

解題觀念

由題目已知剪應力為 500，剪應變為 0.001，故可先代入剪應變公式求出剪割彈性係數 G，再代入 $G = \dfrac{E}{2(1+\mu)}$ 即為所求。

解 $G = \dfrac{\tau}{\gamma} = \dfrac{500}{0.01} = 5 \times 10^4\ \text{kg/cm}^2$

又 $G = \dfrac{E}{2(1+\mu)}$

$\therefore E = 2(1+\mu)G = 2(1+0.2) \times (5 \times 10^5) = 1.4 \times 10^5\ \text{kg/cm}^2$

範例 3

某材料受剪力作用時，其所產生之剪應力為 5 MPa，剪應變為 0.004 弧度，如此材料之蒲松比為 0.3，則此材料之彈性係數為多少 MPa？

解題觀念

由題目已知剪應力為 5 MPa，剪應變為 0.004 rad，可先代入剪應變公式求出剪割彈性係數 G，再代入 $G = \dfrac{E}{2(1+\mu)}$ 即為所求。

解 $\tau = G\gamma$，$5 = G \times 0.004$ $\quad \therefore G = 1250\ \text{MPa}$

$$G = \frac{E}{2(1+\mu)}，1250 = \frac{E}{2(1+0.3)} \quad \therefore E = 3250\ \text{MPa}$$

範例 4

若蒲松比為 0.3，彈性係數為 52 GPa，則剪割彈性係數及體積彈性係數為若干？

解題觀念

此題代入公式即可求得。

解

$$G = \frac{E}{2(1+\mu)} = \frac{52 \times 10^3}{2(1+0.3)} = 20 \times 10^3\ \text{MPa} = 20\ \text{GPa}$$

$$K = \frac{E}{3(1-2\mu)} = \frac{52 \times 10^3}{3(1-2 \times 0.3)} = 43.33 \times 10^3\ \text{MPa} = 43.33\ \text{GPa}$$

範例 5

金屬圓桿直徑為 20 mm，長 600 mm，若兩端承受 31.4 kN 之拉力後其長度增加 0.3 mm，直徑縮減 0.0025 mm，求此圓桿之蒲松比、剪力彈性係數各為若干？

解題觀念

利用橫向應變比縱向應變之觀念求出蒲松比，代入變形量公式求出楊氏模數，最後代入 $G = \frac{E}{2(1+\mu)}$ 即為所求。

$$\mu = \frac{\frac{b}{D}}{\frac{\delta}{L}} = \frac{bL}{D\delta} = \frac{600 \times 0.0025}{20 \times 0.3} = 0.25$$

$$又\ \delta = \frac{PL}{AE} \quad \therefore E = \frac{PL}{A\delta} = \frac{31400 \times 600}{\frac{\pi \times 20^2}{4} \times 0.3} = 200 \times 10^3\ \text{MPa} = 200\ \text{GPa}$$

$$又\ G = \frac{E}{2(1+\mu)} = \frac{200}{2(1+0.25)} = 80\ \text{GPa}$$

範例 6

某金屬圓桿直徑為 2 cm，長 60 cm，其兩端承受 3140 N 之拉力後，經測得其長度增加 0.03 cm，直徑縮減 0.00025 cm，試計算此圓桿之剪力彈性係數為若干 N/cm^2？

解題觀念

剪割彈性係數與材料楊氏模數與蒲松比有關，解題前須先求出，再代入 $G=\dfrac{E}{2(1+\mu)}$ 即為所求。

解 $\sigma_t=\dfrac{P}{A}=\dfrac{4P}{\pi d^2}=\dfrac{4\times 3140}{3.14\times(2)^2}=1000\ \text{N/cm}^2$

$$\mu=\frac{bL}{d\delta}=\frac{0.00025\times 60}{2\times 0.03}=0.25$$

$$E=\frac{\sigma}{\varepsilon}=\frac{\sigma\times L}{\delta}=\frac{1000\times 60}{0.03}=2\times 10^6\ \text{N/cm}^2$$

$$G=\frac{E}{2(1+\mu)}=\frac{2\times 10^6}{2(1+0.25)}=0.8\times 10^6\ \text{N/cm}^2$$

10-3 單軸向負荷之應力

一、正交應力（橫截面夾 θ 角有正交應力和剪應力同時存在）

(一) $N=P\cos\theta$，$V=P\sin\theta$；斜截面 pq，截面積 $A'=A/\cos\theta$。

(二) $\sigma_\theta=\dfrac{N}{A'}=\dfrac{P\cos\theta}{A/\cos\theta}=\dfrac{P}{A}\cos^2\theta$

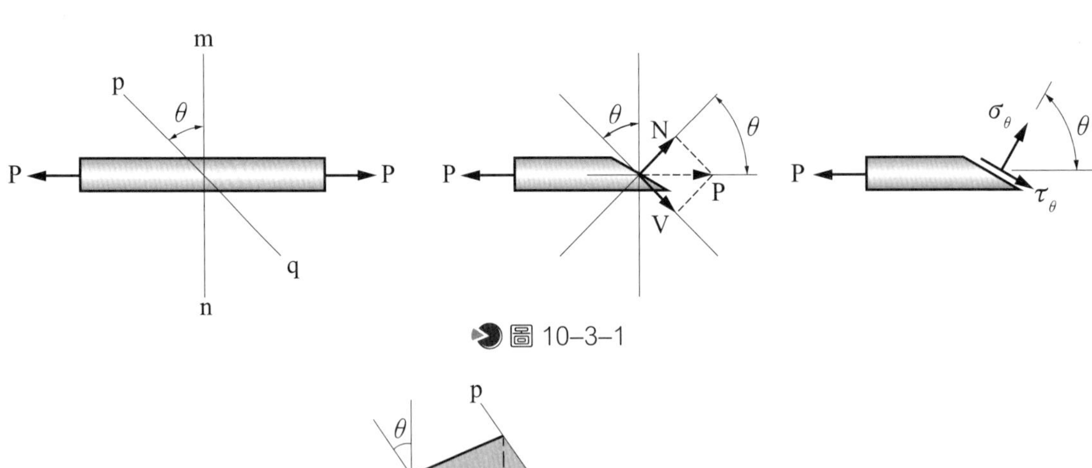

圖 10-3-1

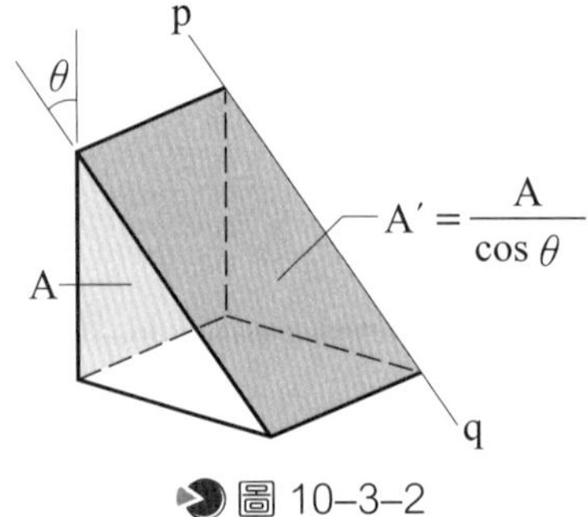

圖 10-3-2

二、剪應力（橫截面夾 θ 角有正交應力和剪應力同時存在）

㈠ $N = P\cos\theta$，$V = P\sin\theta$；斜截面 pq，截面積 $A' = A/\cos\theta$。

㈡ $\tau_\theta = \dfrac{V}{A'} = \dfrac{P\sin\theta}{A/\cos\theta} = \dfrac{P}{A}\sin\theta \times \cos\theta = \dfrac{P}{2A}\sin 2\theta$。

㈢當 $\theta = 90°$ 時，材料縱截面上無正交應力存在。

表 10-3-1　單軸向應力分析

角度 θ 角	圖示	正交應力	剪應力
角度 θ 角	P ← → P（θ，σ_θ，τ_θ）	$\sigma_\theta = \dfrac{P}{A}\cos^2\theta$	$\tau_\theta = \dfrac{P}{2A}\sin 2\theta$
$\theta = 0°$	P ← → P	$(\sigma_\theta)_{max} = \dfrac{P}{A}$	$\tau_\theta = 0$
$\theta = 45°$	P ← → P（45°）	$\sigma_\theta = \dfrac{P}{2A}$	$(\tau_\theta)_{max} = \dfrac{P}{2A}$

三、互餘應力

㈠兩互相垂直之斜面上所生的應力稱為互餘應力。

㈡與截面 pq 互相垂直之斜面 p′q′ 上之應力 σ'_θ 與 τ'_θ 稱為互餘應力。

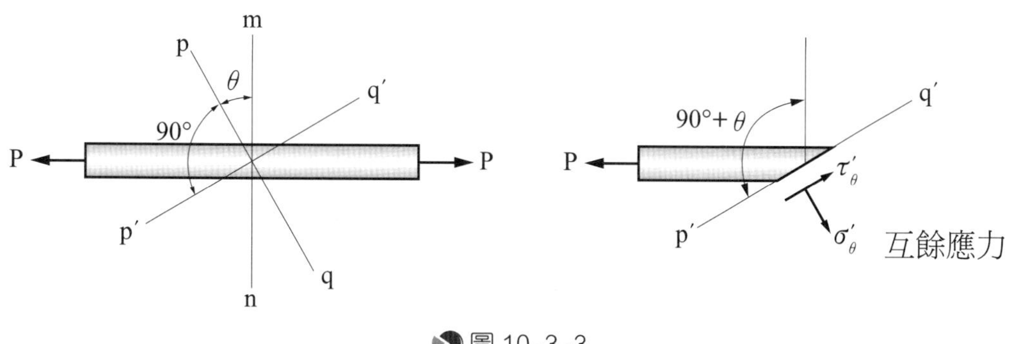

圖 10-3-3

$$\sigma'_\theta = \frac{P}{A}\cos^2(90° + \theta) = \frac{P}{A}\sin^2\theta$$

$$\tau'_\theta = \frac{P}{2A}\sin 2\theta = \frac{P}{A}\sin(90° + \theta)\cos(90° + \theta) = -\frac{P}{2A}\sin 2\theta$$

故 $\begin{cases} \sigma_\theta + \sigma'_\theta = \dfrac{P}{A} = \sigma \end{cases}$（兩互相垂直截面正交應力合＝原來之應力）

$\quad \tau_\theta = -\tau'_\theta$ 或 $\tau_\theta + \tau'_\theta = 0$（兩互相垂直截面之剪應力，大小相等，方向相反）

四、注意事項

(一)承受軸向力之材料 45° 斜截面上之剪應力為最大，等於最大正交應力之半。$(\tau_\theta)_{max} = \dfrac{P}{2A} = \dfrac{\sigma}{2}$。

(二)若材料抗剪力較弱時，受拉力或壓力時，常沿其與軸成 45° 之斜斷面破壞斷裂。

(三)材料受軸向拉力時，其應力及剪應力均取正值；反之，均取負值。

範例 1

如圖所示為一寬 5 cm，厚 6 cm 之矩形棒，受 P = 2100 kN 之拉力時，則傾斜面 A′B′ 上之正交應力及剪應力為多少 MPa？

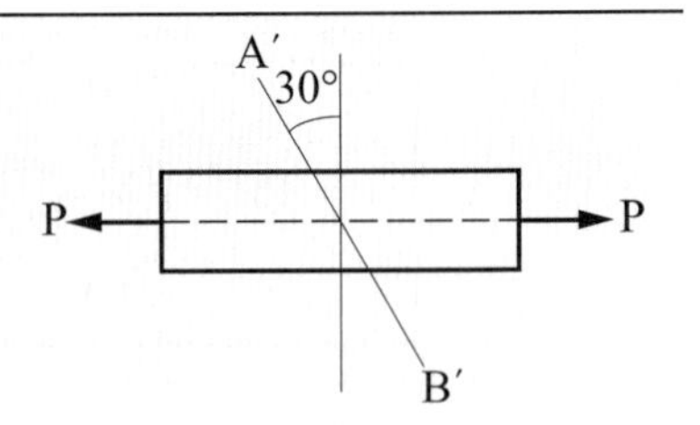

解題觀念

當材料剪斷產生傾斜面，作用在斜面上之壓力與該斜面將有角度關係為 $\sigma_\theta = \dfrac{P}{A}\cos^2\theta$ 與 $\tau_\theta = \dfrac{P}{2A}\sin 2\theta$。

解

$$\sigma_\theta = \frac{P}{A}\cos^2\theta = \frac{2100000}{50 \times 60} \times \cos^2 30° = 525 \text{ MPa}$$

$$\tau_\theta = \frac{P}{2A}\sin 2\theta = \frac{2100000}{2(50 \times 60)}\sin 60° \doteqdot 303 \text{ MPa}$$

範例 2

直徑 10 mm 之圓桿受 157 kN 之張力作用，試求其最大正交應力及最大剪應力各為若干？

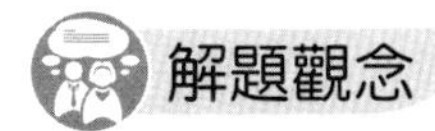

解題觀念

當材料剪斷產生傾斜面，作用在斜面上之壓力與該斜面將有角度關係為 $\sigma_\theta = \frac{P}{A}\cos^2\theta$ 與 $\tau_\theta = \frac{P}{2A}\sin 2\theta$。

解 $\sigma_{max} = \frac{P}{A} = \frac{157\times10^3}{\frac{\pi}{4}(10)^2} = 2000\ \text{MPa}$

$$\tau_{max} = \frac{P}{2A} = \frac{157\times10^3}{2[\frac{\pi}{4}\times(10)^2]} = 1000\ \text{MPa}$$

範例 3

若一圓桿兩端受 8 kN 拉力，此桿所能承受之最大拉應力為 100 MPa，能承受之最大剪應力為 40 MPa，求此圓桿之最小斷面積為若干？d = ?

解題觀念

分別利用最大拉應力與最大剪應力求出，由應力為單位面積所受到的力量知面積越大所能承受的應力越大。

解 $\sigma_{max} = \frac{P_{拉}}{A_{拉}}$，$100 = \frac{8\times10^3}{A_{拉}}$ $\therefore A_{拉} = 80\ \text{mm}^2$（考慮拉應力時所需之面積）

$\tau_{max} = \frac{P_S}{2A_S}$，$40 = \frac{8\times10^3}{2A_S}$ $\therefore A_S = 100\ \text{mm}^2$（考慮剪應力時所需之面積）

面積選大者 $\therefore A = 100\ \text{mm}^2$，又 $A = \frac{\pi}{4}d^2$，$100 = \frac{\pi}{4}d^2$ $\therefore d = \frac{20}{\sqrt{\pi}}\ \text{mm}$

範例 4

正方形斷面邊長 1 m 之桿件，兩端承受拉力，若桿件可承受最大拉應力為 8 MPa，最大剪應力為 3 MPa，則許可兩端最大拉力為何？

解題觀念

分別利用最大拉應力與最大剪應力求出，由應力為單位面積所受的力量知面積越大力量越小越安全。

解 $\sigma_{拉}=\dfrac{P_{拉}}{A}$，$8=\dfrac{P_{拉}}{1000\times1000}$ $\therefore P_{拉}=8000000\text{ N}=8000\text{ kN}$

$\tau=\dfrac{P_{剪}}{2A}$，$3=\dfrac{P_{剪}}{2(1000\times1000)}$ $\therefore P_{剪}=6000000\text{ N}=6000\text{ kN}$

面積選大，力量選小者才安全 $\therefore P=6000\text{ kN}$

範例 5

如圖所示，一正方形截面的鐵棒，若其截面邊長為 a，兩端承受 P = 320 N 的拉力，且其最大剪力為 10 MPa，則邊長 a 為多少 mm？

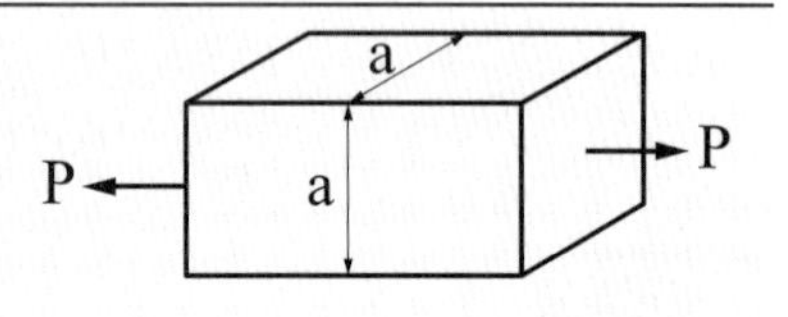

解題觀念

由題目已知最大剪應力，故代入最大剪應力公式即可求出面積。

解 $\tau_{max}=\dfrac{P}{2A}$，$10=\dfrac{320}{2(a\times a)}$ $\therefore a=4\text{ mm}$

範例 6

如圖所示為一直徑 2 cm 之圓形桿，受軸向力 P = 3140 N 作用，則在如圖之傾斜斷面 A′B′ 上之剪應力最接近多少 N/cm^2？

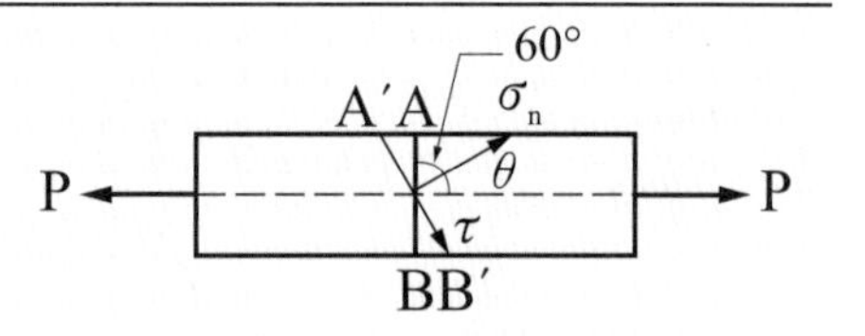

解題觀念

當材料剪斷產生傾斜面，作用在斜面上之壓力與該斜面將有角度關係為 $\sigma_\theta=\dfrac{P}{2A}\sin 2\theta$。

解 $\tau_\theta=\dfrac{P}{2A}\sin 2\theta=\dfrac{1}{2}\times\dfrac{3140}{\frac{\pi}{4}\times 2^2}\sin 60°$

$=250\sqrt{3}\ N/cm^2$

10-4 雙軸向負荷之應力

一、雙軸向負荷之應力

(一)物體受到雙軸向負荷之應力，會產生正交應力和剪應力同時存在。

㈡公式：
$$\begin{cases} 正交應力\ \sigma_\theta = \frac{1}{2}(\sigma_x + \sigma_y) + \frac{1}{2}(\sigma_x - \sigma_y)\cos 2\theta。\\ 剪應力\ \tau_\theta = \frac{1}{2}(\sigma_x - \sigma_y)\sin 2\theta。\end{cases}$$

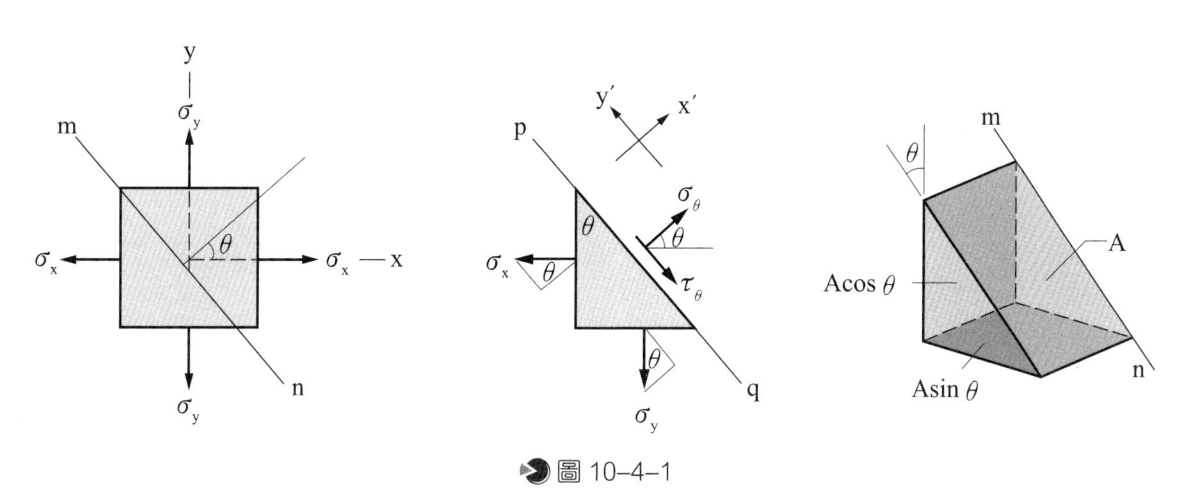

圖 10–4–1

二、純 剪

㈠雙軸向應力時，若 $\sigma_x = -\sigma_y = \sigma$ 且 $\theta = 45°$ 時為純剪。

㈡純剪斜截面上僅有剪應力，而無正交應力。

㈢純剪公式：當 $\theta = 45°$，$\sigma_x = -\sigma_y$ 時：

$$\begin{cases} 正交應力\ \sigma_\theta = \frac{1}{2}(\sigma_x + \sigma_y) + \frac{1}{2}(\sigma_x - \sigma_y)\cos 2\theta = 0 \\ 剪應力\ \tau_\theta = \frac{1}{2}(\sigma_x - \sigma_y)\sin 2\theta = \sigma_x = -\sigma_y = \sigma \end{cases}$$

三、雙軸向負荷之應力注意事項

㈠正交應力為最大值及最小值，稱為主應力。

㈡主應力所作用的平面稱為主平面，主平面上無剪應力存在。

㈢當 $\theta = 45°$ 時剪應力達最大值：$\sigma_\theta = \frac{1}{2}(\sigma_x + \sigma_y)$，$(\tau_\theta)_{max} = \frac{1}{2}(\sigma_x - \sigma_y)$

㈣所以在最大剪應力平面上，τ_{max} 為兩主應力差之一半，此時正交應力 σ_θ 為兩主應力和之一半。

㈤若兩主應力大小相等時，則在任一斷面上，皆無剪應力之存在。

表 10-4-1　雙軸向應力分析

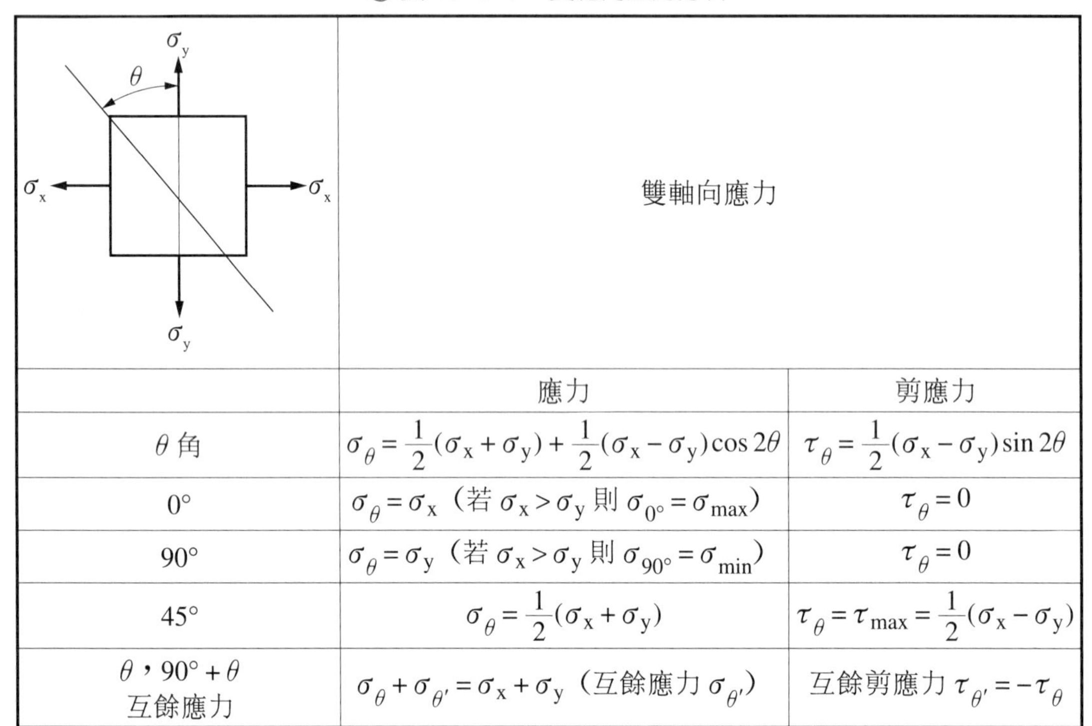

	雙軸向應力	
	應力	剪應力
θ 角	$\sigma_\theta=\frac{1}{2}(\sigma_x+\sigma_y)+\frac{1}{2}(\sigma_x-\sigma_y)\cos 2\theta$	$\tau_\theta=\frac{1}{2}(\sigma_x-\sigma_y)\sin 2\theta$
0°	$\sigma_\theta=\sigma_x$（若 $\sigma_x>\sigma_y$ 則 $\sigma_{0^\circ}=\sigma_{max}$）	$\tau_\theta=0$
90°	$\sigma_\theta=\sigma_y$（若 $\sigma_x>\sigma_y$ 則 $\sigma_{90^\circ}=\sigma_{min}$）	$\tau_\theta=0$
45°	$\sigma_\theta=\frac{1}{2}(\sigma_x+\sigma_y)$	$\tau_\theta=\tau_{max}=\frac{1}{2}(\sigma_x-\sigma_y)$
θ，$90^\circ+\theta$ 互餘應力	$\sigma_\theta+\sigma_{\theta'}=\sigma_x+\sigma_y$（互餘應力 $\sigma_{\theta'}$）	互餘剪應力 $\tau_{\theta'}=-\tau_\theta$

範例 1

一鋼板承受雙軸向應力，$\sigma_x=240$ MPa，$\sigma_y=-80$ MPa，則此鋼板在 $\theta=30^\circ$ 方位之剪應力約為若干 MPa？

解題觀念

代入 $\tau_\theta=\frac{1}{2}(\sigma_x-\sigma_y)\sin 2\theta$ 即為所求。

解 $\tau_\theta=\frac{1}{2}(\sigma_x-\sigma_y)\sin 2\theta=\frac{1}{2}[160-(-80)]\sin 60^\circ=103.92$ MPa

範例 2

一材料承受雙軸向應力如圖所示，若 $\sigma_x = 50\ \text{N/cm}^2$，$\sigma_y = -50\ \text{N/cm}^2$（壓），則此材料所承受之最大剪應力為多少 N/cm^2？

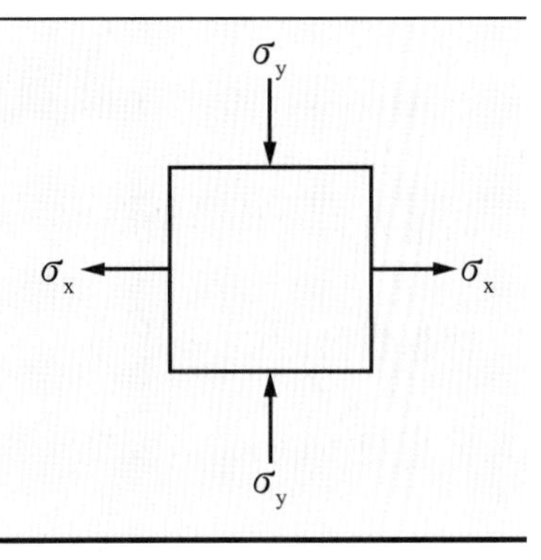

解題觀念

代入 $\tau_\theta = \frac{1}{2}(\sigma_x - \sigma_y)\sin 2\theta$ 即為所求。

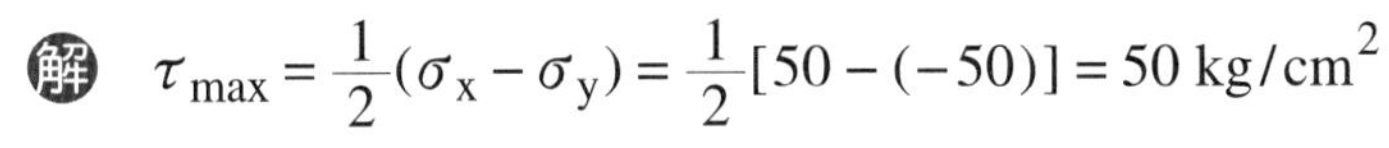

解 $\tau_{max} = \frac{1}{2}(\sigma_x - \sigma_y) = \frac{1}{2}[50-(-50)] = 50\ \text{kg/cm}^2$

範例 3

雙軸向應力如右圖所示，$\sigma_x = 200$ MPa，$\sigma_y = 100$ MPa，求 $\theta = 30°$ 時方向之正交應力與剪應力及互餘應力各為若干？其最大剪應力發生在 $\theta =$？其值為何？

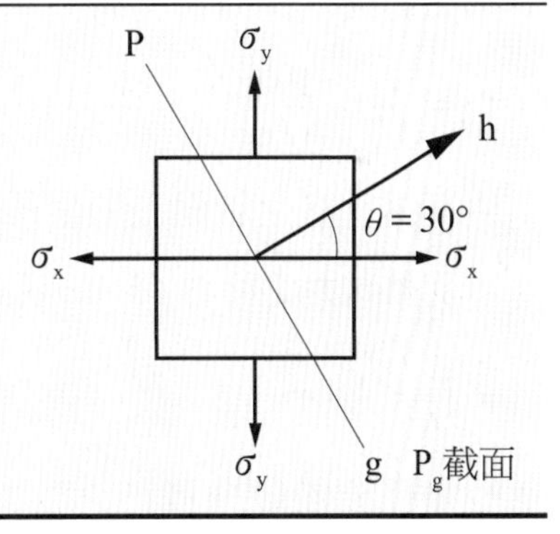

解題觀念

此題代入公式即可求得。

解 (1) $\sigma_\theta = \frac{1}{2}(\sigma_x + \sigma_y) + \frac{1}{2}(\sigma_x - \sigma_y)\cos 2\theta = \frac{1}{2}(300) + \frac{1}{2}(100)\cos 60° = 175$ MPa

$\tau_\theta = \frac{1}{2}(\sigma_x - \sigma_y)\sin 2\theta = \frac{1}{2}(200-100) \times \frac{\sqrt{3}}{2} = 25\sqrt{3}$ MPa

$\sigma'_\theta + \sigma_\theta = \sigma_x + \sigma_y$，$200 + 100 = \tau'_\theta + 175$ $\quad\therefore \tau'_\theta = 125$ MPa

$\tau'_\theta = -\tau_\theta$，$\tau'_\theta = -25\sqrt{3}$ MPa

(2) $\theta = 45°$ 時 $\tau_{max} = \frac{1}{2}(\sigma_x - \sigma_y) = \frac{1}{2}[200-100] = 50$ MPa

本章重點精要

1. 剪應力為單位面積所受之剪力，即 $\tau = \frac{P}{A}$。
2. 剪應變公式：$\gamma = \frac{\delta}{L}$。
3. 剪應變，以 rad（弧度）表示。
4. 剪割彈性係數為：$G = \frac{\tau}{\gamma} = \frac{\frac{P}{A}}{\frac{\delta}{L}} = \frac{PL}{A\delta}$ （P：剪力　δ：受剪移動量）
5. 彈性係數 (E)、剪割彈性係數 (G) 及體積彈性係數 (K)，三者之關係：

   $G = \frac{E}{2(1+\mu)}$，$K = \frac{E}{3(1-2\mu)}$，$E = \frac{9KG}{G+3K}$ 或 $\frac{9}{E} = \frac{3}{G} + \frac{1}{K}$。
6. 橫截面夾 θ 角有正交應力和剪應力同時存在。

   $$\tau_\theta = \frac{V}{A'} = \frac{P\sin\theta}{A/\cos\theta} = \frac{P}{A}\sin\theta \times \cos\theta = \frac{P}{2A}\sin 2\theta$$
7. 兩互相垂直之斜面上所生的應力稱為互餘應力。
8. 承受軸向力之材料 45° 斜截面上之剪應力為最大，等於最大正交應力之半。$(\tau_\theta)_{max} = \frac{P}{2A} = \frac{\sigma}{2}$。
9. 物體受到雙軸向負荷之應力，會產生正交應力和剪應力同時存在。此時會有

   $$\begin{cases} \text{正交應力 } \sigma_\theta = \frac{1}{2}(\sigma_x + \sigma_y) + \frac{1}{2}(\sigma_x - \sigma_y)\cos 2\theta \\ \text{剪應力 } \tau_\theta = \frac{1}{2}(\sigma_x - \sigma_y)\sin 2\theta \end{cases}$$
10. 當 $\theta = 45°$ 時剪應力達最大值：$\sigma_\theta = \frac{1}{2}(\sigma_x + \sigma_y)$，$(\tau_\theta)_{max} = \frac{1}{2}(\sigma_x - \sigma_y)$

1. 如圖所示之螺栓，外力 $P = 50\pi$ kN，螺栓直徑 $d = 20$ mm，求螺栓所受剪應力為多少 MPa？注意此題為雙剪（註：1 kN = 10^3 N）。

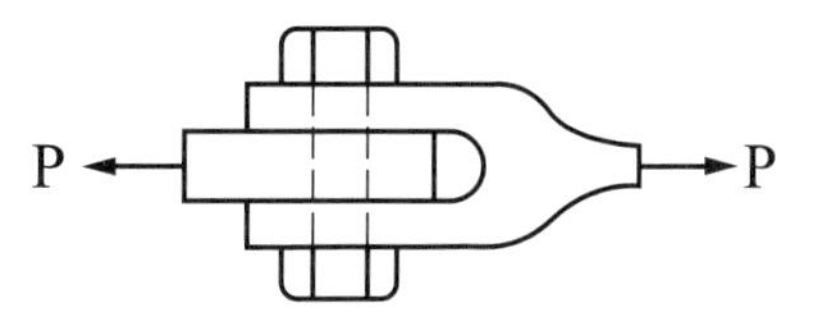

2. 兩直徑 40 mm 之螺釘連接兩板，如圖所示，若受力 $P = 500\pi$ kN 作用，求每一螺釘所受之剪應力為多少 MPa？

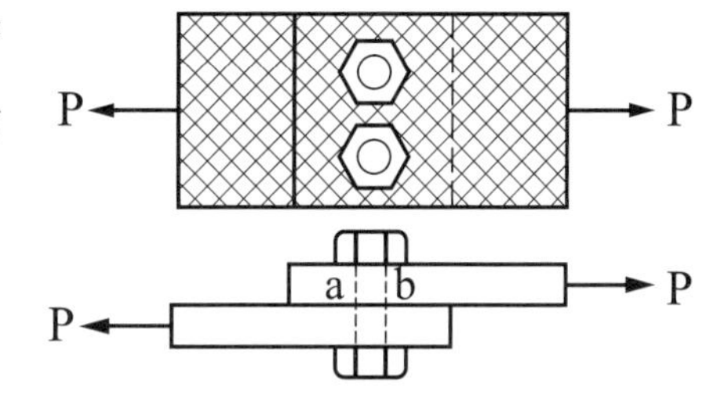

3. 鋼板厚為 10 mm，極限剪應力為 640 MPa，今欲在此鋼板上穿一直徑 5 cm 之圓孔，如圖所示，求穿孔所需之力 P。

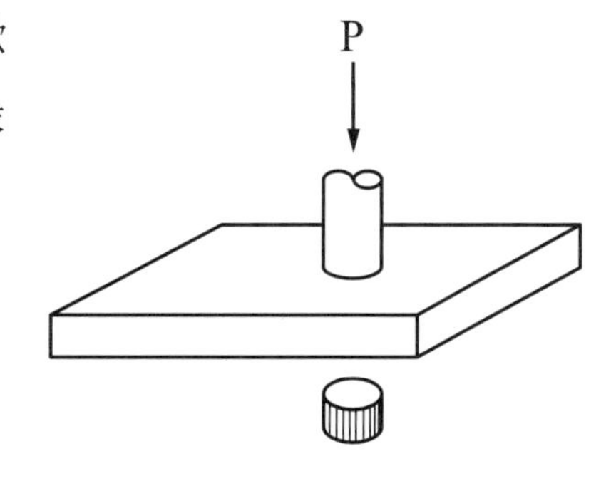

4. 如圖所示，螺絲承載 10π kN 的負荷，材料容許拉應力為 100 MPa，容許剪應力為 80 MPa，試求直徑 d 及螺絲頭高 h 各為若干 mm？

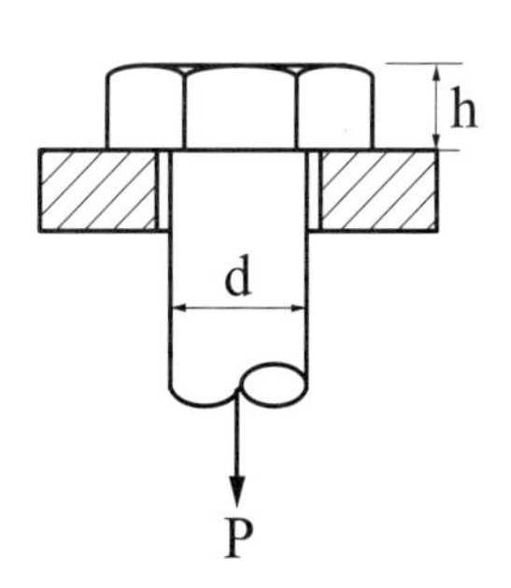

5. 如圖所示，若 x 方向及 y 方向皆為 σ，則 mn 斜截面上所受之剪應力為何？

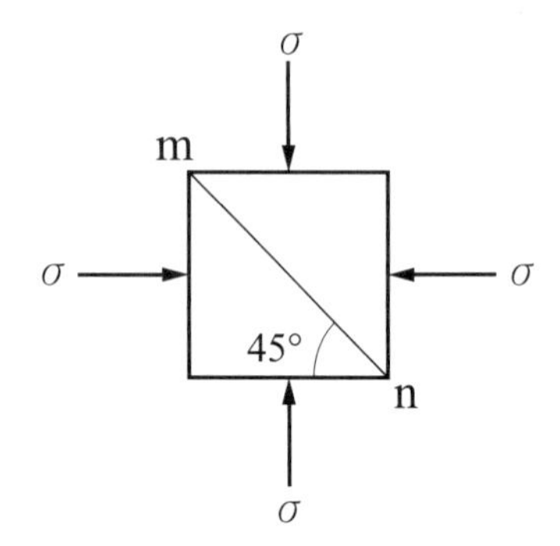

6. 如圖所示之螺栓接合，如外力 P = 90 kN，螺栓直徑 d = 1 cm，則螺栓所受之剪應力為多少 MPa？

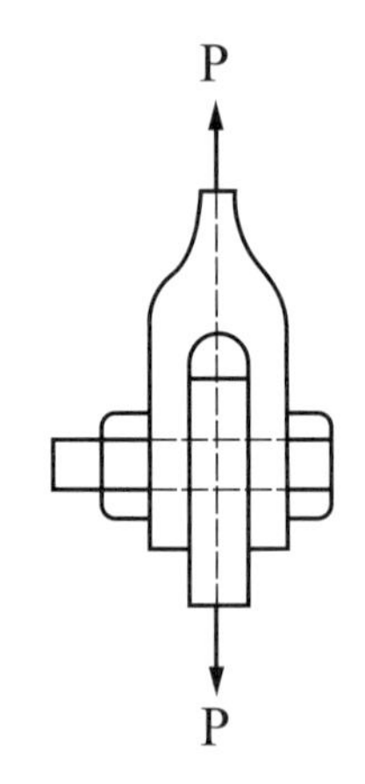

7. 一圓桿所能受之最大拉應力為 800 MPa，最大剪應力為 250 MPa，若其兩端欲承受 50 kN 之拉力，則此圓桿之最小直徑應為若干 mm？

8. 一軟鋼材料承受剪力，如其剪力彈性係數為 80 GPa，剪應力為 400 MPa，則其剪應變為多少弧度？

9. 體積彈性係數與彈性係數的比值為 $\frac{5}{6}$，則剪割彈性係數與彈性係數之比值為何？

10. 一物體承受雙軸向應力作用，若 $\sigma_x = 1000$ MPa，$\sigma_y = 600$ MPa，則其所生之最大剪應力為多少 MPa？

11. 一金屬圓桿受到 4 kN 之軸向拉力。若已知此桿所能容許之最大拉應力為 20 MPa，最大剪應力為 8 MPa，則此圓桿之最小可容許之截面積為何？

12. 一桿截面尺寸為 20 mm × 30 mm，長度為 160 mm，材料可承受之最大拉應力為 40 MPa，最大剪應力為 15 MPa，則此桿可承受的最大軸向拉力為多少 kN？

13. 如圖所示之桿，其斷面為邊長 20 mm 的正方形，承受一力 P = 160 kN，則 n–n 截面上之剪應力大小為多少 MPa？

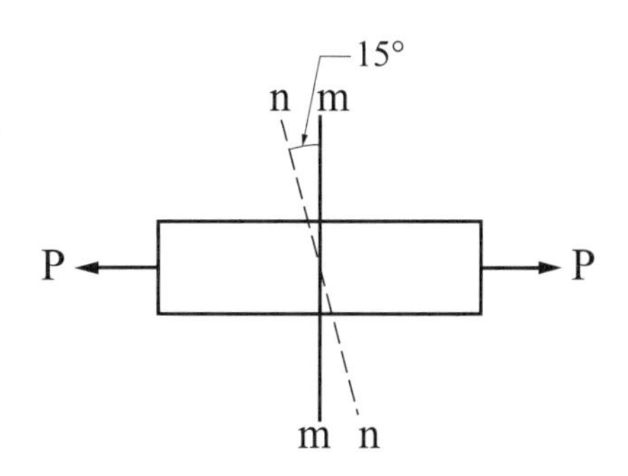

14. 截面積正方形之柱，每邊長 30 mm，承受 900 kN 之拉力，誘生之最大剪應力為若干 MPa？

15. 如圖所示，若板寬為 200 mm，板厚為 15 mm，鉚釘直徑為 20 mm，荷重 P = 120 kN，試求鉚釘之剪應力為若干 MPa？

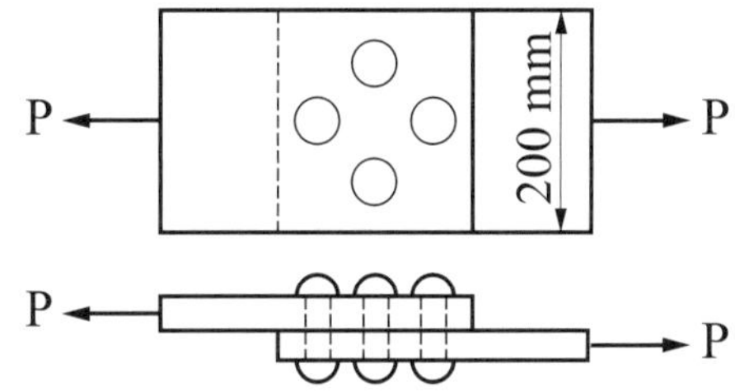

16. 橫斷面為 20 mm 之正方形長桿，受 P = 400 kN 之軸向拉力，如右圖所示，求此鋼 ($\theta = 30°$) 桿內一矩形微體上之兩組互餘應力，及最大正交應力與最大剪應力。

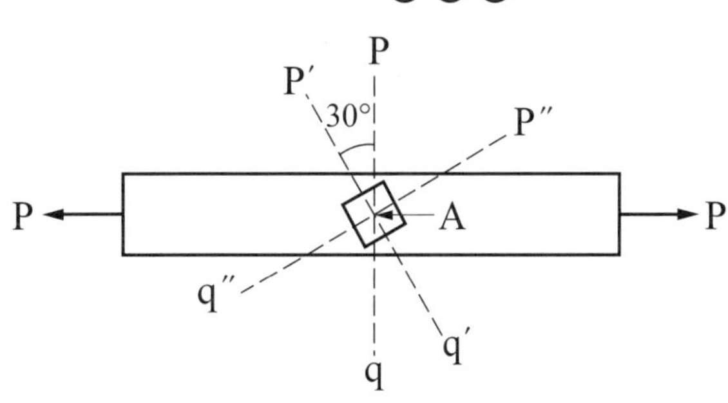

17. 如圖所示，長 90 cm 之搖桿，以鍵固定於直徑 3.8 cm 之軸上，鍵寬為 1.2 cm，長 5 cm，搖桿之末端加負荷 P，若使鍵之剪應力不得超過 600 MPa，則負荷 P 之最大值為何？

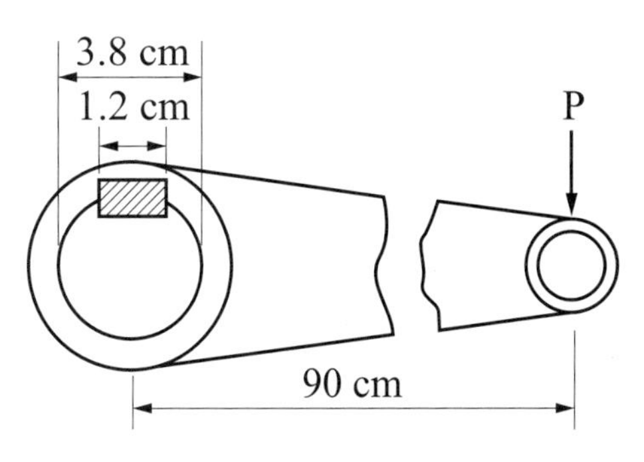

筆記欄

第11章 樑之剪力圖與彎曲力矩圖

11-1 樑之意義及其分類

一、樑之意義

承受軸方向垂直的橫向載重的構件均稱為樑。

二、樑依負荷種類的分類

㈠集中載重：載重集中於樑上之一點稱為集中載重，如圖 11–1–1。

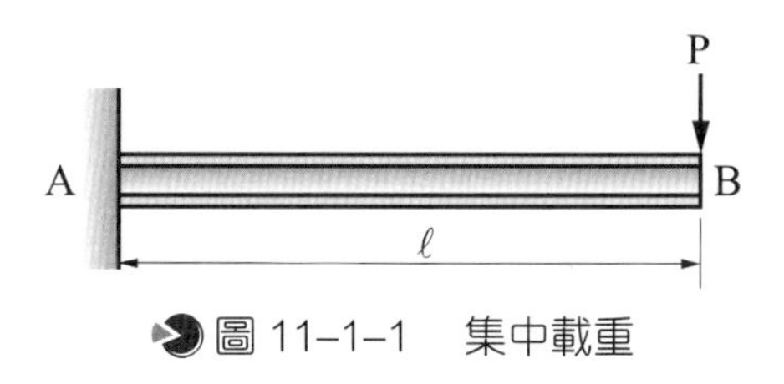

圖 11–1–1　集中載重

㈡均佈載重：載重均勻分佈於樑全長或一部分長度，即單位長度上之載重，稱為均佈載重，如圖 11–1–2。

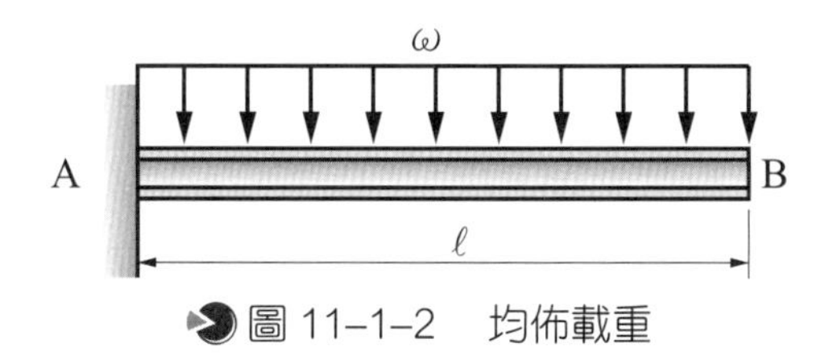

圖 11–1–2　均佈載重

㈢變化載重：載重自樑一部分到另一部分大小在變化者。如圖 11–1–3。

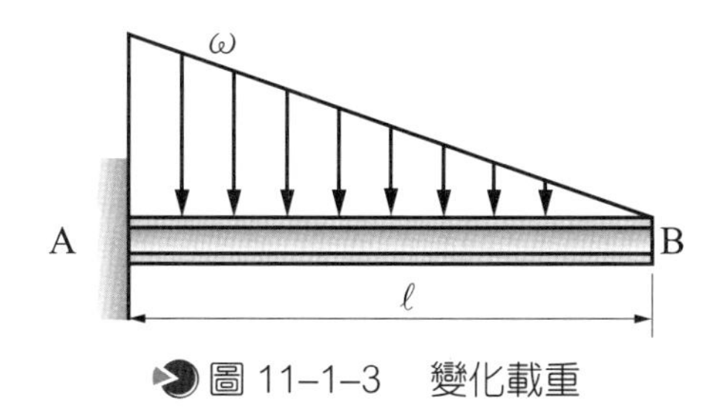

圖 11–1–3　變化載重

㈣力偶載重：樑上有一扭力作用於其上，稱力偶載重，如圖 11–1–4。

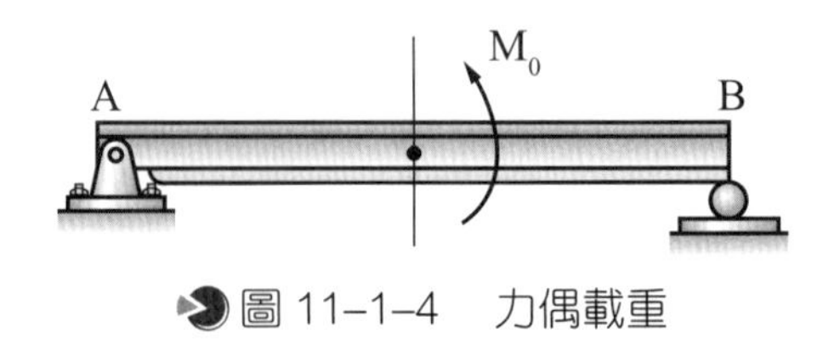

圖 11–1–4　力偶載重

三、依支持之情況樑可分類為

㈠簡支樑：樑一端以銷支承，另一端以滾子支承的樑，如圖 11–1–5。

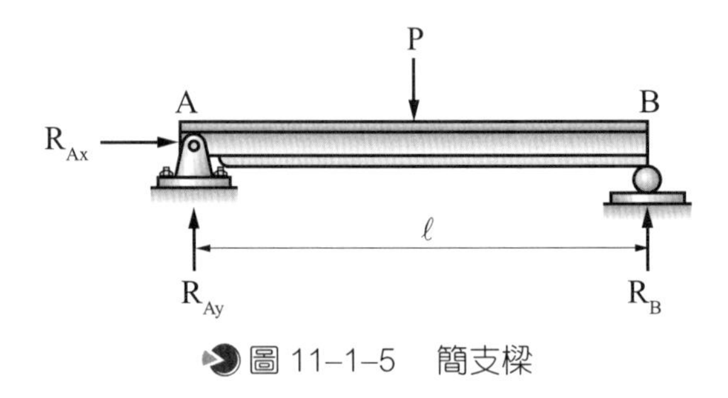

圖 11–1–5　簡支樑

㈡懸臂樑：樑一端為固定端，另一端為自由端之樑，如圖 11–1–6。

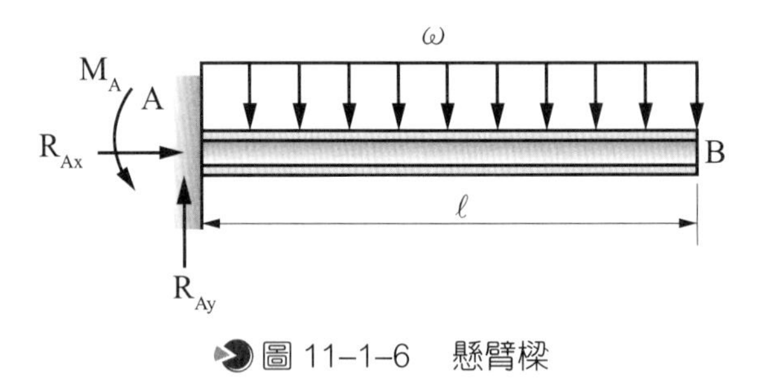

圖 11–1–6　懸臂樑

㈢外伸樑：樑一端或二端外伸於支承以外之樑，如圖 11–1–7。

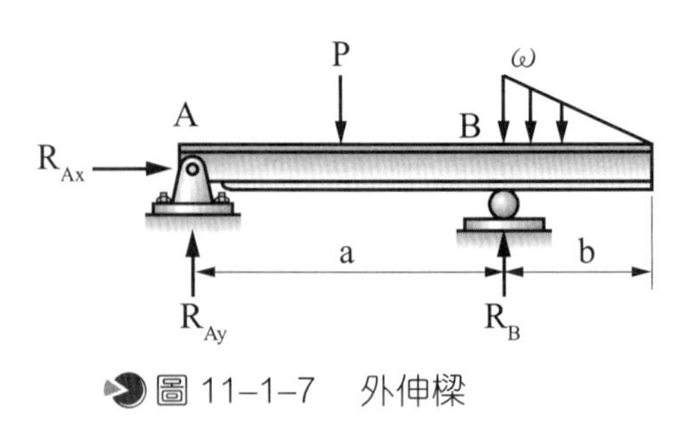

圖 11–1–7　外伸樑

㈣固定樑：樑兩端均為固定端之樑，如圖 11–1–8。

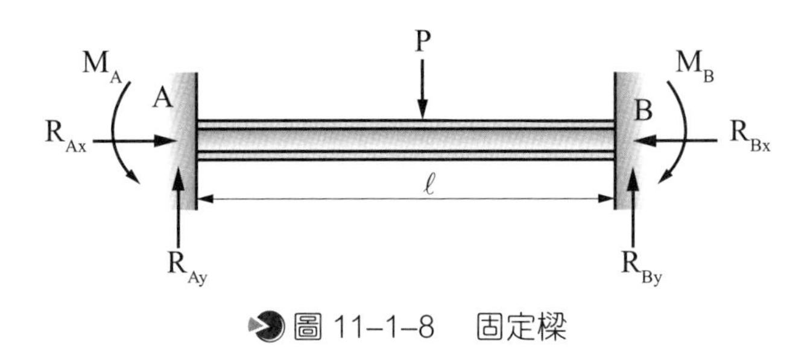

圖 11–1–8　固定樑

㈤連續樑：樑同時有三個或三個以上支承之樑，如圖 11–1–9。

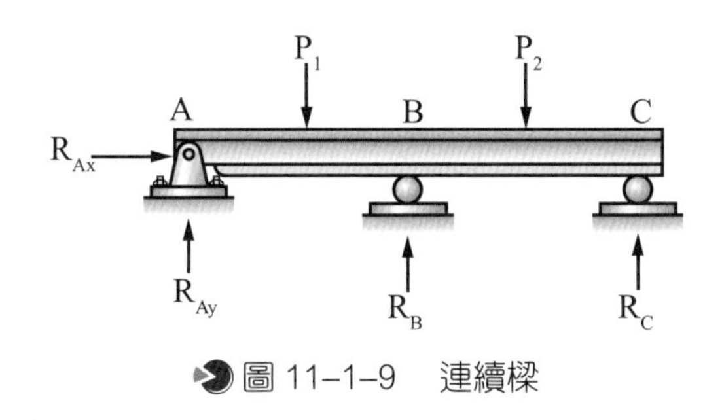

圖 11–1–9　連續樑

四、靜定樑與靜不定樑

1. 靜定樑：簡支樑、懸臂樑和外伸樑，支承之未知反力僅有三個。可直接由靜力學平衡方程式求得，稱為靜定樑。靜力學平衡，所以 $\Sigma F_x = 0$，$\Sigma F_y = 0$，$\Sigma M = 0$ 三個方程式可求各支承之反力大小。
2. 靜不定樑：連續樑及固定樑，支承之未知反力超過三個，無法直接以靜力學之平衡方程式 $\Sigma F_x = 0$，$\Sigma F_y = 0$，$\Sigma M = 0$ 三個方程式求得，故稱為靜不定樑。

五、樑支承反力求法

㈠先繪樑的分離體圖，標出樑所有承受之載重、和支承反力。

㈡均佈載重、變化載重，以一等效之集中載重取代。等效集中載重之大小等於曲線下所圍成之面積，作用點在此面積的形心上。

㈢列出平衡方程式：$\Sigma F_x = 0$、$\Sigma F_y = 0$ 及 $\Sigma M = 0$，可求得樑支承之反力大小。

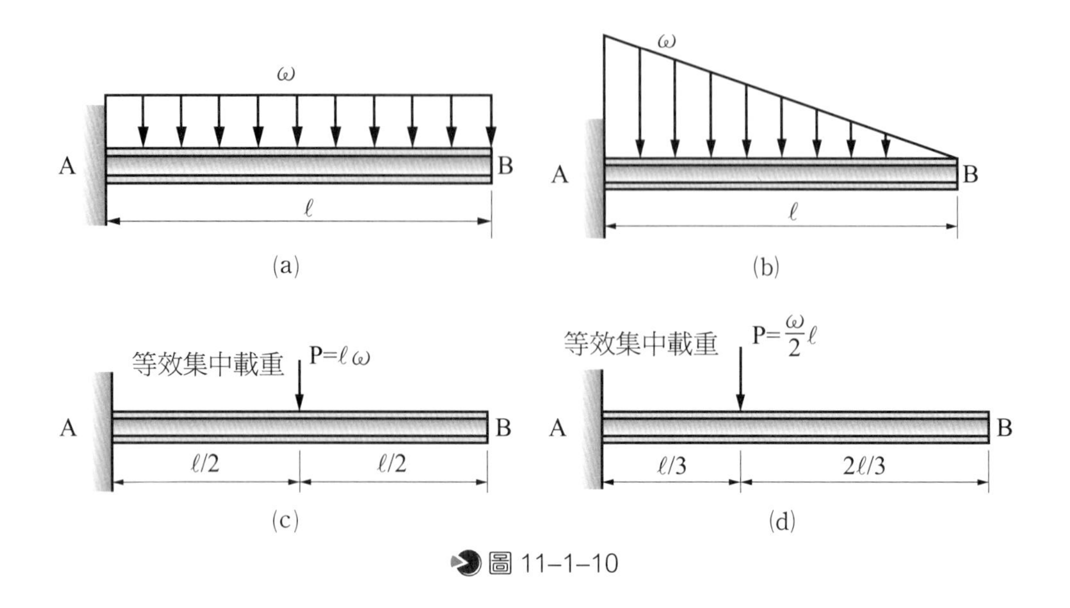

圖 11–1–10

範例 1

如圖所示，求 A、B 兩點之反力。

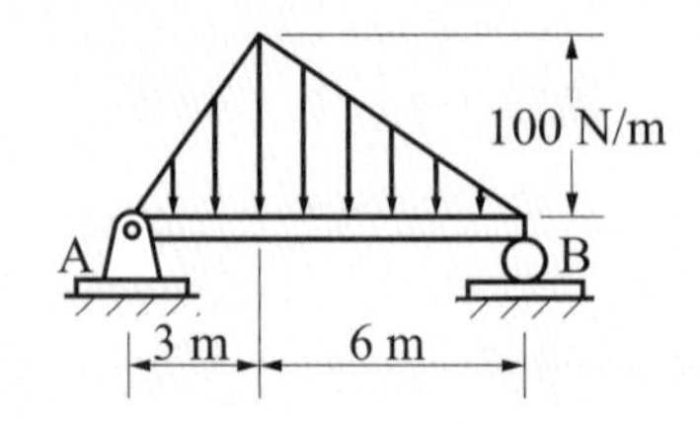

解題觀念

利用力矩原理即可求出支承反力。需注意均變負荷求法，此題為兩直角三角形組成，分別求出合力且合力落在較重端 1/3 處。

解　由 $\sum M_B = 0$

$300 \times 4 + 150 \times 7 - R_A \times 9 = 0$

$\therefore R_A = 250\ \text{N}\ (\uparrow)$

$\because R_A + R_B = 150 + 300$

$\therefore R_B = 200\ \text{N}\ (\uparrow)$

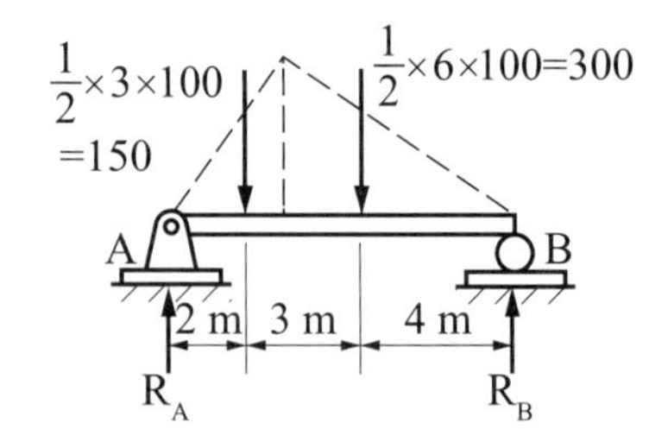

範例 2

如圖所示，求 A、B 兩支點之反力 R_A 與 R_B 分別為若干？

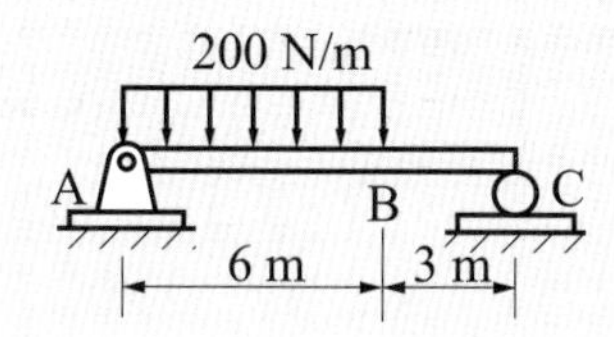

解題觀念

利用力矩原理即可求出反力。

解 均佈負荷改為集中負荷，如圖所示：

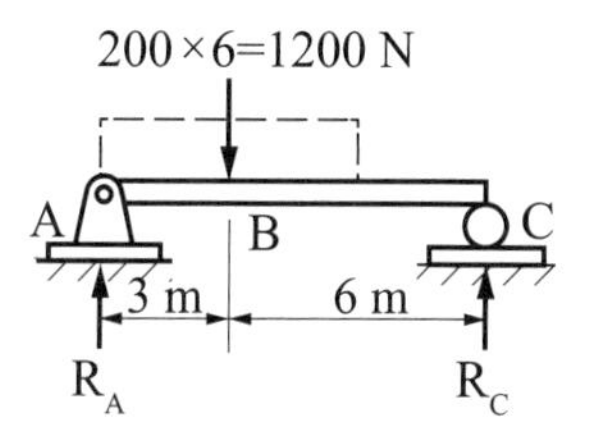

$\Sigma M_A = 0$，$R_C \times 9 - 1200 \times 3 = 0$

$\therefore R_C = 400\ N\ (\uparrow)$

$\Sigma F_y = 0$，$R_A + R_C = 1200\ N$

$\therefore R_A = 800\ N\ (\uparrow)$

範例 3

如圖所示，求 A、B 兩支點之反力 R_A 與 R_B 分別為若干？

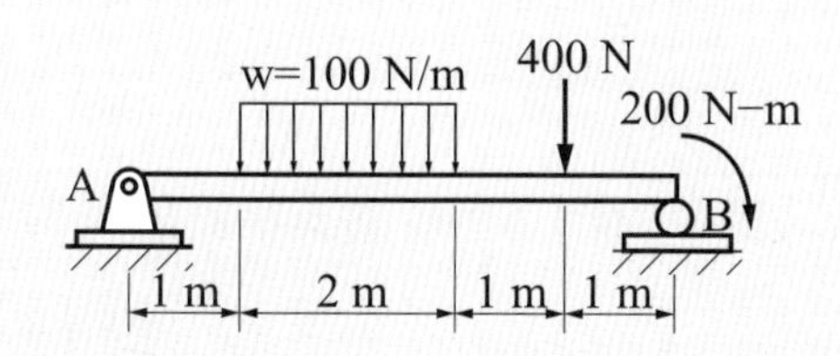

解題觀念

利用力矩原理即可求出支承反力，在解題時需注意均佈負荷。此題為矩形故合力為 $100 \times 2 = 200$ N 且作用在正中心處。

解 $\Sigma M_A = 0$

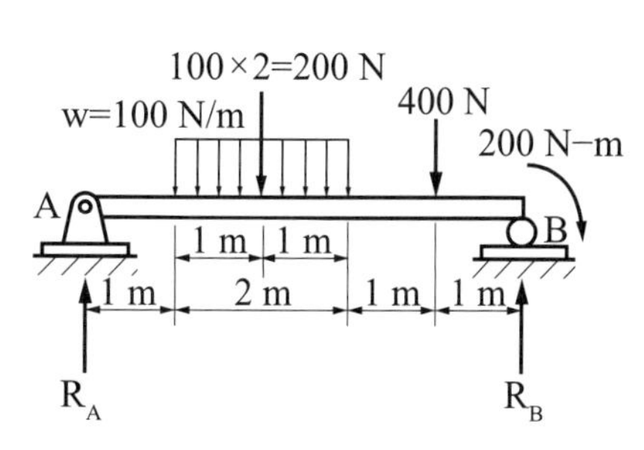

$200 \times 2 + 400 \times 4 + 200 - R_B \times 5 = 0$

$\therefore R_B = 440\ N\ (\uparrow)$

$\Sigma F_y = 0$

$R_A + R_B - 200 - 400 = 0 \quad \therefore R_A = 160\ N\ (\uparrow)$

範例 4

如圖所示為一外伸樑之受力情形，則支點 A 之反力為多少 N？

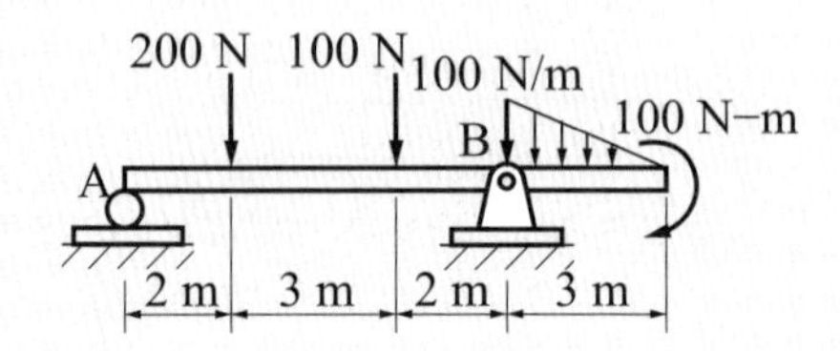

解題觀念

利用力矩原理即可求出支承反力，在解題時需注意均佈負荷。此題為三角形故合力為 $100 \times 3/2 = 150$ N 且作用在較重端 1/3 處。

解 （均佈負荷先用集中負荷取代 $= \dfrac{100 \times 3}{2} = 150$ N）

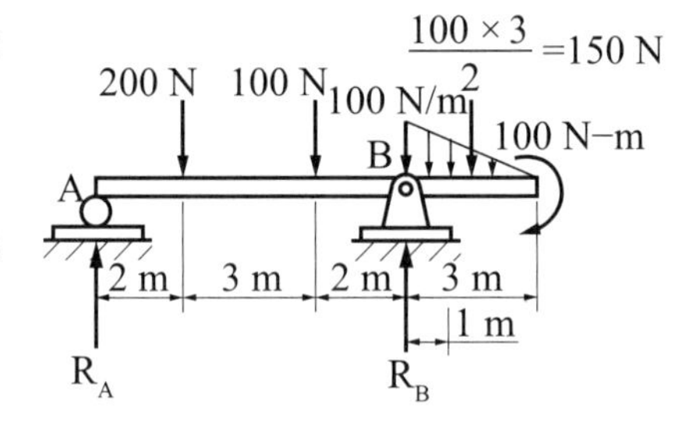

平衡 $\Rightarrow \Sigma F_y = 0$，$R_A + R_B - 200 - 100 - 150 = 0$

$\Sigma M_B = 0$，$100 + 150 \times 1 + R_A \times 7 - 200 \times 5 - 100 \times 2 = 0$

$\therefore R_A = \dfrac{950}{7} \doteqdot 135.7$ N (↑)

範例 5

如圖所示，簡支樑承受均變負荷則 A、B 兩支承處的反力各多少？

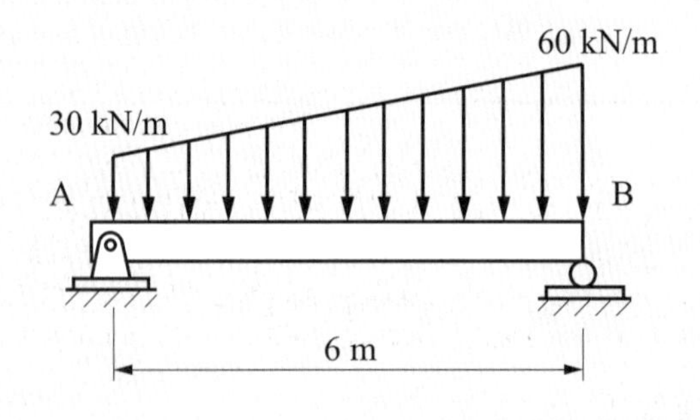

解題觀念

此題為一直角三角形與一矩形組合而成。先分別求出各自合力，再利用力矩原理求出反力。

解　$\Sigma M_A = 0$，$180 \times 3 + 90 \times 4 - R_B \times 6 = 0$

$\therefore R_B = 150\ \text{kN}\ (\uparrow)$

又 $R_A + R_B = 90 + 180$

$\therefore R_A = 120\ \text{kN}(\uparrow)$

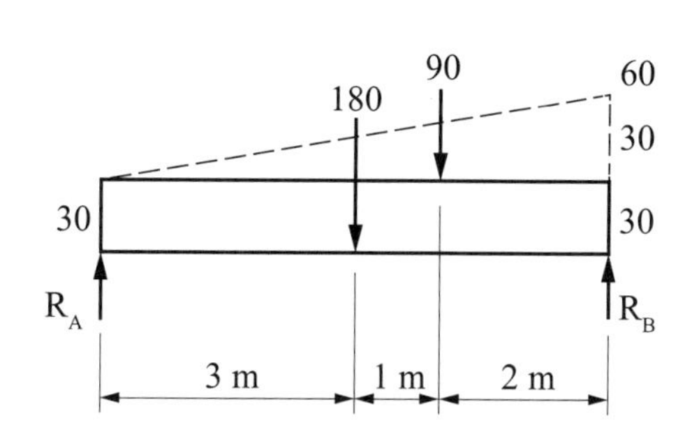

範例 6

如圖所示之外伸樑，試求 A、B 兩支承之反力為若干？

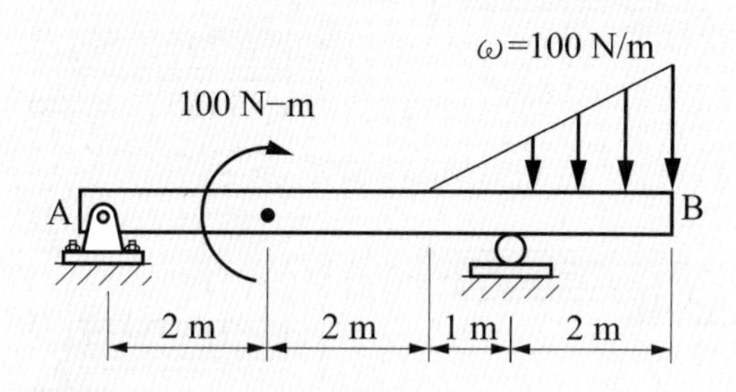

解題觀念

先求出均變負荷之合力，再利用力矩原理求反力。

 由均變負荷以一集中負荷表示，其大小為

$\dfrac{100 \times 3}{2} = 150\ \text{N}\ \downarrow$

$\Sigma F_y = 0$，$R_B + R_A = 150$

$\Sigma M_A = 0$，$R_B \times 5 - 150 \times 6 - 100 = 0$

$R_A = -50\ \text{N}\ (\downarrow)$，$R_B = 200\ \text{N}\ (\uparrow)$（負表與假設反向）

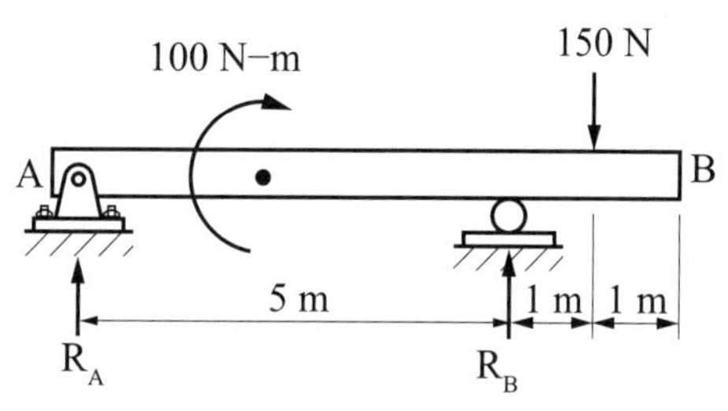

11-2 剪力圖與彎曲力矩圖

一、樑剪力及彎曲力矩之符號表示法

(一)剪力符號：剪力對自由體順時針方向迴轉的趨勢者稱為正剪力，如圖 11-2-1 (a)。逆時針為負剪力，如圖 11-2-1 (b)。

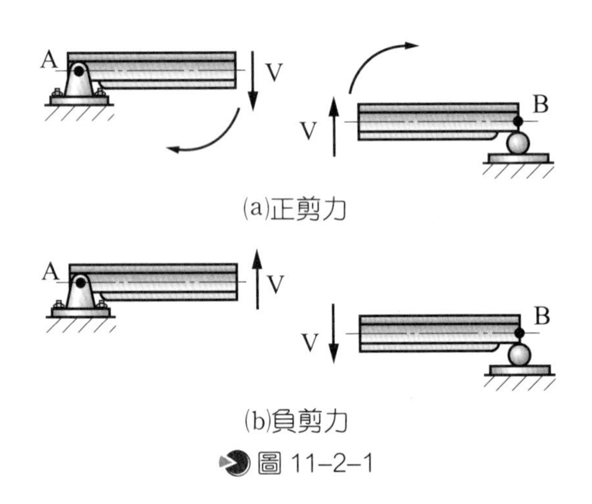

(a)正剪力
(b)負剪力
圖 11-2-1

(二)彎曲力矩符號：彎曲力矩使樑向上凹之彎曲趨勢者為正，如圖 11-2-2 (a)。反之，使樑有向下凹之彎曲趨勢者為負，如圖 11-2-2 (b)。

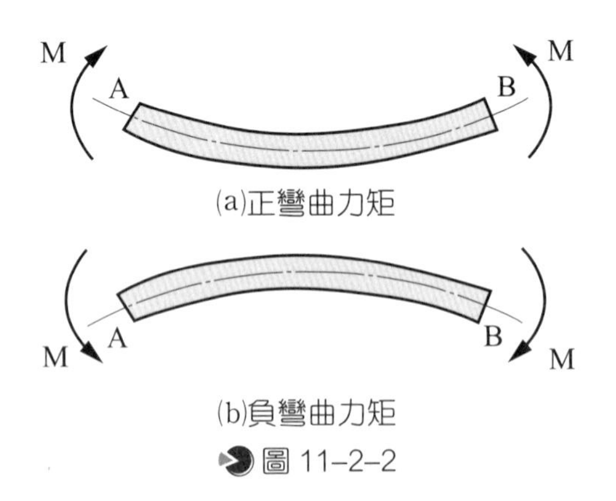

(a)正彎曲力矩
(b)負彎曲力矩
圖 11-2-2

二、剪力及彎曲力矩之計算步驟為

(一)先求出樑各支承之反作用力。

(二)剖開處之剪力求法：由與軸向垂直之方向設其大小，由合力為零 ($\Sigma F_y = 0$)，可求

得剖面之剪力（剪力，常以“V”表示）。

㈢剖開處之彎曲力矩求法：由分離體圖上各力對剖面處之合力矩等於零 $(\sum M = 0)$，求得剖面之彎曲力矩。

三、剪力圖及彎矩圖之繪製要點

負荷狀態 / 圖形	無負荷	集中負荷	均佈負荷	均變負荷	力　偶
剪力圖	水平直線	鉛直線	傾斜直線	二次拋物線	水平直線
彎矩圖	傾斜直線	轉折點	二次拋物線	三次曲線	鉛直線

四、剪力圖與彎矩圖繪圖技巧

㈠剪力圖畫法：兩點間荷重圖的面積 = 此兩點間剪力差。

㈡彎矩圖畫法：兩點間剪力圖的面積 = 此兩點間彎矩差。

㈢剪力圖：由左邊畫，往力的箭頭方向。

㈣剪力圖：由右邊畫，往力的箭頭反方向。

㈤荷重的大小 = 剪力圖的斜率。

㈥剪力的大小 = 彎矩圖的斜率。

五、剪力圖與彎矩圖繪圖說明

㈠懸臂樑集中負荷

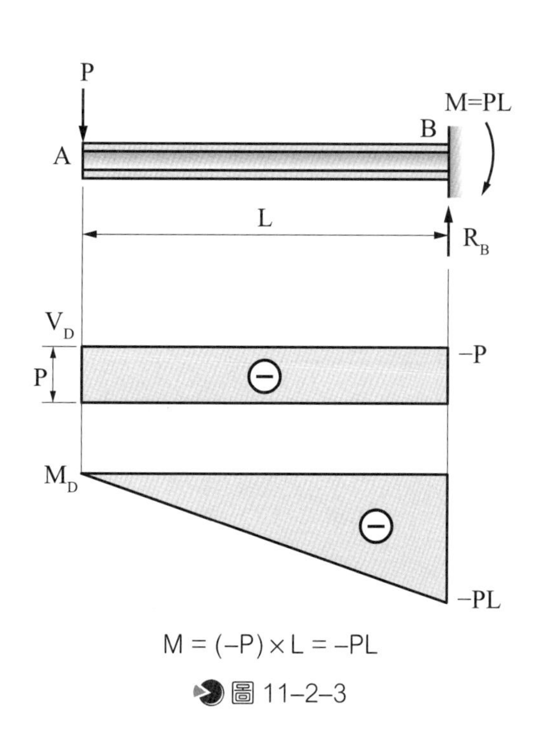

$M = (-P) \times L = -PL$

圖 11–2–3

㈡懸臂樑均佈負荷

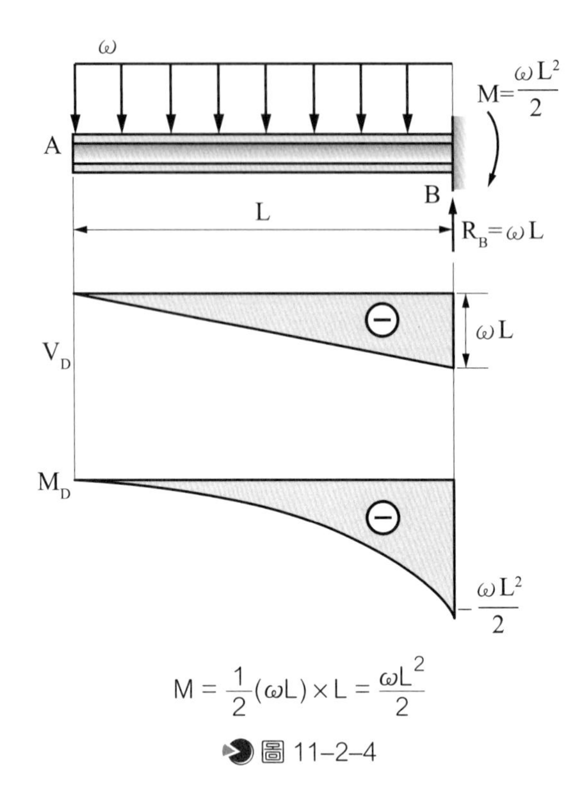

$$M=\frac{1}{2}(\omega L)\times L=\frac{\omega L^2}{2}$$

圖 11-2-4

㈢簡支樑集中負荷

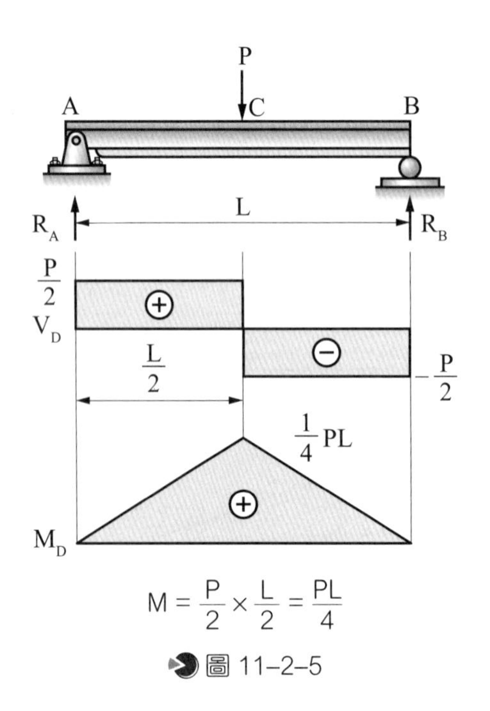

$$M=\frac{P}{2}\times\frac{L}{2}=\frac{PL}{4}$$

圖 11-2-5

㈣簡支樑均佈負荷

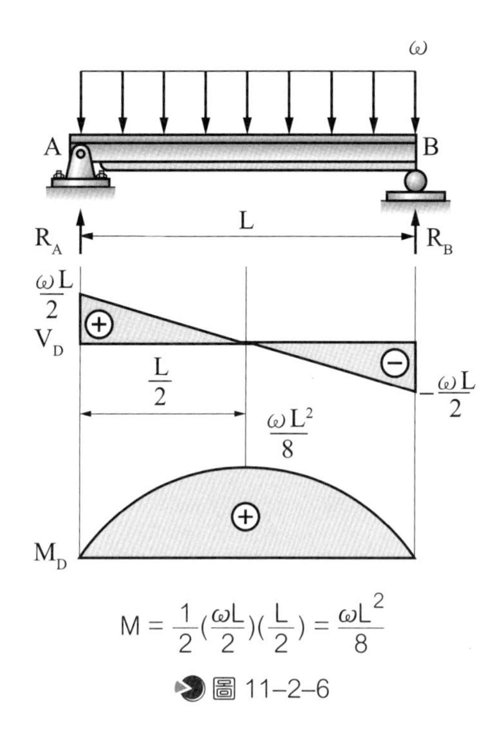

$$M=\frac{1}{2}(\frac{\omega L}{2})(\frac{L}{2})=\frac{\omega L^2}{8}$$

圖 11–2–6

六、四種基本樑的最大彎曲力矩 (M_{max})

㈠懸臂樑，自由端承受一集中負荷 P 時：$M_{max}=PL$（在固定端）。

㈡懸臂樑，承受均勻分佈負荷 ω 時：$M_{max}=\frac{\omega L^2}{2}$（在固定端）。

㈢簡支樑，中點承受一集中負荷 P 時：$M_{max}=\frac{PL}{4}$（在中點）。

㈣簡支樑，承受均勻分佈負荷 ω 時：$M_{max}=\frac{\omega L^2}{8}$（在中點）。

七、危險斷面

㈠樑受載負荷破壞的危險斷面在最大彎矩處。懸臂樑最大彎矩在固定端，或力偶的作用點上。

㈡簡支樑的危險斷面在剪力由正變負，或由負變正之斷面上（此時彎矩為最大值）。

㈢簡支樑承受數個集中負荷（載重）時，最大彎矩在其中一力之作用點上。

㈣若均佈負荷時，在剪力 = 0 處；但有力偶作用時，不一定在 V = 0 處。

㈤若剪力圖中有多處剪力 $V=0$，取彎矩絕對值最大之處為危險斷面。

㈥危險斷面之最大應力，不可以超過材料之容許應力，否則材料受到破壞。

範例 1

如圖所示，求此樑之最大彎曲力矩為多少？

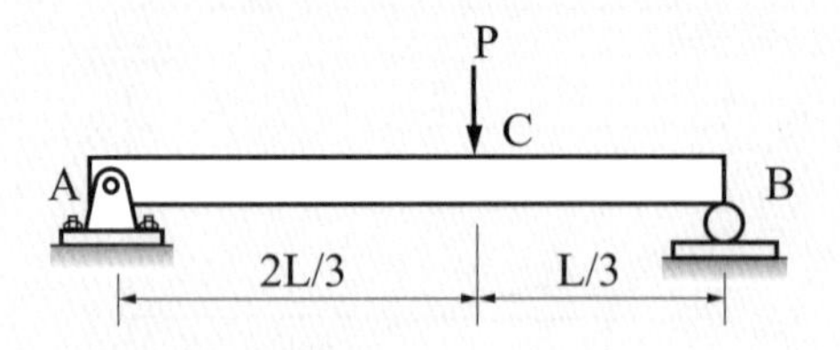

解題觀念

先求 A、B 之反力再繪出剪力彎矩圖。

解 $M_{max}=\frac{2}{9}PL$

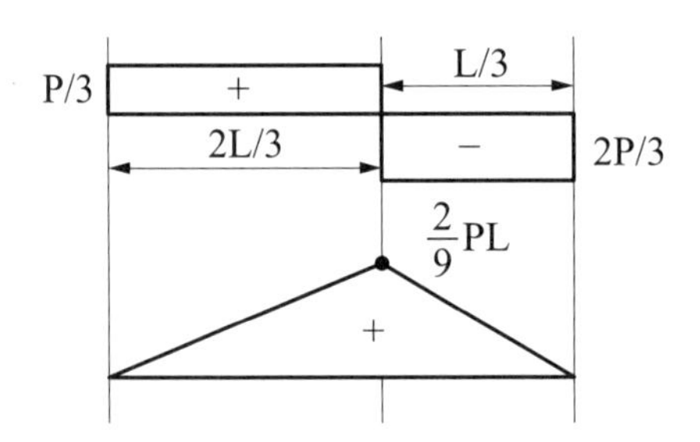

範例 2

如圖所示之簡支樑 (simple bean)，其最大彎曲力矩為何？其最大的剪力為何？

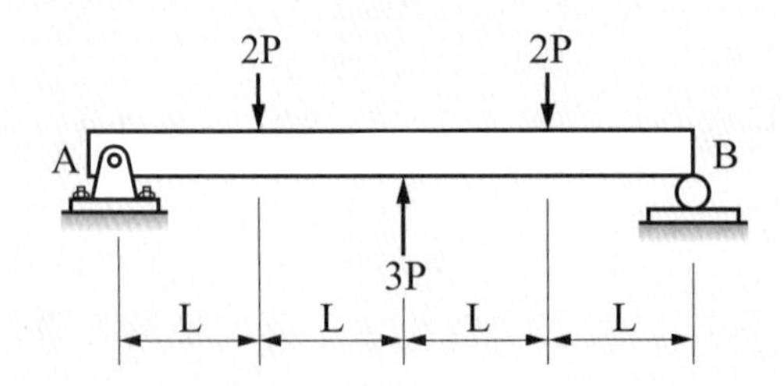

解題觀念

利用力矩原理求出 A、B 反力再繪出剪力彎矩圖。

解　對稱　$\therefore R_A = R_B = \dfrac{2P + 2P - 3P}{2} = \dfrac{P}{2}$

$\therefore M_{max} = PL$，$V_{max} = \dfrac{3}{2}P$

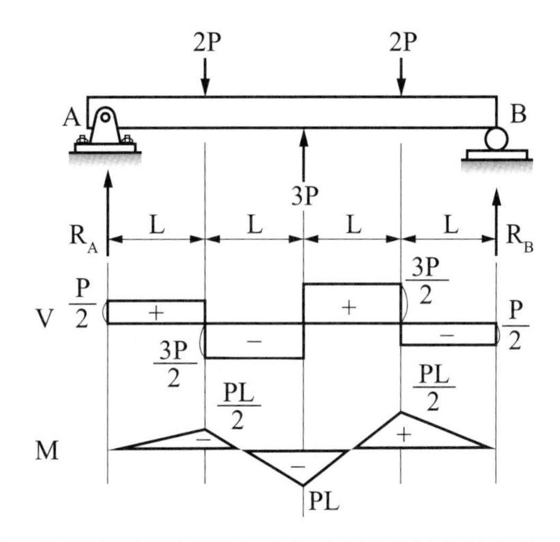

範例 3

如圖所示之簡支樑中，在 C、D 點受到集中負荷作用，則最大彎曲力矩為何？

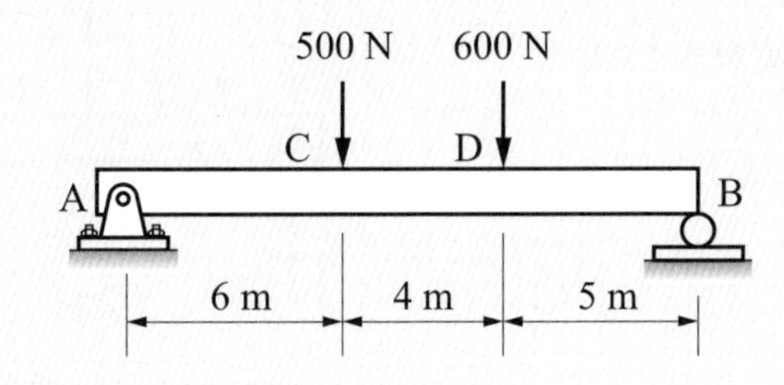

解題觀念

利用力矩原理求出 A、B 反力再繪出剪力彎矩圖。

解　$\Sigma M_A = 0$，$R_B \times 15 - 600 \times 10 - 500 \times 6 = 0$

$\therefore R_B = 600\ N$

$\Sigma F_y = 0$，$R_A + 600 - 500 - 600 = 0$

$\therefore R_A = 500\ N$

$M_{max} = 3000\ N\text{–}m$

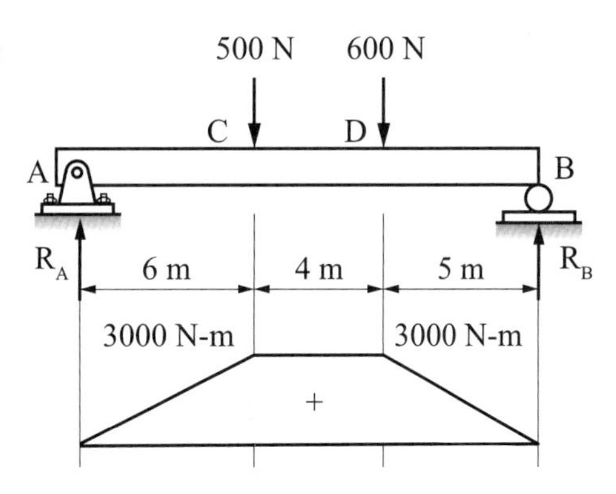

範例 4

如圖所示之簡支樑，試求其最大彎曲力矩大小為若干 N–m？

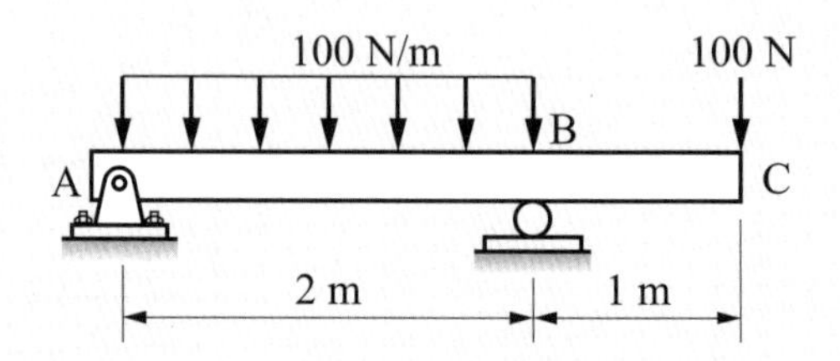

解題觀念

利用力矩原理求出 A、B 反力再繪出剪力彎矩圖。

解 $\Sigma M_A = 0$

$200 \times 1 - R_B \times 2 + 100 \times 3 = 0$

$R_B = 250 \uparrow$

$\Sigma F_y = 0$

$R_A = 50 \uparrow$

$\dfrac{50}{X} = \dfrac{150}{2 - X}$

$X = 0.5$

$\therefore M_{max} = 100$ N–m

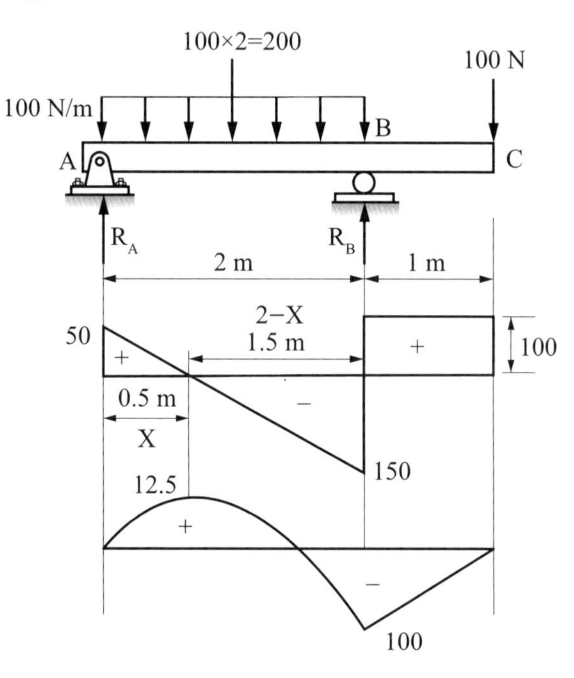

範例 5

如圖所示，已知一懸臂樑，受一均佈負荷，求距離左端 a 處的彎矩 M 值為何？

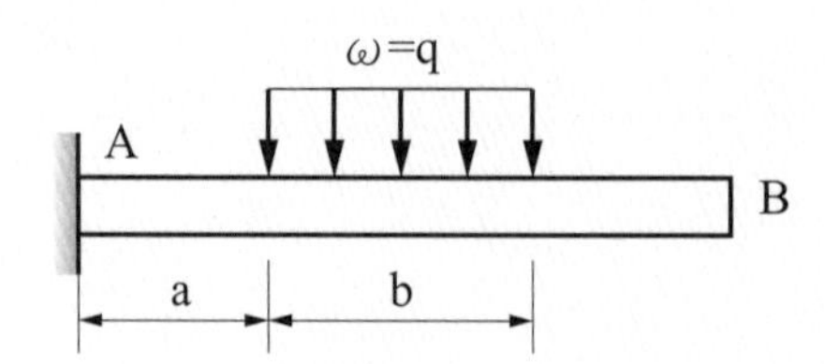

解題觀念

利用力矩原理求出 A、B 反力再繪出剪力彎矩圖。

解 由 $\Sigma M_x = 0$，$M + qb \times \frac{b}{2} = 0$ $\therefore M = -\frac{qb^2}{2}$

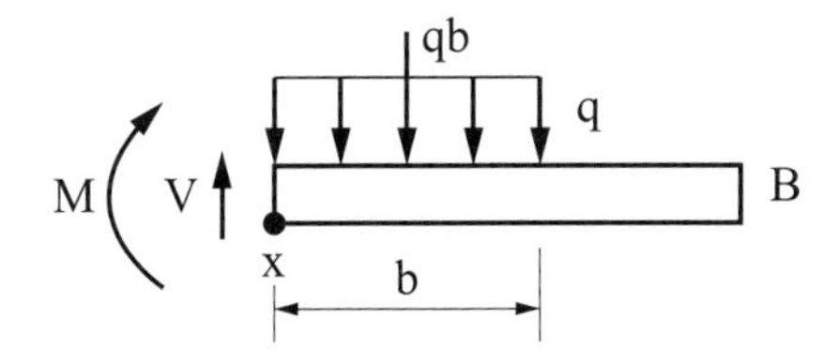

範例 6

如圖所示，樑最大彎矩發生於距右端支點多少 m 處？樑所受之最大彎矩應為多少 N–m？

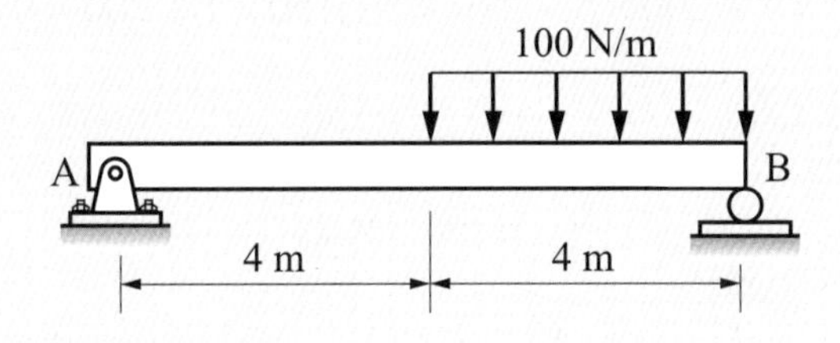

解題觀念

先求出均佈負荷之合力，再利用力矩原理求出 A、B 反力，再繪出剪力彎矩圖。

解 1. $\Sigma M_B = 0$

$400 \times 2 - R_A \times 8 = 0$

$\therefore R_A = 100$

2. $\Sigma F_y = 0$，$R_A + R_B = 400$

$\therefore R_B = 300$ N

由相似三角形

$\frac{100}{x} = \frac{300}{4-x}$ $\therefore x = 1$ m

即最大彎矩距右端 3 m

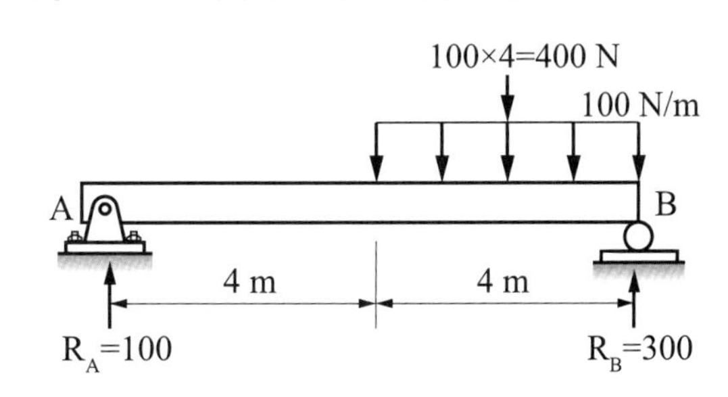

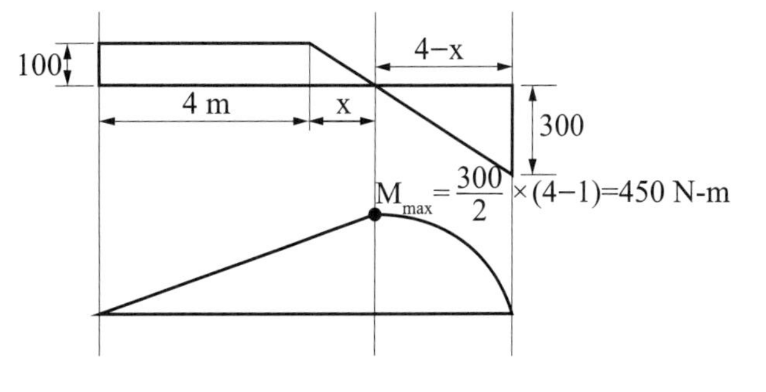

範例 7

如圖中之外伸樑，試求支點 A 之反力為若干？試求距 A 點 3.2 m 處之彎矩值為多少 kg–m？

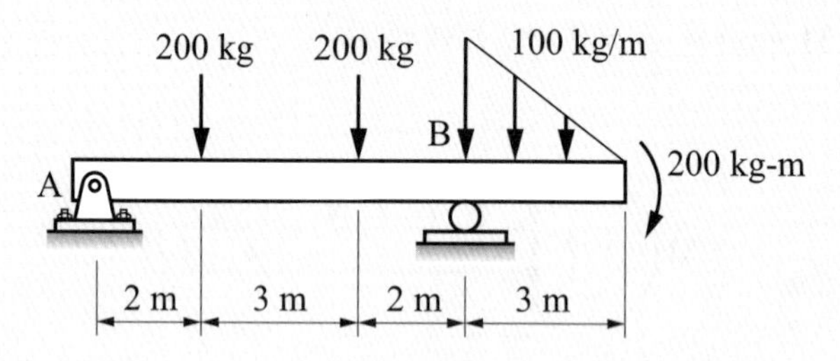

解題觀念

先求出均佈負荷之合力，再利用力矩原理求出 A、B 反力，再繪出剪力彎矩圖。

解 1. $\Sigma M_B = 0$，$R_A \times 7 - 200 \times 5 - 200 \times 2 + 150 \times 1 + 200 = 0$

$\therefore R_A = 150$ kg (↑)

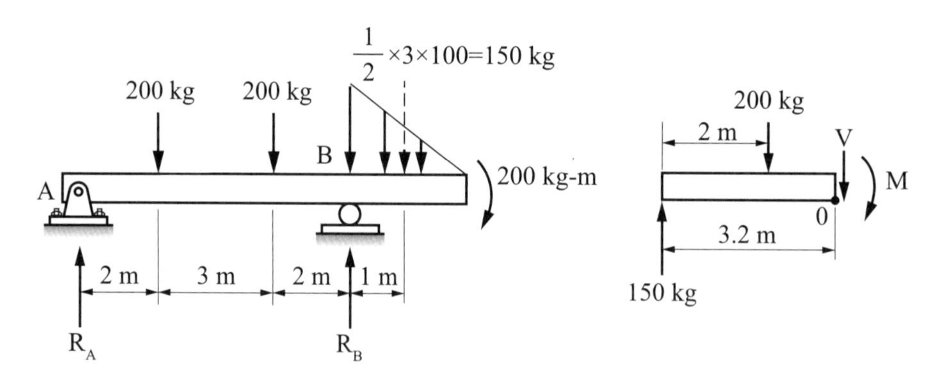

2. $M = 150 \times 3.2 - 200 \times 1.2$

$= 240$ kg–m（由 $\Sigma M_O = 0$ 得出）

本章重點精要

1. 靜定樑：簡支樑、懸臂樑和外伸樑，支承之未知反力僅有三個。可直接由靜力學平衡方程式求得，稱為靜定樑。靜力學平衡，所以 $\Sigma F_x = 0$，$\Sigma F_y = 0$，$\Sigma M = 0$ 三個方程式可求各支承之反力大小。
2. 靜不定樑：連續樑及固定樑，支承之未知反力超過三個，無法直接以靜力學之平衡方程式 $\Sigma F_x = 0$，$\Sigma F_y = 0$，$\Sigma M = 0$ 三個方程式求得，故稱為靜不定樑。
3. 樑支承反力求法畫出樑的分離體圖，標出樑所有承受之載重和支承反力，求出分佈負荷之合力再利用力矩原理求之。
4. 懸臂樑，自由端承受一集中負荷 P 時：$M_{max} = PL$（在固定端）。懸臂樑，承受均勻分佈負荷 W 時：$M_{max} = \frac{WL^2}{2}$（在固定端）。
5. 簡支樑，中點承受一集中負荷 P 時：$M_{max} = \frac{PL}{4}$（在中點）。簡支樑，承受均勻分佈負荷 W 時：$M_{max} = \frac{WL^2}{8}$（在中點）。
6. 樑受載負荷破壞的危險斷面在最大彎矩處。懸臂樑最大彎矩在固定端，或力偶的作用點上。
7. 簡支樑的危險斷面在剪力由正變負，或由負變正之斷面上（此時彎矩為最大值）。
8. 簡支樑承受數個集中負荷（載重）時，最大彎矩在其中一力之作用點上。
9. 若均佈負荷時，在剪力 $= 0$ 處；但有力偶作用時，不一定在 $V = 0$ 處。
10. 若剪力圖中有多處剪力 $V = 0$，取彎矩絕對值最大之處為危險斷面。
11. 危險斷面之最大應力，不可以超過材料之容許應力，否則材料受到破壞。

1. 如圖所示之樑中，求 C 點之剪力和彎矩。

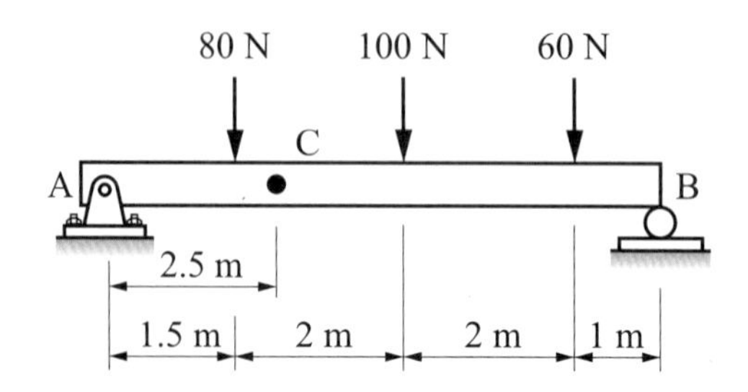

2. 如圖所示，若樑本身重量不計，求距左支點 A 10 m 處之彎矩和剪力。

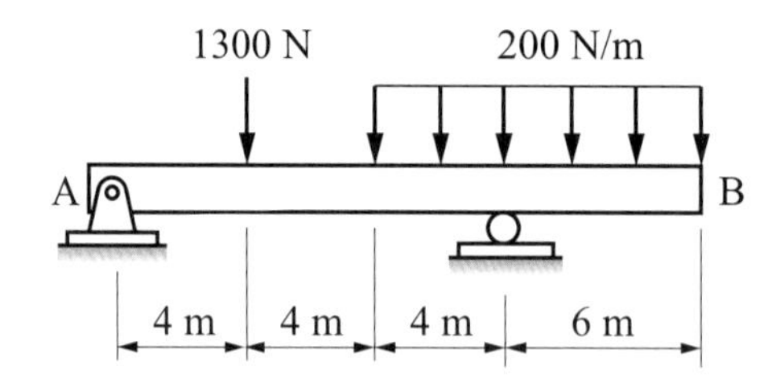

3. 試繪出下圖之剪力圖和彎矩圖，並標出最大彎矩和最大剪力的大小。

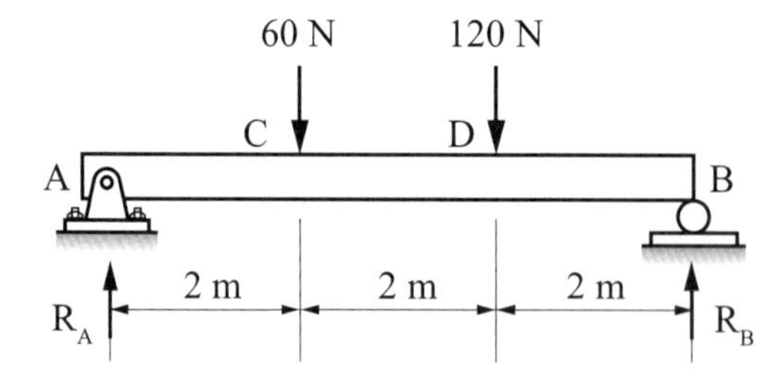

4. 試繪出下圖之剪力圖和彎矩圖，並標出最大彎矩和最大剪力的大小。

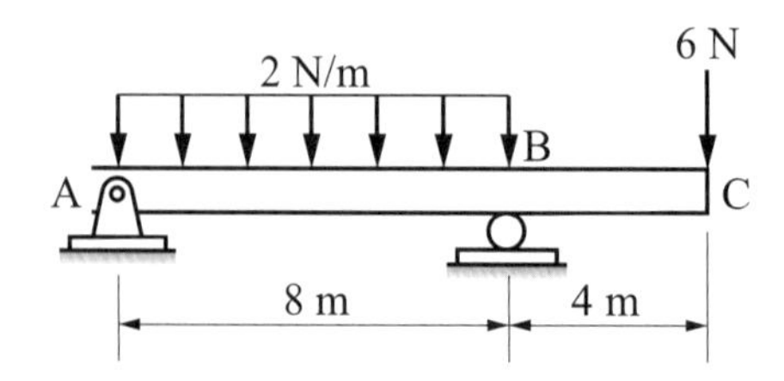

5. 試繪出下圖之剪力圖和彎矩圖，並標出最大彎矩和最大剪力的大小。

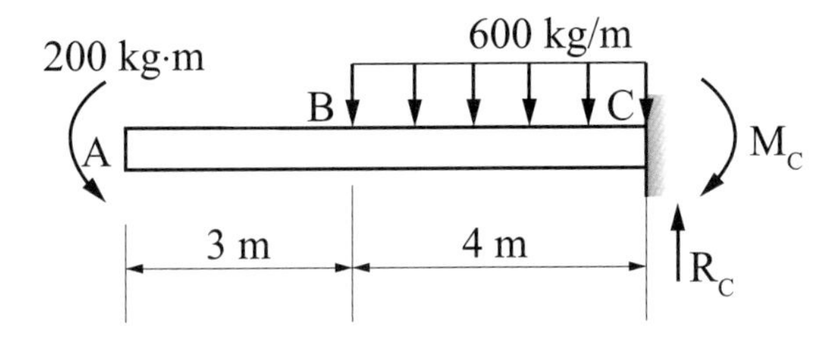

6. 試繪出下圖之剪力圖和彎矩圖，並標出最大彎矩和最大剪力的大小。

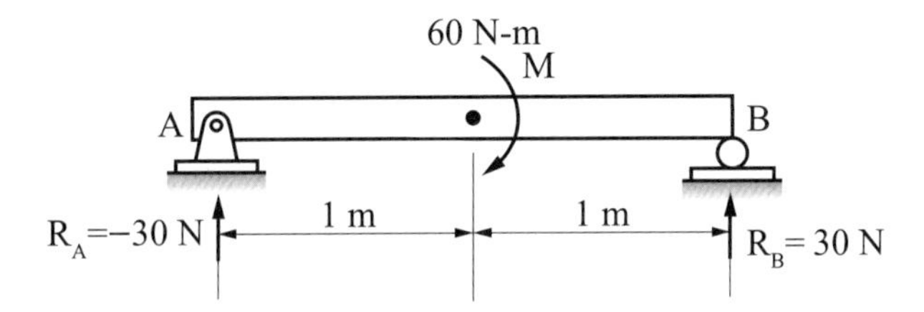

7. 試繪出下圖之剪力圖和彎矩圖，並標出最大彎矩和最大剪力的大小。

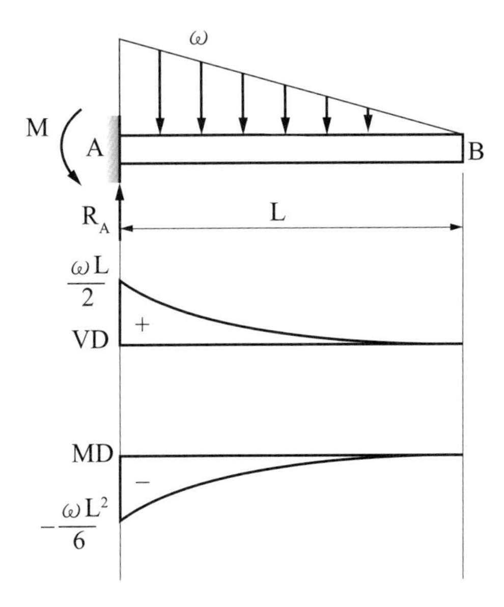

8. 試繪出下圖之剪力圖和彎矩圖，並標出最大彎矩和最大剪力的大小。

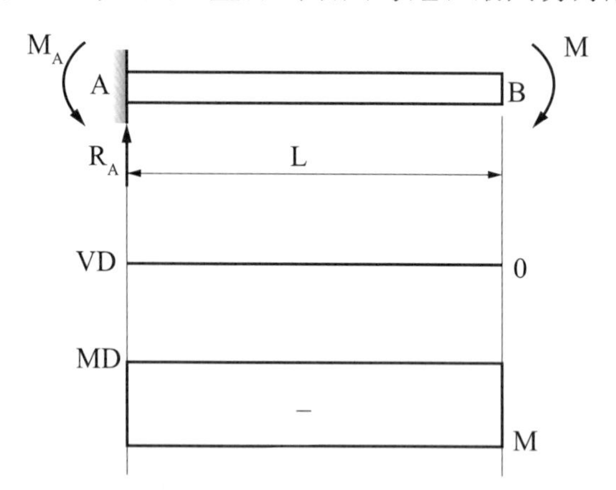

9. 試繪出下圖之剪力圖和彎矩圖，並標出最大彎矩和最大剪力的大小。

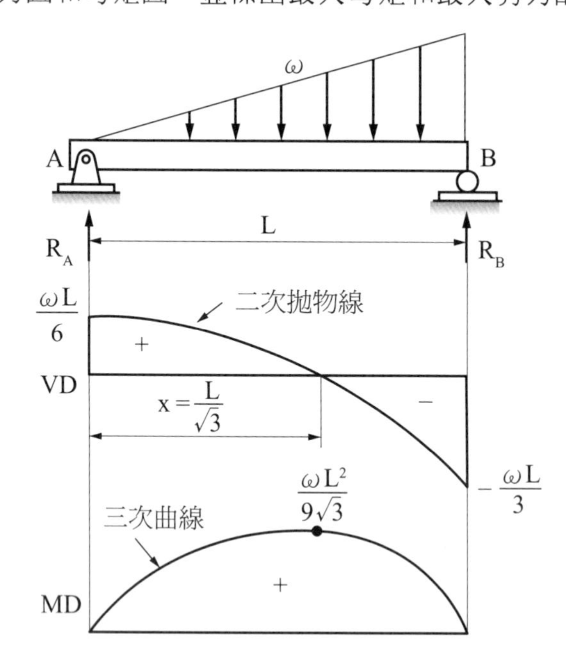

10. 如圖所示之樑，已知反力 $R_1 = 680$ N，$R_2 = 3420$ N，則此樑所受之最大彎矩為多少 N–m？

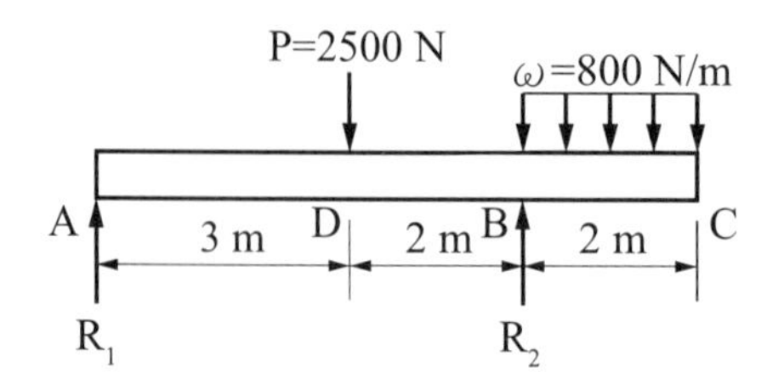

11.如圖之樑，B 點右方 1 m 處樑斷面上之彎矩為多少 N–m？

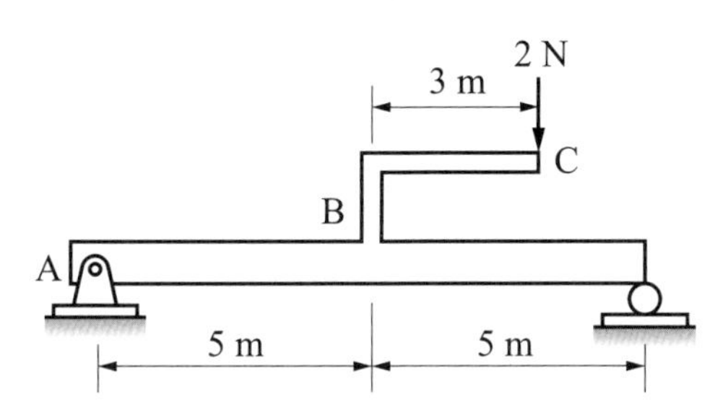

12.如圖之樑，承受均勻分佈力 q 之作用。若 q 為 100 N/m，試求最大剪力為若干？試求最大彎曲力矩為若干？

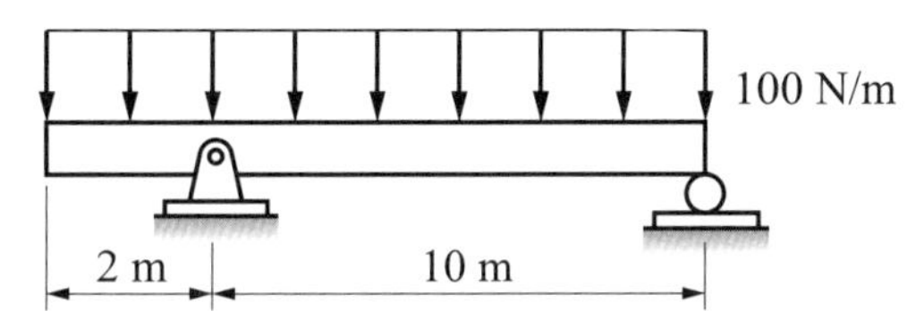

筆記欄

第 12 章　樑之應力

12-1 樑之彎曲應力

一、樑之應力

㈠樑受負荷時，樑彎曲變形，樑內會產生應力。

㈡由彎矩產生者稱為彎曲應力（有拉應力和壓應力）。

㈢由剪力產生者稱為剪應力。

二、名詞說明

㈠中立面：樑受彎矩時，一側縮短（受壓力作用），一側伸長（受拉力作用），所以上側與下側之間，有一斷面不伸長亦不縮短，此斷面稱為中立面，如圖 12–1–1 斜線面 ABCD，中立面不受外力作用。

㈡中立軸：中立面與橫截面的交線稱為中立軸，如圖 12–1–1 所示之 BC 線為中立軸，受純彎之樑（中立軸必通過斷面之形心）。

㈢曲率中心：樑受彎矩變形後，相鄰兩橫截面延長線之交點，如圖 12–1–1 所示之 O 點為曲率中心。

㈣曲率半徑：曲率中心至中立軸之距離，如圖 12–1–1 所示之 ρ 為曲率半徑。

㈤曲率：曲率半徑之倒數，以 k 表示之，即曲率 $k = \dfrac{1}{\rho}$。

㈥彈性曲線：中立面與樑縱截面之交線，如圖 12–1–1 之 AB 線。

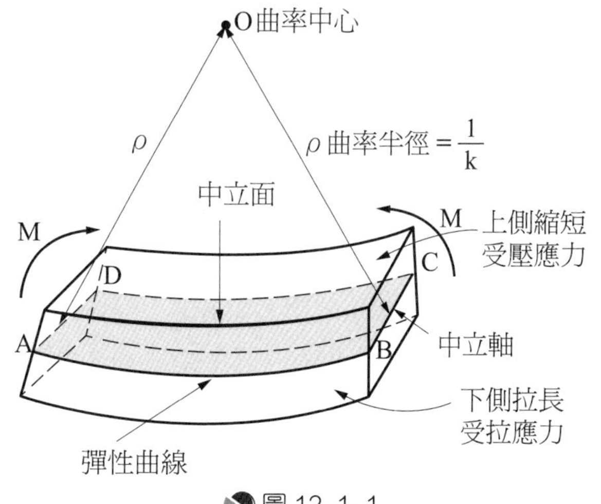

圖 12–1–1

三、純彎曲

㈠樑橫截面內，僅有彎曲力矩而無剪力時，所生的彎曲現象，稱為純彎曲。

㈡由純彎曲誘生的應力稱為彎曲應力，例如圖 12–1–2 為幾種純彎曲的特例。圖 12–1–2 (b)中 CD 段 $V = 0$，為純彎曲。

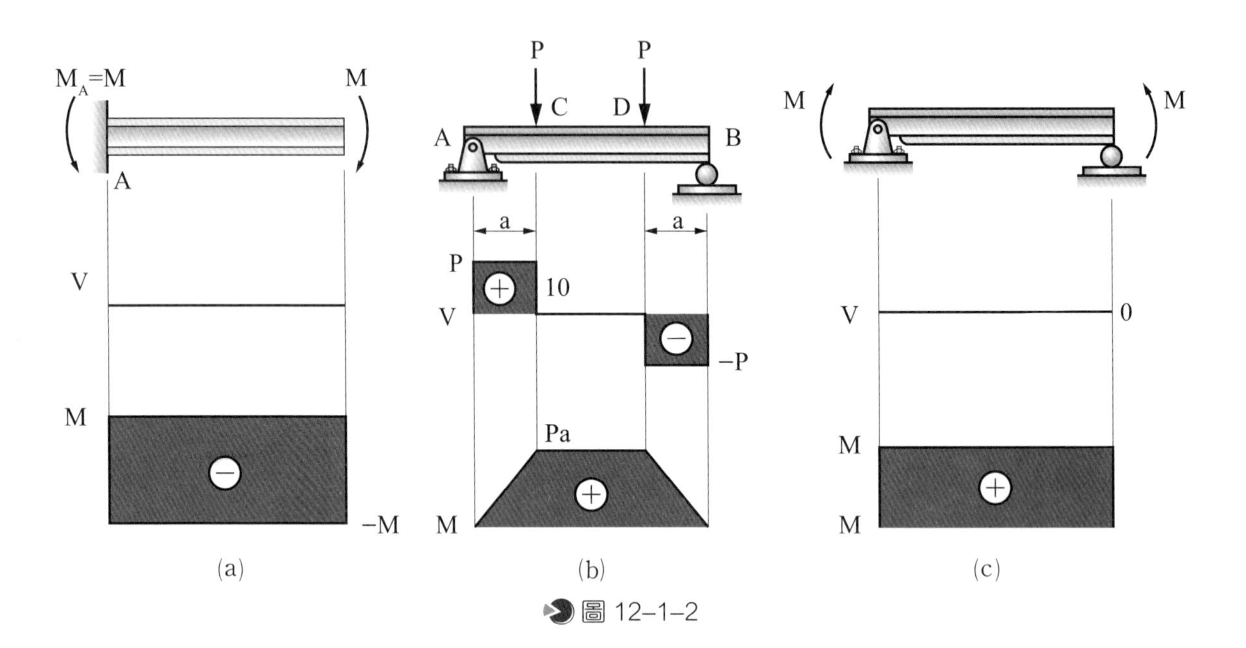

圖 12–1–2

四、彎曲應力之假設

㈠樑為均質，斷面一致之材料。

㈡張力與壓力之彈性係數 (E) 值均相同。

㈢應力均在比例限度之內，即遵循虎克定律，亦即應力與應變成正比。

㈣樑橫斷面，在彎曲前後均保持平面，且與縱向垂直。

㈤樑須為純彎曲（無剪力存在之部分)，且負荷通過樑之截面形心位置。

五、樑之彎曲應力分佈

㈠樑在彈性限度內，受純彎曲後，因應力與應變成正比 ($\sigma = E\varepsilon$)。

㈡作用於截面的彎曲應力與至中立面的距離成正比。

㈢彎曲應力在中立面為零（∵中立面不伸長不縮短)。

㈣彎曲應力在樑之上下兩面最大。

㈤圖 12–1–3 所示，材料受彎曲時，下端受拉產生拉應力，上端受壓產生壓應力。

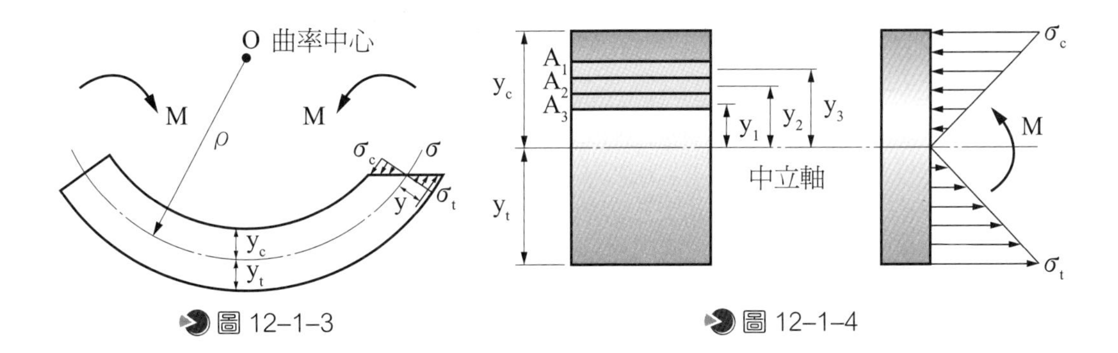

圖 12–1–3　　圖 12–1–4

六、樑之彎曲應力公式

㈠由圖 12–1–3 取一斷面討論其受力情形，如圖 12–1–4 所示。

㈡彎曲應力 $\sigma = \frac{My}{I} = \frac{M}{Z}$（∴截面係數 $Z = \frac{I}{y}$）

M：彎曲力矩

σ：彎曲應力

Z：截面係數

㈢長方形：$I = \frac{1}{12}bh^3$；$Z = \frac{bh^2}{6}$。b：寬度，h：高度

㈣圓形：$I = \frac{1}{64}\pi d^4$；$Z = \frac{1}{32}\pi d^3$。d：直徑

㈤由 $\sigma = \frac{My}{I}$ 顯示，樑彎曲應力 (σ) 與彎曲力矩 (M) 成正比，與中立軸的距離 (y) 成正比。樑彎曲應力 (σ) 與慣性矩 (I) 成反比。

㈥樑最大彎曲應力必產生在最大彎矩處之斷面上下兩端（與中立軸最遠處）。

範例 1

如圖所示，一簡支樑長 2 m，受一集中負載 500 N 於樑之中點，樑之斷面 b = 6 cm，h = 10 cm，樑重不計，試求此樑之最大彎曲應力為多少 N/cm^2？

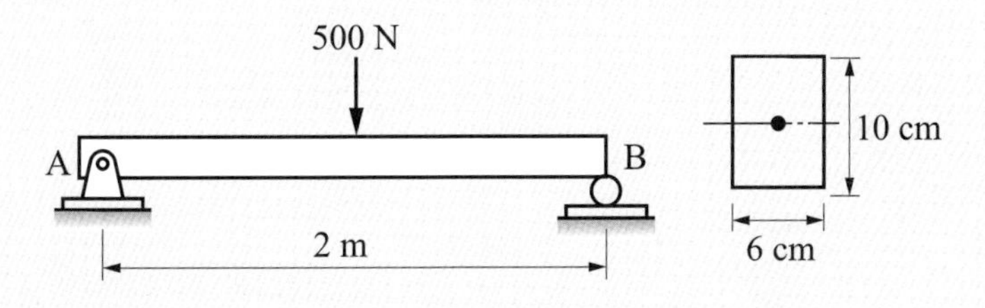

解題觀念

此題解題技巧為先由 $I=\frac{1}{12}bh^3$ 求 I，再用 $\sigma=\frac{My}{I}$ 求得所求。

解 $\sigma=\frac{My}{I}=\frac{(250\times100)\times5}{\frac{6\times10^3}{12}}=250\ N/cm^2$

$(250\ N\text{–}m=250\times100\ N\text{–}cm)$

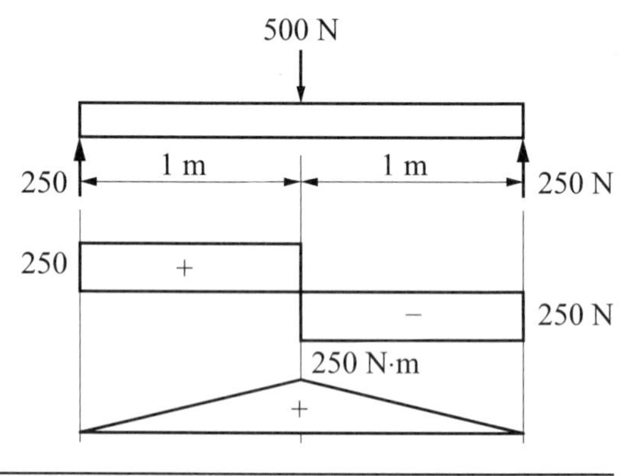

範例 2

如圖所示之懸臂樑，試求樑之最大彎曲應力為若干 N/cm^2？

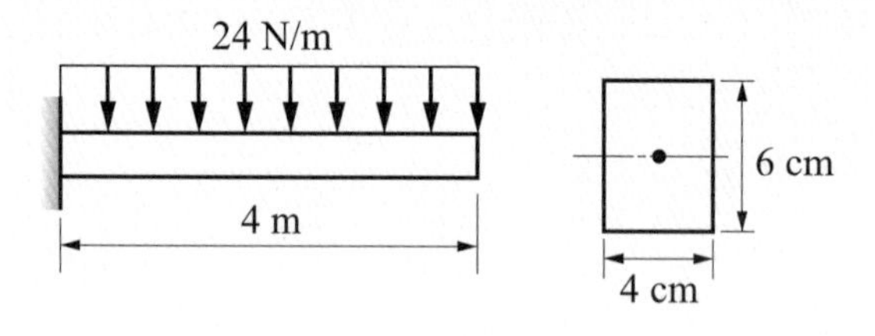

解題觀念

此題解題技巧為代入公式 $\sigma_{max}=\frac{M}{Z}=\frac{6M}{bh^2}$ 求得。

解 $M_{max}=96\times2=192\,N\text{–}m=19200\,N\text{–}cm$

$\sigma_{max}=\frac{M}{Z}=\frac{6M}{bh^2}=\frac{6\times19200}{4\times6^2}=800\,N/cm^2$

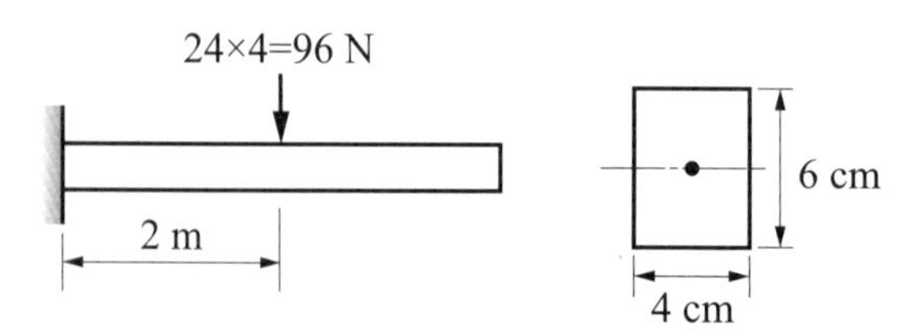

範例 3

如圖所示之外伸樑，試求支點 A 之反力為若干？試求距 A 點 3.2 m 處之彎矩值為多少 kg–m？距 A 點 3.2 m 處之最大拉應力為多少 kg/cm^2？

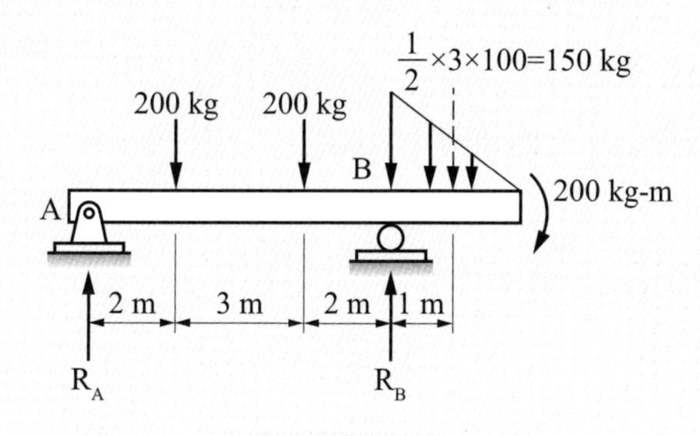

解題觀念

(1)利用力矩原理求得反力(2)求合力矩(3)代入 $\sigma=\dfrac{M}{Z}=\dfrac{6M}{bh^2}$ 即為所求。

1. $\Sigma M_B=0$，$R_A\times7-200\times5-200\times2+150\times1+200=0$

   $\therefore R_A=150$ kg (↑)

2. $M=150\times3.2-200\times1.2$

   $=240$ kg–m（由 $\Sigma M_O=0$ 得出）

3. $\sigma=\dfrac{M}{Z}=\dfrac{6M}{bh^2}=\dfrac{6\times24000}{6\times8^2}=375\ kg/cm^2$

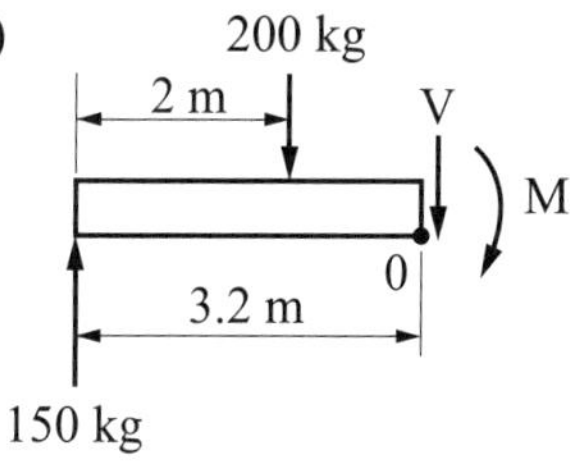

12-2 樑之剪應力

一、剪應力

(一)樑受負荷彎曲變形時，樑內有彎曲應力外，尚有剪應力。

(二)樑內之剪應力可分兩種，一種是垂直於樑軸向之垂直剪應力，另一種係平行於樑軸向之橫向剪應力（水平剪應力）。

二、樑剪應力公式

$$\tau = \frac{VQ}{Ib}$$

τ：剪應力

V：樑內斷面之垂直剪力

Q：樑斷面切取線以外之面積對中立軸之一次矩 ($Q = A \cdot \bar{y}$)，如圖 12–2–1 (b)所示

I：中立軸之慣性矩

b：樑斷面寬度

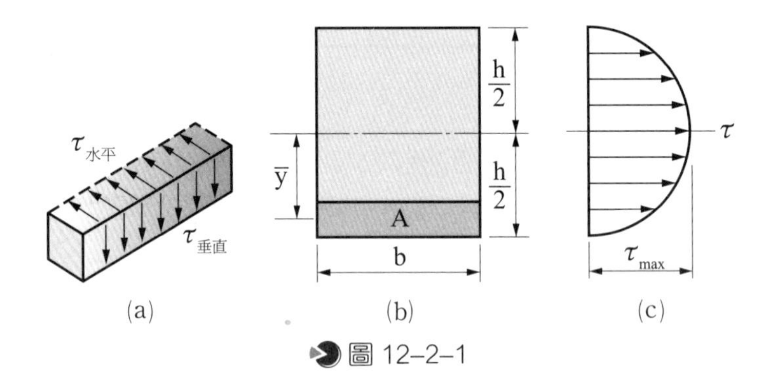

圖 12–2–1

三、矩形截面樑在中立軸上之最大剪應力

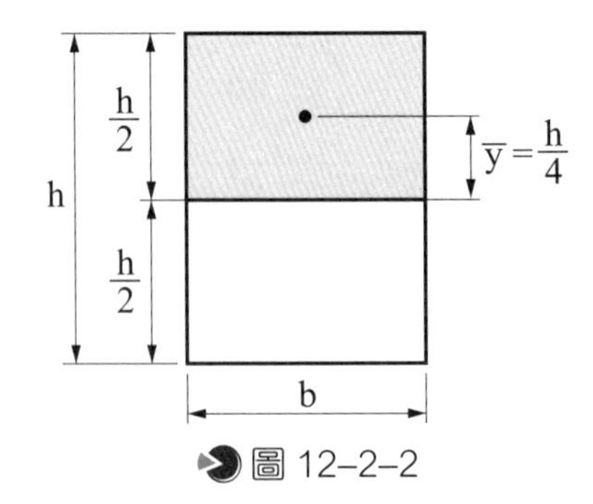

圖 12–2–2

矩形截面樑在中立軸上之最大剪應力為：

$$\tau_{max} = \frac{3V}{2A}$$

在中立軸上，$A = \frac{h}{2} \times b$，$\bar{y} = \frac{h}{4}$

$$\therefore Q = A\bar{y} = (\frac{bh}{2})(\frac{h}{4}) = \frac{1}{8}bh^2$$

$$\therefore \tau_{max} = \frac{VQ}{Ib} = \frac{V \times (\frac{1}{8}bh^2)}{(\frac{1}{12}bh^3) \times b} = \frac{3V}{2bh} = \frac{3V}{2A}$$

所以矩形截面樑最大剪應力為平均剪應力的 $\frac{3}{2}$ 倍。

四、圓形截面樑在中立軸上的最大剪應力

圓形截面樑在中立軸上的最大剪應力為：

$$\tau_{max} = \frac{4V}{3A}$$

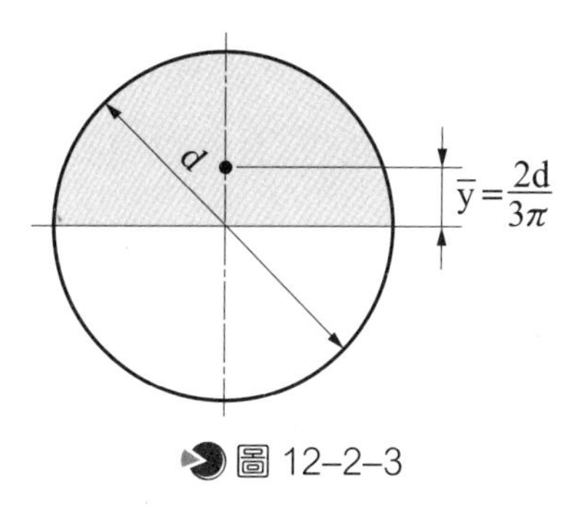

圖 12-2-3

在中立軸上，$A = \frac{1}{2}\pi r^2 = \frac{1}{2}\cdot(\frac{\pi d^2}{4}) = \frac{\pi d^2}{8}$，$\bar{y} = \frac{4r}{3\pi} = \frac{2d}{3\pi}$

$$\therefore \tau_{max} = \frac{VQ}{Ib} = \frac{V\times(\frac{\pi d^2}{8}\cdot\frac{2d}{3\pi})}{\frac{\pi d^4}{64}\times d} = \frac{16V}{3\pi d^2} = \frac{4V}{3A}$$

五、樑之剪應力分布

(一)樑的剪應力圖形呈拋物線函數，在中立軸為最大，上下兩緣為最小為零，如圖 12-2-1 (c)所示。

(二)圓形截面樑最大剪應力為平均剪應力的 $\frac{4}{3}$ 倍。

(三)樑受彎曲時，在樑上下兩端彎曲應力最大，中立面應力為零。

(四)樑受剪力時，中立軸剪應力最大，上下兩端最小 = 0。

範例 1

一樑之斷面狀如圖所示，若在此斷面上承受橫向剪力為 5440 N，則此斷面上所受最大剪應力為多少 N/cm^2？(已知 $I = 136\ cm^4$)

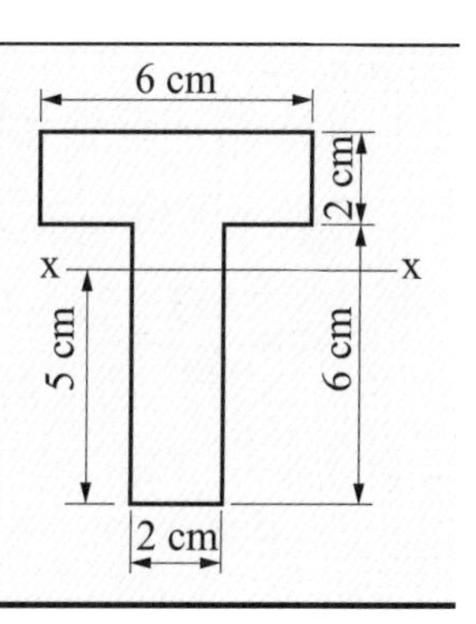

解題觀念

此題解題技巧為代入公式 $\tau = \frac{VQ}{Ib}$ 求得。

解 $I = 136\ cm^4$，$\tau_{max} = \frac{VQ}{Ib} = \frac{5440[(5\times 2)\times 2.5]}{136\times 2} = 500\ N/cm^2$

範例 2

如圖所示之樑，其斷面為 10 cm × 10 cm，則斷面上之最大剪應力為多少？距 A 點 1 m 的橫截面上，距頂面 2 cm 之剪應力為何？

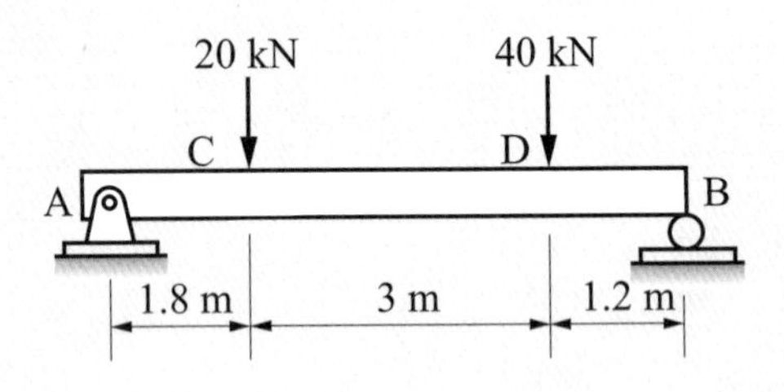

解題觀念

(1)由力矩原理求反力(2)利用剪力圖可求最大剪力 $(\tau_{max}) = \frac{3V}{2A}$ (3)利用 $\tau = \frac{VQ}{Ib}$ 即為所求。

解 $\Sigma M_B = 0$

$\Rightarrow -R_A \times 6 + 40 \times 1.2 + 20 \times 4.2 = 0$

$\therefore R_A = 22\ \text{kN} \uparrow$

$R_B = 38\ \text{kN} \uparrow = V_{max}$

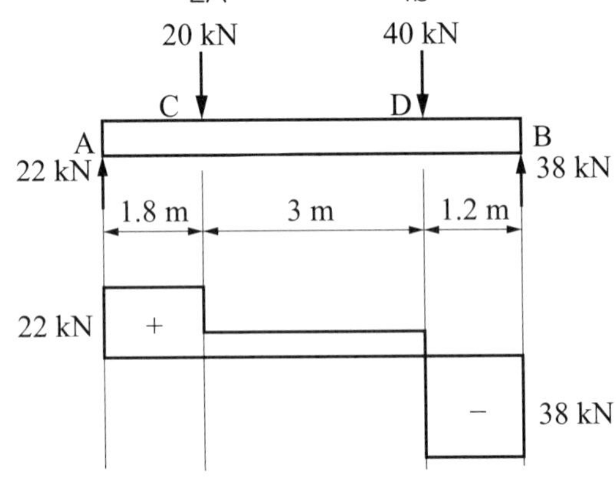

(1) $(\tau_{max}) = \frac{3V}{2A} = \frac{3 \times (38 \times 1000)}{2 \times (100 \times 100)}$

$= 5.7\ \text{MPa}$

(2)距 A 點 1 m 剪力 = 22 kN

$$\tau = \frac{VQ}{Ib} = \frac{22 \times 1000[(20 \times 100) \times 40]}{\frac{100 \times (100)^3}{12} \times 100} \doteqdot 2.1\ \text{MPa}$$

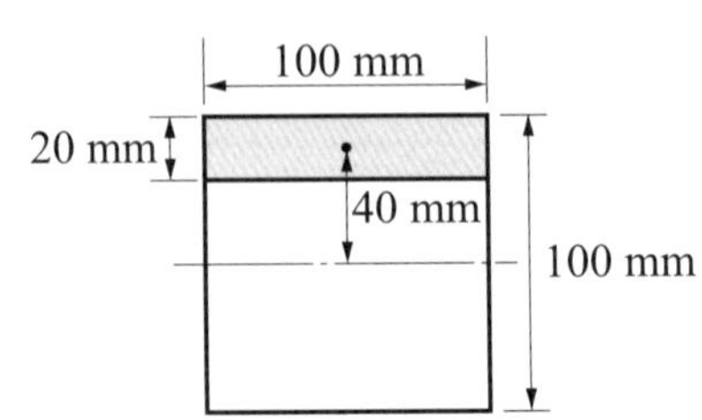

範例 3

如圖所示之單樑，其橫斷面為圓形受集中荷重 30 kN，則此樑內之最大剪應力為何？

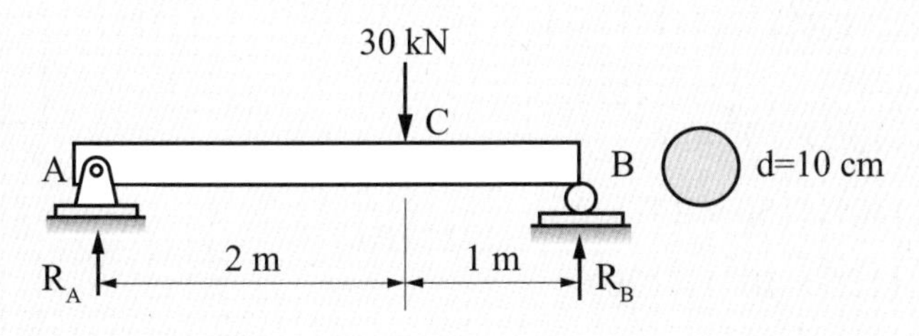

解題觀念

此題解題技巧為代入公式 $(\tau_{max}) = \dfrac{4V}{3A}$ 求得。

解 $\Sigma M_B = 0$，$30 \times 1 - R_A \times 3 = 0$，

$R_A = 10$ kN

$\therefore V_{max} = 20$ kN

$\therefore \tau_{max} = \dfrac{4V}{3A} =$

$$\frac{4 \times (20 \times 1000)}{3 \times \dfrac{\pi \times (100)^2}{4}} = \frac{32}{3\pi}\ \text{MPa}$$

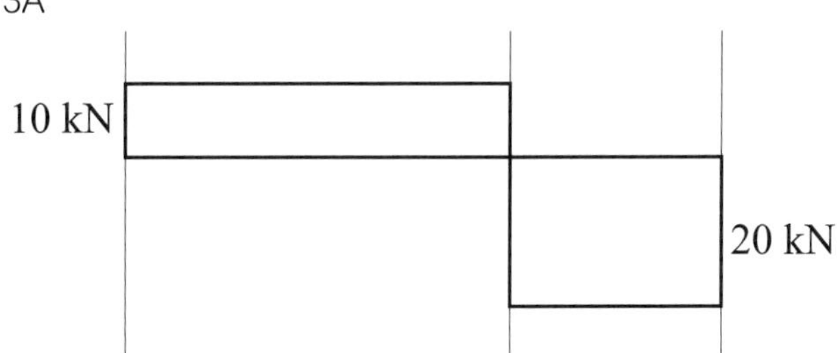

範例 4

如圖所示，剪力 = 54.4 kN，求 τ_{max}。

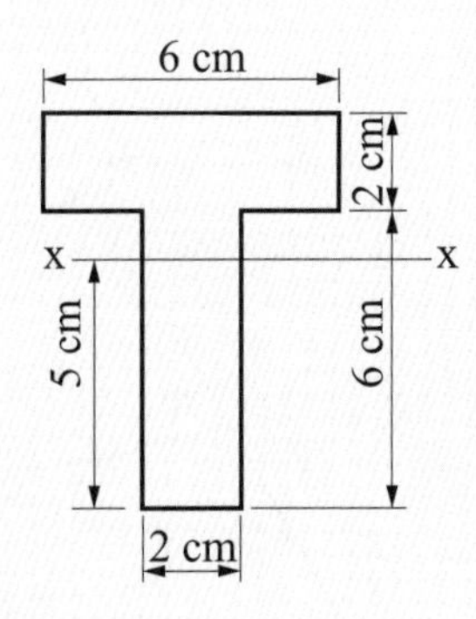

解題觀念

此題解題技巧為先求出合慣性矩，再代入公式 $\tau = \dfrac{VQ}{Ib}$ 求得。

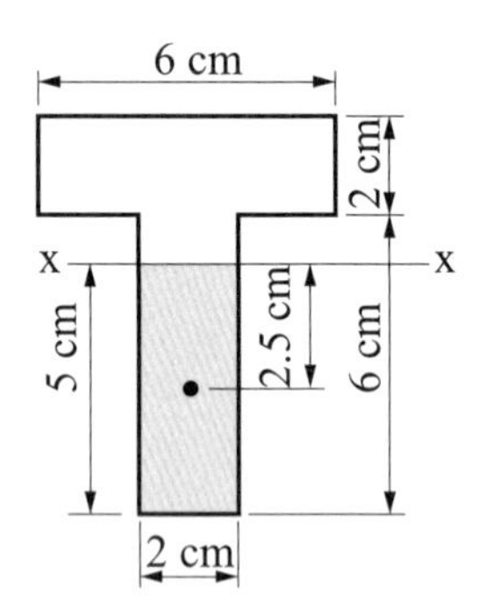

解 $I = (\dfrac{6 \times 2^3}{12} + 12 \times 2^2) + (\dfrac{2 \times 6^3}{12} + 12 \times 2^2)$

$= 136\ \text{cm}^4 = 136 \times 10^4\ \text{mm}^4$

$\tau = \dfrac{VQ}{Ib} = \dfrac{54400 \times [(50 \times 20) \times 25]}{(136 \times 10^4) \times (20)} = 50\ \text{MPa}$

12-3 曲率及曲率半徑

一、曲　率

(一) k 為曲率半徑 ρ 的倒數，亦即 $k = \dfrac{1}{p}$ 或 $e = \dfrac{1}{k}$。

(二)曲率 $k = \dfrac{1}{\rho}$（曲率越大，曲率半徑越小）。

二、樑之彎曲應力與曲率半徑之關係

(一)應變 $\varepsilon = \dfrac{\text{伸長量}}{\text{原長}} = \dfrac{\delta}{L} = \dfrac{y\theta}{\rho\theta} = \dfrac{y}{\rho}$

(二)又 $\sigma = E\varepsilon$　∴彎曲應力 $\sigma = \dfrac{Ey}{\rho}$

(三)由 $\sigma = \dfrac{My}{I}$ 及 $\sigma = \dfrac{Ey}{\rho}$

$\sigma = \dfrac{My}{I} = \dfrac{Ey}{\rho}$　∴ $\dfrac{1}{\rho} = \dfrac{M}{EI}$

故曲率 $k = \dfrac{1}{\rho} = \dfrac{M}{EI}$

ρ：曲率半徑

E：彈性係數

I：斷面至中立軸之慣性矩

σ：彎曲應力

M：彎曲力矩

y：斷面任一點至中立軸之距離

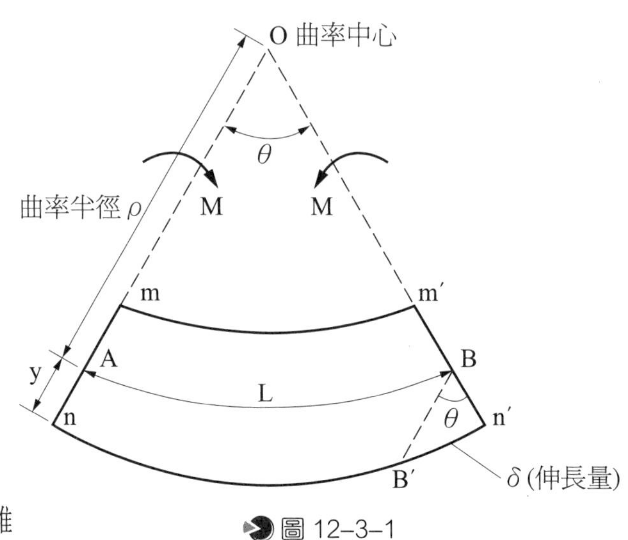

圖 12-3-1

三、特別說明

㈠曲率 (k) 與彎曲力矩 (M) 成正比例，而與撓剛度 (EI) 成反比。

㈡ $k = \frac{1}{\rho} = \frac{M}{EI}$，即 EI 值越大，曲率越小。

㈢若 M 不固定，則樑上各點曲率隨其位置不同而改變。

範例 1

一鋼桿直徑為 d，彎成一圓環，此圓環之平均直徑為 D，如此鋼桿一切均符合彎曲應力公式 $\sigma = \frac{My}{I}$ 之假設條件，則此鋼桿中所產生之最大彎曲應力為何？

解題觀念

此題解題技巧為代入公式 $\sigma = \frac{Ey}{\rho}$ 求得。

解 $\sigma = \frac{Ey}{\rho} = \frac{E(\frac{d}{2})}{(\frac{D}{2})} = \frac{Ed}{D}$

範例 2

直徑 3 mm 之鋼絲，捲於圓柱之周圍，使鋼絲內產生之垂直應力不超過 300 MPa，求圓柱之直徑（彈性係數 200 GPa）。

解題觀念

此題解題技巧為代入公式 $\sigma = \frac{Ey}{\rho}$ 求得。

解 注意單位：彎曲應力 $\sigma = \frac{Ey}{\rho} = \frac{(200 \times 10^3) \times \frac{3}{2}}{\rho} = 300$

$\therefore$ 曲率半徑 $\rho = 1000\text{ mm} = 1\text{ m}$　$\therefore$ 直徑 $= 2\text{ m}$

範例 3

若鋼絲直徑 6 mm，圓弧曲率半徑 12 m，E = 200 GPa，則最大彎曲應力 = ?

解題觀念

此題解題技巧為代入公式 $\sigma = \frac{Ey}{\rho}$ 求得。

解 $\sigma=\frac{Ey}{\rho}=\frac{200\times10^3(\frac{6}{2})}{12000}=50\text{ MPa}$

範例 4

一矩形寬 100 mm，高 60 mm，若受彎曲時應力為 10 MPa，則此時所受之彎矩 M = ? 曲率半徑 = ?（若 E = 200 GPa）

解題觀念

此題解題技巧為代入公式 $\sigma=\frac{My}{I}$，求得 M 再代入 $\frac{1}{\rho}=\frac{M}{EI}$ 求 ρ。

解 $\sigma=\frac{My}{I}$，$10=\frac{M\times\frac{60}{2}}{\frac{100\times60^3}{12}}$

$\therefore M=6\times10^5\text{ N-mm}=600\text{ N-m}$，又 $\frac{1}{\rho}=\frac{M}{EI}=\frac{6\times10^5}{(200\times10^3)\times(\frac{100\times60^3}{12})}$

$\therefore \rho=600\times10^3\text{ mm}=600\text{ m}$

本章重點精要

1. 曲率半徑：曲率中心至中立軸之距離，ρ 為曲率半徑。
2. 曲率：曲率半徑之倒數，以 k 表示之，即曲率 $k = \frac{1}{\rho}$。
3. 曲率 (k) 與彎曲力矩 (M) 成正比例，而與撓剛度 (EI) 成反比。
4. $k = \frac{1}{\rho} = \frac{M}{EI}$，即 EI 值越大，曲率越小。若 M 不固定，則樑上各點曲率隨其位置不同而改變。
5. 彎曲應力 $\sigma = \frac{My}{I} = \frac{M}{Z}$，由此知樑彎曲應力 ($\sigma$) 與彎曲力矩 (M) 成正比，與中立軸的距離 (y) 成正比。樑彎曲應力 (σ) 與慣性矩 (I) 成反比。
6. 樑最大彎曲應力必產生在最大彎矩處之斷面上下兩端（與中立軸最遠處）。
7. 矩形截面樑在中立軸上之最大剪應力為：$\tau_{max} = \frac{3V}{2A}$
8. 圓形截面樑在中立軸上的最大剪應力為：$\tau_{max} = \frac{4V}{3A}$

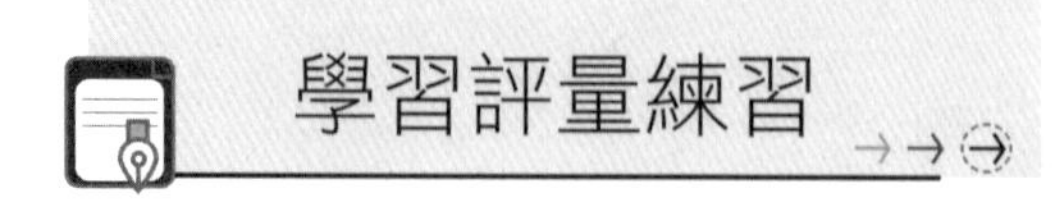

1. 兩材料相同之正方形和圓形樑，若可承受相同之最大彎矩，則正方形樑之邊長立方與圓形樑之直徑立方二者比值約為何？

2. 簡支樑長度 ℓ，寬為 b，高為 h 之矩形樑斷面，受 ω 之均佈負荷則最大彎應力為何？

3. 如圖所示之懸臂樑，樑上所承受之最大彎曲應力為多少 MPa？

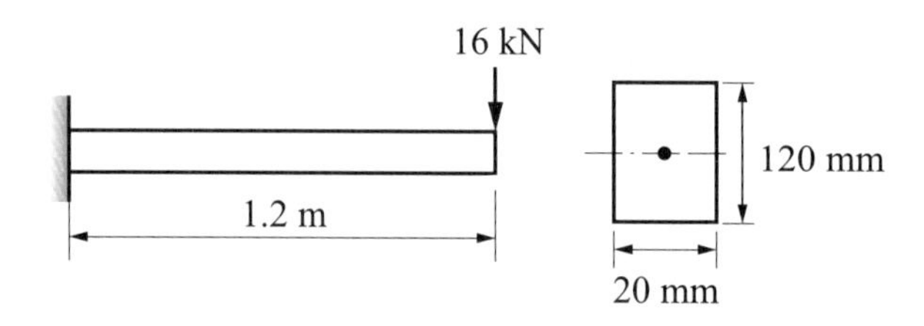

4. 如圖所示，則 BC 段最大應力為若干 MPa？

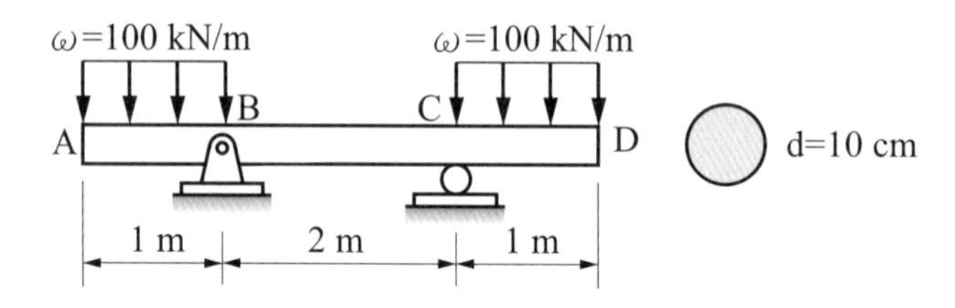

5. 同上題，若 E = 320 GPa，則 BC 段之曲率半徑為何？

6. 矩形樑斷面寬 b = 10 cm，深 h = 20 cm，承受剪力 120 kN，求樑內最大剪應力為多少 MPa？

7. 如圖所示，承受均佈力 ω 以及集中力 P 力之作用，若 ω = 12 kN/m，P = 6 kN，樑剖面為 25 mm × 50 mm 之矩形，則樑中之最大剪應力為多少 MPa？

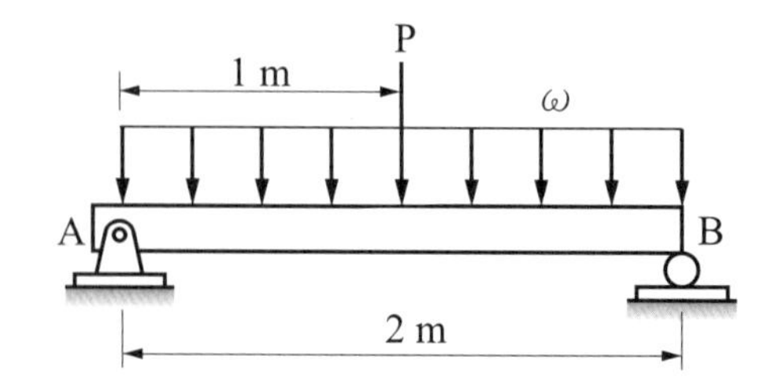

8. 矩形之截面積為 $30 \times h$，受剪力 96 kN，若最大剪應力為 30 MPa，則 h 為多少 mm？

9. 一矩形懸臂樑，E = 150 GPa，承受之彎矩為 45 kN–m，若此矩形之慣性矩 $I = 45 \times 10^4\ mm^4$，則其曲率半徑 = ?

10. 簡支樑如圖所示，則樑內產生最大彎曲應力是多少？樑中點之中立軸上方 80 mm 應力為多少？

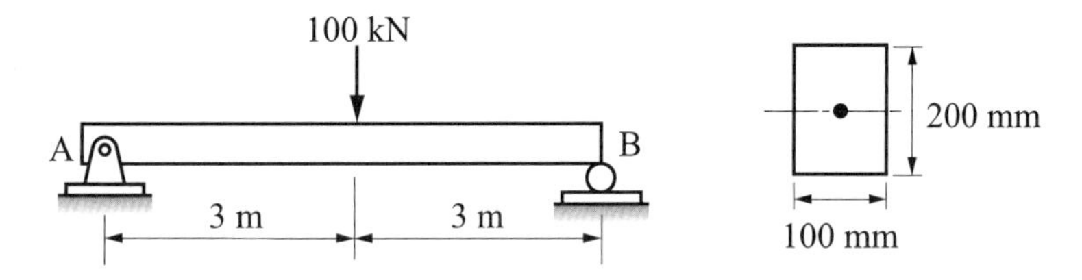

11. 有一寬 20 公分，高 12 公分之矩形截面簡支樑，若承受一負載後產生最大彎曲應力為 100 MPa，則此樑承受之彎曲力矩為多少 kN–m？

12. 如圖所示之懸臂樑 (E = 200 GPa)，其所生之最大抗彎應力為多少？中立面彎曲應力為多少？

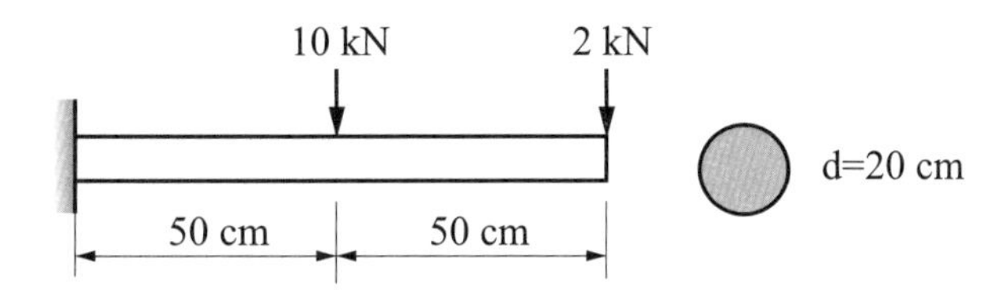

13. 如圖所示斷面之樑，受一正彎矩作用，求最大拉應力與最大壓應力之比。

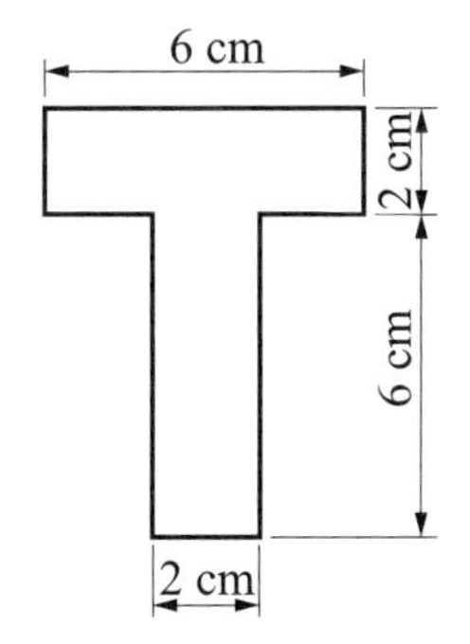

14.如圖所示之截面樑，試求距 A 點 2 m 處之最大拉應力為多少 MPa？壓應力為多少 MPa？x–x 軸應力為多少？

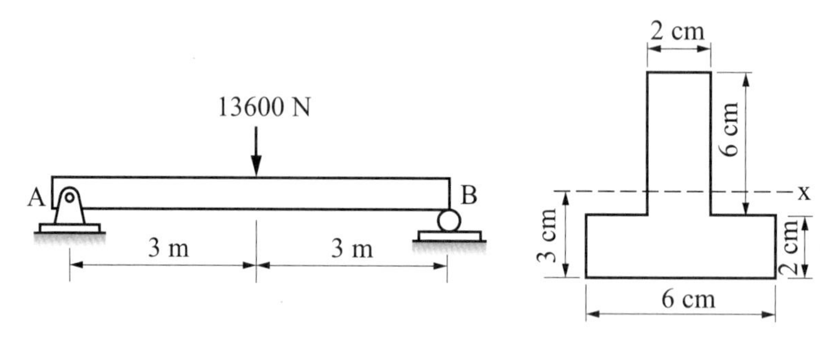

15.一直徑為 20 cm 之圓鋼桿作為橫樑，某一斷面承受 3140 N–m 之彎矩，則此斷面上所受最大拉伸應力為多少 MPa？

16.如圖所示的簡支樑長為 L，樑的中間承受一重為 P 的集中負載，設樑的斷面寬為 b，高為 h，則此樑所承受的最大彎曲應力為何？

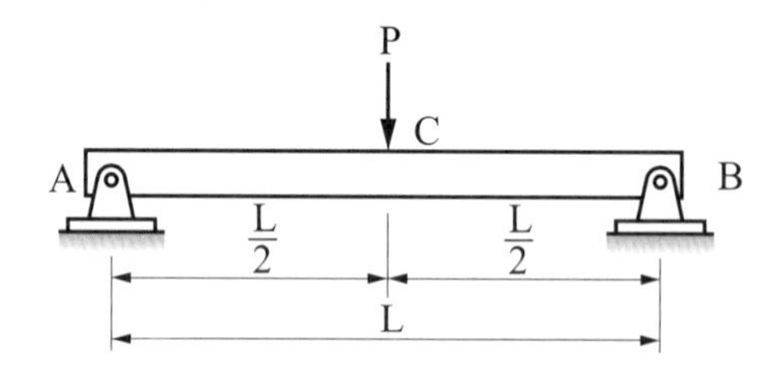

17.如圖所示之懸臂樑，假設樑之重量不計，試求最大抗彎應力為若干 MPa？

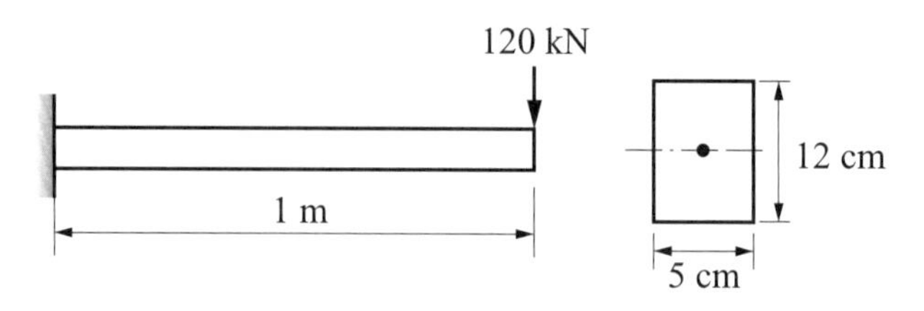

18.如圖所示樑作用於垂直斷面之最大彎曲應力為多少 MPa？

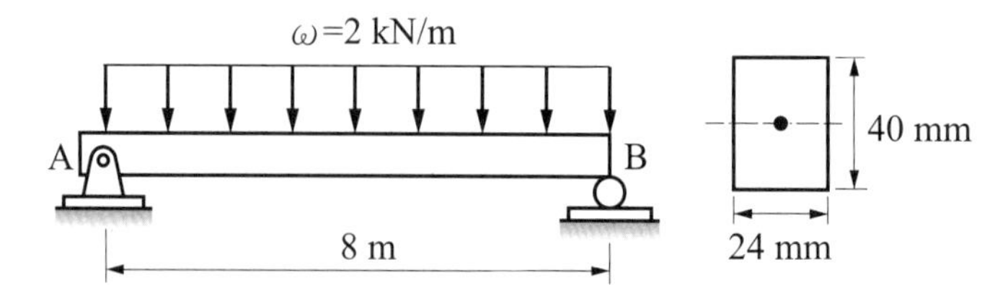

第 13 章 軸的強度與應力

13-1 扭　轉

一、扭轉 (torsion)

㈠軸一端固定，另一端受扭矩作用時，稱為扭轉。

㈡扭矩作用面對固定端會產生一角位移，稱為扭轉角。

㈢扭轉角與軸長成正比，扭矩作用於圓軸上產生剪應力及剪應變。

二、扭轉應力之分析與假設

㈠扭轉應力要在比例限度內。

㈡軸為均質之材料。

㈢在扭轉前及扭轉後，其斷面保持平面，無翹曲 (bucking) 現象。

㈣扭矩之作用面與軸垂直。

㈤軸直徑在扭矩作用下，恆保持為直線且長度不變。

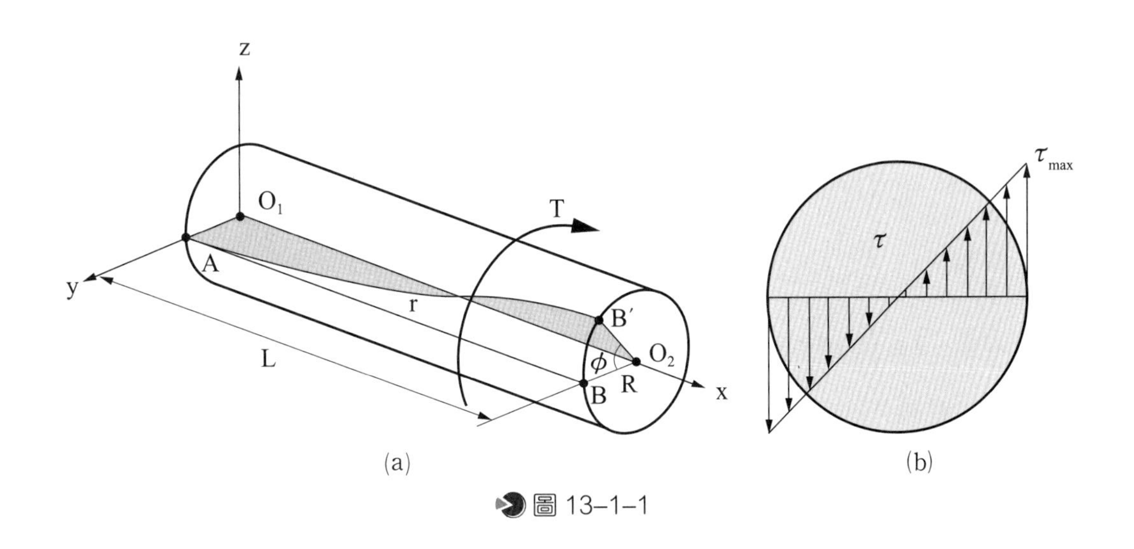

圖 13-1-1

三、扭轉角之計算

㈠總扭轉角 $\phi = \frac{TL}{GJ}$（弧度）

㈡ GJ 稱為軸之扭轉剛度。

㈢總扭轉角 ϕ 與扭矩 T、總長 L 成正比，與扭轉剛度 GJ 成反比（G：剪割彈性係數）。

四、扭轉剪應力之計算

㈠扭轉剪應力公式：$\tau = \frac{TR}{J}$

㈡實心圓軸扭轉剪應力 $\tau_{max} = \frac{T \cdot R}{J} = \frac{T \cdot \frac{d}{2}}{\frac{\pi d^4}{32}} = \frac{16T}{\pi d^3}$ 或 $T = \tau_{max} \cdot \frac{\pi d^3}{16}$

T：扭矩
J：圓斷面極慣性矩
τ：圓軸表面最大剪應力
R：圓軸最外層之半徑
d：圓軸直徑

五、扭轉注意事項

㈠扭轉時剪應變及剪應力與圓軸半徑成正比，圓軸表面最大，在軸中心線上為零。

㈡延性材料抗剪力較弱→拉力試驗時呈 45° 斷裂→剪力破壞。

㈢脆性材料抗拉力較弱→扭轉時呈 45° 斷裂→拉力破壞。

㈣扭轉時 45° 斷面拉應力最大。

㈤實心圓軸：$J = \frac{\pi d^4}{32}$

㈥空心圓軸：$J = \frac{\pi}{32}(d_{外}^4 - d_{內}^4)$

$d_{外}$：圓軸外徑
$d_{內}$：圓軸內徑

範例 1

如圖所示，有一空心圓軸，其外徑為 D，內徑為 d，受扭矩之作用，則其外徑與內徑所產生之剪應力之比 $\frac{\tau_2}{\tau_1}$ 為何？

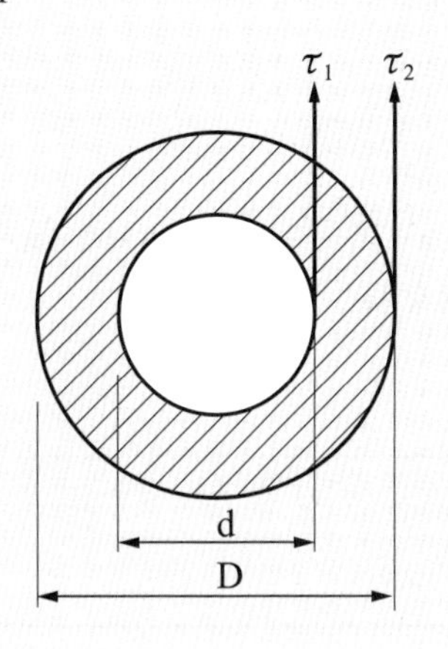

解題觀念

由題目知此題為中空圓且共用同一中心，故大小僅與受力面積相關。

解 τ 與半徑成正比 $\therefore \frac{\tau_1}{\tau_2}=\frac{\frac{d_1}{2}}{\frac{d_2}{2}}=\frac{d_1}{d_2}$ $\therefore \frac{\tau_2}{\tau_1}=\frac{D}{d}$

範例 2

一中空圓軸之外徑為 20 cm，於承受扭矩後在內壁之剪應力為 800 N/cm^2，且外壁之剪應力為 1000 N/cm^2，則內徑為若干 cm？

解題觀念

由題目知此題為中空圓且共用同一中心，故大小僅與受力面積相關。

解 τ 與半徑成正比 $\therefore \frac{\tau_1}{\tau_2}=\frac{\frac{d_1}{2}}{\frac{d_2}{2}}=\frac{d_1}{d_2}$ $\therefore \frac{\tau_2}{\tau_1}=\frac{D}{d}$

$\therefore \frac{1000}{800}=\frac{20}{d}$，$d=16\ (cm)$

範例 3

一直徑為 2 cm 之軸，承受 6280 N–cm 之扭矩，軸長 1.6 公尺，剪力彈性模數 $G = 8 \times 10^5\ N/cm^2$，則扭轉角為多少弧度？

解題觀念

此題解題技巧為代入公式 $\phi = \frac{TL}{GJ}$ 求得。

解　總扭轉角 $\phi = \frac{TL}{GJ}$ 弧度 $= \frac{6280 \times 160}{8 \times 10^5 \times \frac{\pi \times 2^4}{32}} = 0.8$ 弧度

範例 4

一圓軸之直徑為 6 公分，承受扭矩為 314 N–m，則產生之最大剪應力為多少 N/cm^2？

解題觀念

此題解題技巧為代入公式 $\tau_{max} = \frac{16T}{\pi d^3}$ 求得。

解　$\tau_{max} = \frac{16T}{\pi d^3} = \frac{16 \times 314}{\pi \times 6^3} \doteqdot 740.7\ N/cm^2$

範例 5

一空心圓軸外徑 10 cm，內徑 4 cm，承受一扭矩 314000 N–cm，則最大剪應力為多少 N/cm^2？

解題觀念

此題解題技巧為代入公式 $\tau = \frac{T \cdot r}{J}$ 求得。

解　$\tau = \frac{T \cdot r}{J} = \frac{314000 \times \frac{10}{2}}{\frac{\pi(10^4 - 4^4)}{32}} = 1642.04\ N/cm^2$

範例 6

一實心圓軸的直徑為 20 mm，長 3.14 m，承受扭矩 62.8 N–m，產生的扭轉角 4°，求剪割彈性係數 G 約為多少 GPa？

解題觀念

此題解題技巧為代入公式 $\phi = \frac{TL}{GJ}$ 求得。

解 $\phi = \frac{TL}{GJ}$，$4^\circ = \frac{4\pi}{180}$ 弧度，$\frac{4\pi}{180} = \frac{(62.8 \times 1000) \times 3140}{G \times \frac{\pi \times (20)^4}{32}}$

$\therefore G = 180 \times 10^3 \text{ MPa} = 180 \text{ GPa}$

範例 7

一直徑為 4.5 cm 之軸，受 10000 kg–cm 之扭矩，軸長為 1.2 m，剛性模數 $G = 320000 \text{ kg/cm}^2$，則扭轉角為多少 rad？

解題觀念

此題解題技巧為代入公式 $\phi = \frac{TL}{GJ}$ 求得。

解 1.2 m = 120 cm

由總扭轉角 $\phi = \frac{TL}{GJ} = \frac{10000 \times 120}{320000 \times \frac{\pi \times 4.5^4}{32}} = \frac{640}{2187\pi}$ rad

13-2 動力、扭轉之關係

一、軸之傳動功率

(一) $P = T\omega = T \cdot \frac{2\pi N}{60}$（T：扭矩；ω：弧度/秒；$\omega = \frac{2N\pi}{60}$；N：轉/分）。

(二) $W = FV = \frac{T \times 2\pi N}{60}$（W：功；F：力量，單位 (N) 牛頓；V：速度 m/s；T：扭矩；N：轉速 (rpm)）

(三) 1 馬力 = 75 公斤–公尺/秒

(四) 1 HP = 746 W。

(五) 1 PS = 736 W。

(六)功率 $P = \frac{2\pi NT}{75 \times 60}$（馬力）$= \frac{NT}{716.2}$（馬力，PS）

(七) $T = \frac{75 \times 60P}{2\pi N} = 716.2 \times \frac{P}{N}$（公斤–公尺）（1 kW = 1.36 PS）

二、實心軸直徑 (D)

㈠扭轉時剪應力 $\tau_{max} = \dfrac{TR}{J} = \dfrac{16T}{\pi d^3}$

㈡ $d = \sqrt[3]{\dfrac{16T}{\pi \cdot \tau_{max}}} = 71.5\sqrt[3]{\dfrac{P\text{ 馬力}}{N \cdot \tau_{max}}}$ (cm)

$$\begin{cases} \text{剪應力 } \tau_{max}\text{：kg/cm}^2 \\ \text{直徑 d：cm} \\ \text{轉速 N：rpm} \end{cases}$$

三、動力、扭轉注意事項

㈠當兩軸材料和傳遞功率相同時，兩軸的直徑與轉速的立方根成反比，即轉速快者軸徑較小，反之則較大。

㈡當兩軸轉速和材質相同時，則兩軸所能傳遞的功率與軸徑的立方成正比。或軸徑與傳動之功率的立方根成正比。

即 $\dfrac{d_1}{d_2} = (\dfrac{N_2}{N_1})^{\frac{1}{3}}$，$\dfrac{P_1}{P_2} = (\dfrac{d_1}{d_2})^3$ 或 $\dfrac{d_1}{d_2} = (\dfrac{P_1}{P_2})^{\frac{1}{3}}$

範例 1

一馬達轉速為 1200 rpm，輸出功率為 3.14 kW，則傳動的扭矩為多少 N–m？

解題觀念

此題解題技巧為代入公式 $P = T \cdot \omega$ 求得。

解 $P = T \cdot \omega$，$3140 = T \times \dfrac{2 \times 1200 \times \pi}{60}$ $\therefore T = 25$ N–m

範例 2

有一圓軸，承受 150 N–m 之扭矩，且轉速為 150 rpm，則此軸能傳送之功率為多少？

解題觀念

此題解題技巧為代入公式 $P = T \times \dfrac{2N\pi}{60}$ 求得 W。

解 功率 (P) = $T \cdot \omega$

$$= T \times \frac{2N\pi}{60} = 150 \times \frac{2 \times 150 \times \pi}{60} \text{ N–m/s}$$

$$= \frac{1}{75} \times \frac{150 \times 2 \times 150 \times \pi}{60} \text{ 馬力} = 31.4 \text{ 馬力}$$

範例 3

一實心圓軸直徑為 2 cm，其最大容許剪應力為 800 kg/cm^2，若其最高轉速為 600 rpm，則此軸可傳送之最大功率約為若干公制馬力？

解題觀念

先求扭矩 T 再代入 $PS = \frac{T \times 2N\pi}{4500}$。

解 $800 = \frac{16T}{\pi(2)^3}$，T = 1256 kg–cm = 12.56 kg–m

$$PS = \frac{12.56 \times 2\pi \times 600}{4500} = 10.5 \text{ 馬力}$$

範例 4

有一傳動軸，轉速為 1200 rpm，傳送動力 314 馬力，求作用於軸上之扭轉力矩為多少 kg–m？

解題觀念

此題解題技巧為代入公式 $P = \frac{T \times 2N\pi}{60}$ 求得。

解 功率 $P = T \times \omega = \frac{T \times 2N\pi}{60}$

$$314 \times 75 = \frac{T \times 2 \times 1200 \times \pi}{60} \quad \therefore T \fallingdotseq 187.5 \text{ kg–m}$$

範例 5

一軸以每分鐘 2000 轉傳動 10 kw 的功率，求軸所受的扭矩為多少？

解題觀念

此題解題技巧為代入公式 $P = \frac{T \times 2N\pi}{60}$ 求得。

解 $P = T \times \omega$，$10 \times 1000 = T \times \frac{2 \times 2000 \times \pi}{60} \quad \therefore T = \frac{150}{\pi}$ N–m

（P 用瓦特，T 為 N–m，ω 為弧度/秒）

範例 6

設有一直徑 10 mm 之軸，以 1500 rpm 迴轉，若其剪應力為 $\frac{16000}{\pi}$ N/cm^2，則其傳動功率為何？

解題觀念

此題解題技巧為代入公式 $\tau=\frac{T\cdot r}{J}$ 求得 T，再代入功率 $=T\times\omega$。

解 $\tau=\frac{T\cdot r}{J}=\frac{16T}{\pi d^3}$，$\frac{16000}{\pi}=\frac{16\times T}{\pi\times 1^3}$ $\therefore T=1000\ N\cdot cm=10\ N\text{–}m$

功率 $=T\times\omega=10\times\frac{1500\times 2\pi}{60}$ N–m/s

範例 7

一軸轉速為 150 rpm，傳達 100 馬力，其最大容許剪應力為 600 kg/cm^2，試求其轉軸之直徑為多少公分？

解題觀念

此題解題技巧為代入公式 $P=T\times\omega=T\times\frac{2N\pi}{60}$ 求得 T，再代入 $\tau=\frac{T\cdot R}{J}$。

解 功率 $P=T\times\omega=T\times\frac{2N\pi}{60}$，$100\times 75=T\times\frac{2\times 150\times\pi}{60}$

$\therefore T=477.7\ kg\text{–}m=47770\ kg\text{–}cm$

由剪應力 $\tau=\frac{T\cdot R}{J}$，$600=\frac{47770\times\frac{d}{2}}{\frac{\pi d^4}{32}}$ $\therefore d\doteqdot 7.4\ cm$

本章重點精要

1. 軸一端固定，另一端受扭矩作用時，稱為扭轉。扭矩作用面對固定端會產生一角位移，稱為扭轉角。
2. 總扭轉角 $\phi = \frac{TL}{GJ}$（弧度），GJ 稱為軸之扭轉剛度。總扭轉角 ϕ 與扭矩 T、總長 L 成正比，與扭轉剛度 GJ 成反比（G：剪割彈性係數）。
3. 扭轉剪應力公式：$\tau = \frac{TR}{J}$
4. 實心圓軸扭轉剪應力 $\tau_{max} = \frac{T \cdot r}{J} = \frac{T \cdot \frac{d}{2}}{\frac{\pi d^4}{32}} = \frac{16T}{\pi d^3}$ 或 $T = \tau_{max} \cdot \frac{\pi d^3}{16}$
5. 功率之求法 $\begin{cases} W = FV = \frac{T \times 2\pi N}{60} \\ PS = \frac{W}{75} \end{cases}$ W：功率；T：扭矩；PS：公制馬力

學習評量練習

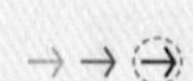

1. 外徑為 20 cm 之實心圓軸，與同外徑而有 10 cm 內孔之空心圓軸，若兩軸允許剪應力相同，則空心圓軸扭轉強度為實心圓軸強度之多少 %？

2. 當一圓軸承受扭力作用，其圓軸直徑增加一倍，則圓軸所承受之扭應力變為原來之多少倍？

3. 一空心鋼軸，外徑 8 cm，內徑 4 cm，受到 50 kg–m 之扭轉力矩作用，則在外徑面上之剪應力為內徑面上剪應力之多少倍？

4. 直徑為 20 mm 之實心圓軸，受 200π N–m 之扭矩，則最大剪應力為多少 MPa？

5. 如圖所示，一實心軸直徑 4 cm，另一同材料之空心軸外徑為 5.0 cm，若二軸截面積相同且承受相同扭矩，則其剪應力比為何？

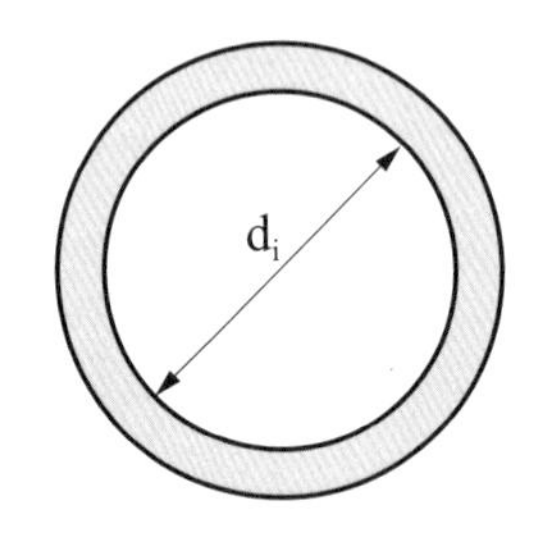

6. 設有一直徑為 20 mm 之圓鐵桿，若其容許扭轉剪應力 $\tau_w = 200$ MPa，則此桿能承受最大扭矩 T 為多少 N–m？

7. 若傳動軸之傳送功率變為原來之 4 倍，直徑變為原來之兩倍，剪應力變為原來之多少倍？

8. 直徑 20 mm 的圓軸承受 40π N–m 的扭矩，若軸長 0.16 m，G = 80 GPa，扭轉角為多少 rad？

9. 如圖所示，三個皮帶輪傳遞不同馬力，為使剪應力相等，求直徑 $\frac{d_1}{d_2}=?$

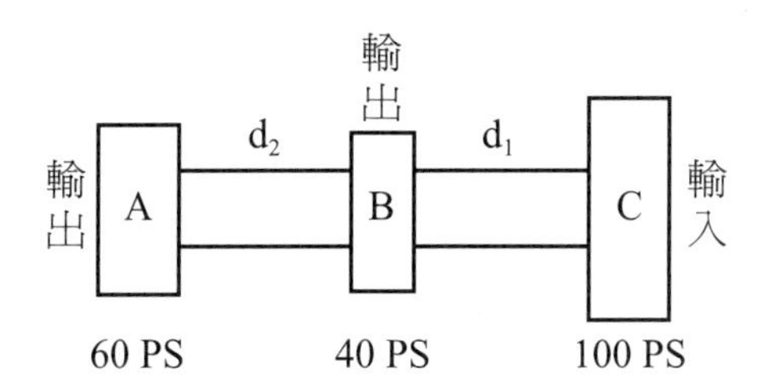

10. 材料相同之兩軸傳遞相同功率，其中一軸直徑 2 cm，轉速 2700 rpm，另一軸轉速 800 rpm，則此圓軸直徑多少公分？

11. 材料相同，轉速也相同之兩軸，其中一軸的直徑 3 cm，可傳送 20 HP 的功率，另一軸直徑 6 cm，可傳送多少馬力的功率？

12. 軸直徑為 8 mm，長 628 mm，一端固定，一端施以一扭矩作用使其扭轉 9°，若材料剪割彈性係數為 80 GPa，求其剪應變及剪應力。

13. 有一實心圓軸直徑 20 mm，長 16 公尺，承受 100π kN–mm 之扭矩，試求此軸的扭轉角及最大剪應力（剛性係數 G 為 80 GPa）。

14. 有一空心圓軸，外徑 8 cm，內徑 4 cm，承受 47.1 kN–m 之扭矩，試求其最大剪應力及內徑表面之剪應力各為多少 MPa？

15. 若圓軸直徑變為原來之 2 倍，則剪應力和扭轉角各變成原來之多少倍？

16. 一空心軸外徑 10 公分，內徑 3 公分，受扭矩後在內壁誘生剪應力 600 MPa，則外壁產生剪應力為多少 MPa？

17. 有一中空圓柱之外徑為 10 cm，承受一扭矩作用後，其外壁產生 100 MPa 之剪應力，內壁產生 60 MPa 之剪應力，中空圓柱之內徑為多少 cm？

18. 3140 kg–m 之扭矩作用於直徑為 20 cm 之圓軸上，其最大剪應力為多少 kg/cm^2（重力單位）？

筆記欄

第 14 章　合應力

14–1 拉伸、壓縮與彎曲之合成

一、張力與彎曲之合成

㈠構件所承受之負荷常為兩種以上之負荷。

㈡合應力可應用重疊法求得。

㈢如圖 14–1–1 所示，圖中之作用力可分解成一拉力 P 及一彎矩 $M = P \cdot e$，分別作用於構件上（e 為負荷與中心軸距離）。

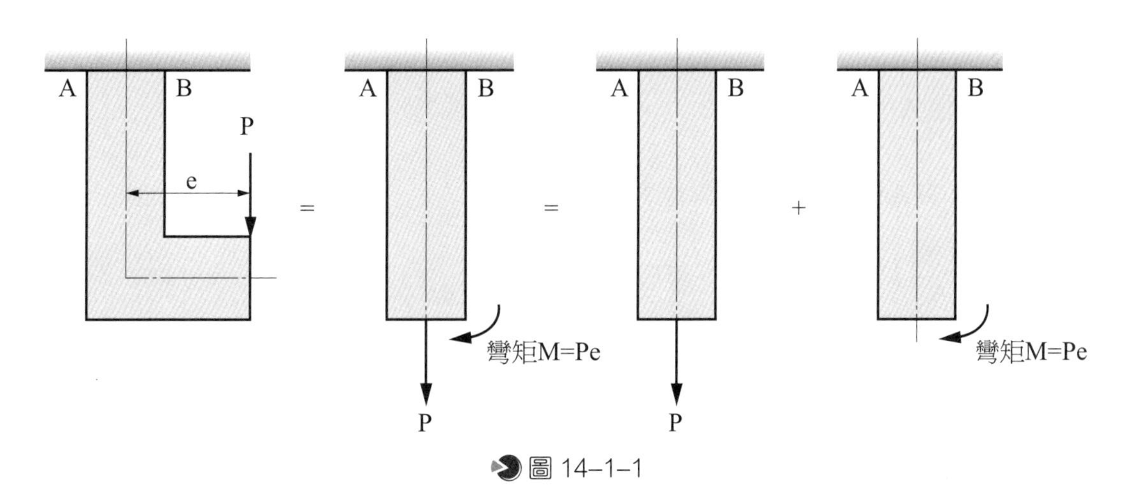

圖 14–1–1

㈣拉力 P 使 A、B 點產生拉應力 $\sigma_1 = \dfrac{P}{A}$

㈤彎矩 M 使 A、B 點產生拉／壓應力 $\sigma_2 = \dfrac{My}{I} = \dfrac{M}{Z}$

㈥ $\sigma_{max} = \sigma_B = \dfrac{P}{A} + \dfrac{My}{I} = \dfrac{P}{A} + \dfrac{M}{Z}$（拉應力）。

㈦ $\sigma_{min} = \sigma_A = \dfrac{P}{A} + (-\dfrac{My}{I}) = \dfrac{P}{A} + (-\dfrac{M}{Z})$

二、壓力與彎曲之合成

㈠如圖 14–1–2 所示，圖中之作用力可分解成一壓力 P 及一彎矩 $M = P \cdot e$，分別作用於構件上（e 為負荷與中心軸距離）。

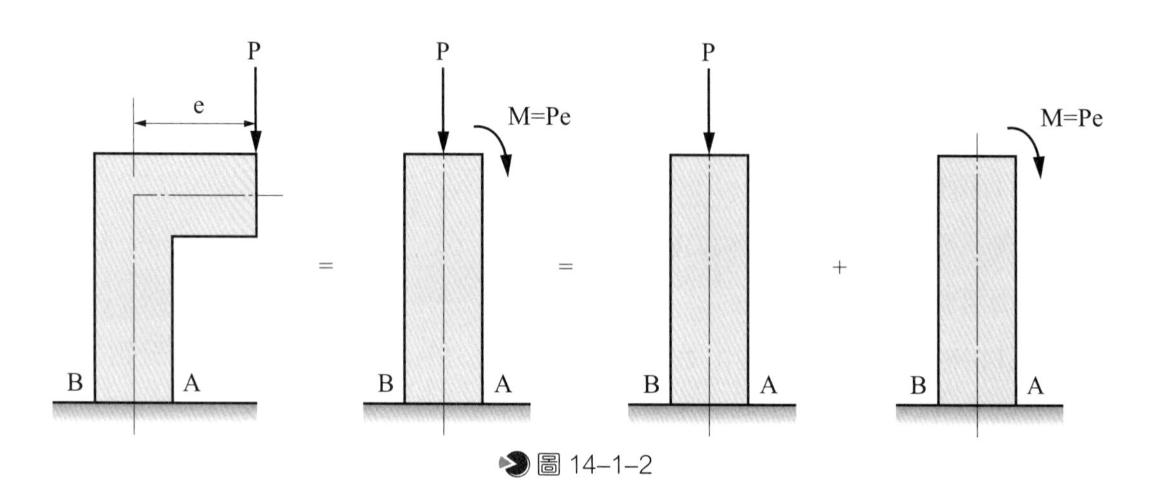

圖 14–1–2

㈡ 壓力 P 使 A、B 產生壓應力 $\sigma_1 = \frac{-P}{A}$（負表壓應力）
彎矩 M 使 A、B 產生拉／壓應力 $\sigma_2 = \frac{My}{I}$

㈢ $\sigma_{max} = \sigma_A = (\frac{-P}{A}) + (\frac{-My}{I})$（壓應力），$\sigma_{min} = \sigma_B = (\frac{-P}{A}) + \frac{My}{I}$

範例 1

如圖所示之環，承受一力 $P = 3140$ N，若斷面直徑為 10 mm，則環上 A 點之最大拉力為多少 MPa？

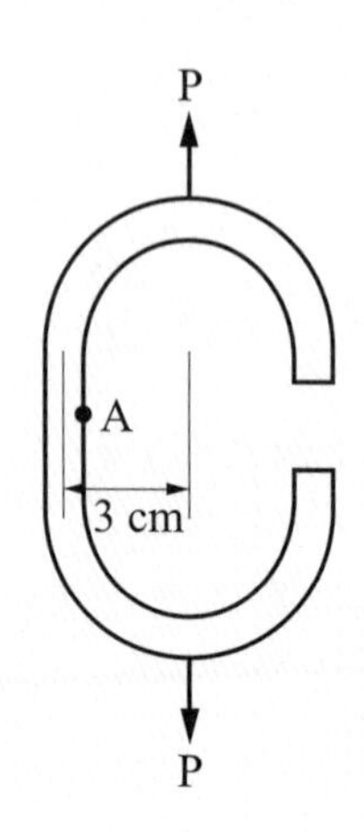

解題觀念

利用合應力可分為一單力與一力偶，即代入 $\sigma_A = \frac{P}{A} + \frac{M}{Z}$ 即為所求。

解 $\sigma_A = \frac{P}{A} + \frac{M}{Z} = \frac{3140}{\frac{\pi}{4}\times(10)^2} + \frac{(3140)(30)}{\frac{\pi}{32}\times(10)^3} = 1000\ \text{MPa}$

$(M = P\times 3 = 3140\times 3\ \text{N–cm} = 3140\times 30\ \text{N–mm})$

範例 2

如圖所示，求最大拉應力與最大壓應力。

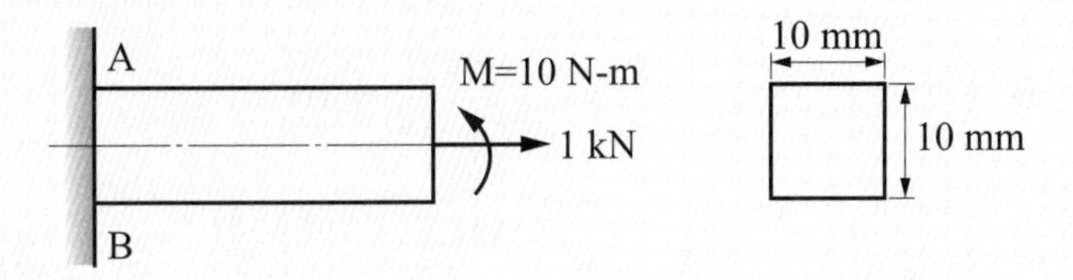

解題觀念

分別求出依單力所產生之拉力與力偶所產生之拉或壓力。

解

拉力使 A、B 點產生拉應力 $\sigma_1 = \frac{P}{A} = \frac{1000}{10\times 10} = 10\ \text{MPa}$

彎矩使 A、B 點產生拉／壓應力 $\sigma_2 = \frac{My}{I} = \frac{10000\times\frac{10}{2}}{\frac{10\times 10^3}{12}} = 60\ \text{MPa}$

$10\ \text{N–m} = 10000\ \text{N–mm}$

∴最大拉應力 $= \sigma_B = 10 + 60 = 70\ \text{MPa}$

最大壓應力 $= \sigma_A = 10 - 60 = -50\ \text{MPa}$

範例 3

如圖所示，為一方形斷面之樑，其邊長為 100 mm，受到軸向力 100 kN 及彎矩 10 kN–m 之作用，則此斷面所承受之最大拉應力為多少 MPa？

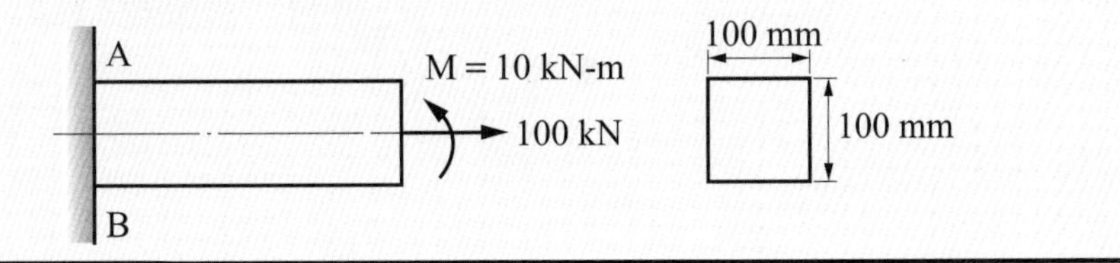

解題觀念

分別求出依單力所產生之拉力與力偶所產生之拉或壓力。

解

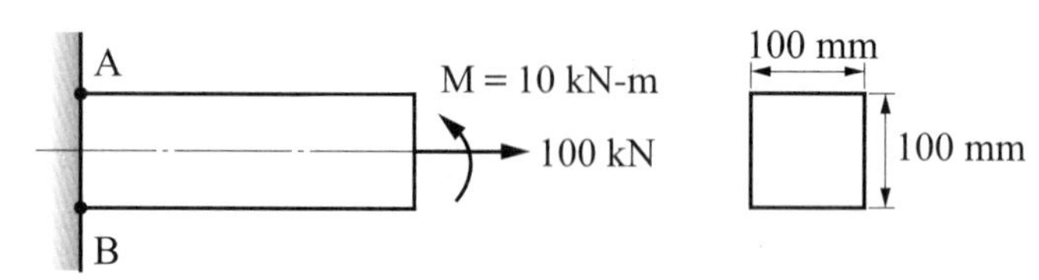

$M = 10\ \text{kN–m} = 10 \times 1000\ \text{N–m} = 10 \times 10^3 \times 10^3\ \text{N–mm}$

100 kN

拉力使 A、B 產生拉應力 $\sigma_1 = \dfrac{P}{A} = \dfrac{100000}{100 \times 100} = 10\ \text{MPa}$

彎矩 M 使 A、B 產生壓／拉應力 $\sigma_2 = \dfrac{My}{I} = \dfrac{10000000 \times \dfrac{100}{2}}{\dfrac{100 \times (100)^3}{12}} = 60\ \text{MPa}$

B 點應力 $= \sigma_1 + \sigma_2 = 10 + 60 = 70\ \text{MPa} \rightarrow \max$（註：1 kN–m = 1000 N × 1000 mm）

14–2 扭轉與彎曲之合成

一、扭轉與彎曲之合成

㈠如圖 14–2–1 所示，為一傳動軸承受一扭矩 T 及一集中載重 P 作用。

㈡如圖 14–2–1 可分解成承受一剪力 V（即 V = P），和一彎曲力矩 M（即 M = PL）及一扭矩 T 之作用。

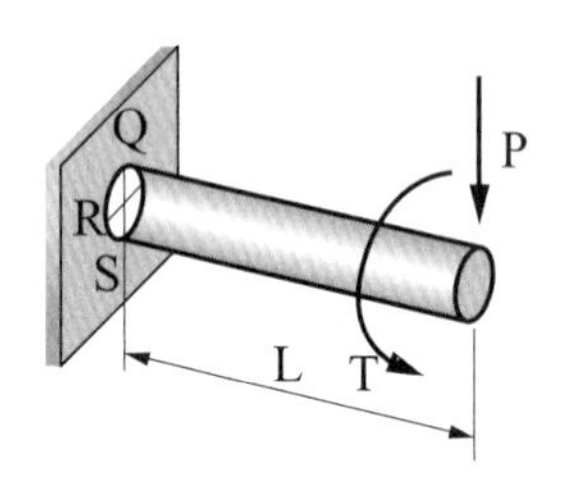

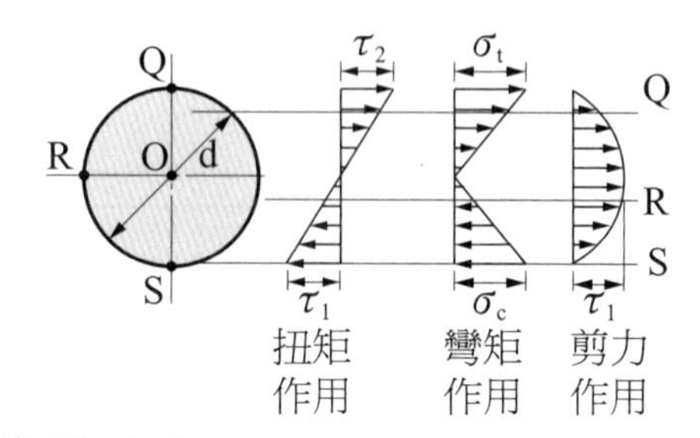

圖 14–2–1

二、扭轉與彎曲之合成說明

㈠由剪力產生之剪應力，在中立面最大：$\tau_1=\frac{4V}{3A}$，在上下兩端時為零。

㈡由彎矩產生之彎曲應力在中立面時為零，在上下兩端最大。

$$\sigma=\frac{My}{I}=\frac{M\cdot\frac{d}{2}}{\frac{\pi d^4}{64}}=\frac{32M}{\pi d^3}$$

㈢由扭矩產生之扭轉剪應力在中立軸為零，在表面有最大值。

$$\tau_2=\frac{T\cdot r}{J}=\frac{T\cdot\frac{d}{2}}{\frac{\pi d^4}{32}}=\frac{16T}{\pi d^3}$$

㈣ Q、S 兩點表面，同時受最大扭矩及最大彎矩之作用（∵表面受剪力作用時，剪應力為零）。

㈤主應力 $\sigma_{max}=\frac{\sigma}{2}+\sqrt{(\frac{\sigma}{2})^2+(\tau_2)^2}=\frac{16M}{\pi d^3}+\sqrt{(\frac{16M}{\pi d^3})^2+(\frac{16T}{\pi d^3})^2}$

㈥最大主應力 $\sigma_{max}=\frac{16}{\pi d^3}(M+\sqrt{M^2+T^2})=\frac{32}{\pi d^3}M_e$ $\therefore d=\sqrt[3]{\frac{32M_e}{\pi\sigma_{max}}}$

㈦最大剪應力 $\tau_{max}=\frac{16}{\pi d^3}\sqrt{M^2+T^2}=\frac{16}{\pi d^3}T_e$ $\therefore d=\sqrt[3]{\frac{16T_e}{\pi\tau_{max}}}$

㈧ $T_e=\sqrt{M^2+T^2}$ 稱為相當扭矩（或等效扭矩），產生剪應力。

㈨ $M_e=\frac{1}{2}(M+\sqrt{M^2+T^2})$ 稱為相當彎矩（或等效彎矩），產生正交應力。

㈩最小主應力 $\sigma_{max}=\frac{\sigma}{2}-\sqrt{(\frac{\sigma}{2})^2+(\tau_2)^2}=\frac{16}{\pi d^3}(M-\sqrt{M^2+T^2})$

⑪ R 點表面受剪力所產生之剪應力和扭矩所產生之剪應力，所以 R 點僅受剪應力（∵彎曲應力為零）。

$$\therefore\tau_R=\tau_1+\tau_2=\frac{4V}{3A}+\frac{16T}{\pi d^3}$$

範例 1

如圖所示，一圓形橫斷面之懸臂樑同時受到扭矩 T 及彎矩 M 之作用，則此時 A 點之最大主應力為何？

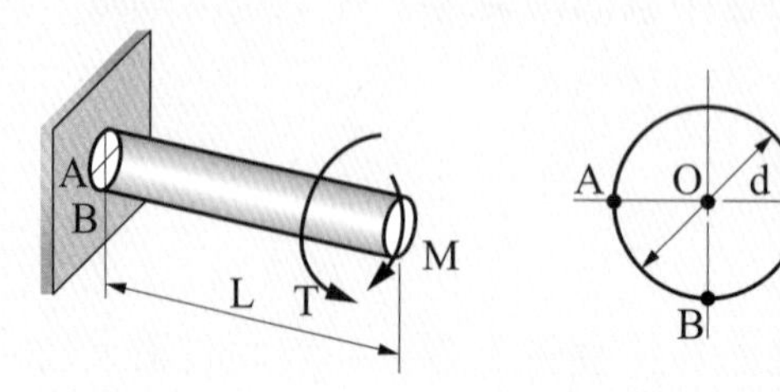

解題觀念

A 點在中立面之表面上，∴由彎矩產生之應力為零。∵中立面彎曲應力 = 0，∴ A 點僅受扭矩作用。

解　∵有剪應力 $\tau = \dfrac{T \cdot r}{J} = \dfrac{T \times \dfrac{d}{2}}{\dfrac{\pi d^4}{32}} = \dfrac{16T}{\pi d^3}$，$\sigma = 0$

∴最大主應力 $\sigma_{max} = \dfrac{\sigma}{2} + \sqrt{(\dfrac{\sigma}{2})^2 + \tau^2} = \tau = \dfrac{16T}{\pi d^3}$

範例 2

上題中，B 點之最大主應力為何？

解題觀念

B 點受彎矩作用乃壓應力（取負），B 點受彎矩 (M) 產生彎曲應力。

解　B 點受彎矩作用乃壓應力（取負），B 點受彎矩 (M) 產生彎曲應力

$\sigma = \dfrac{-My}{I} = \dfrac{-32M}{\pi d^3}$

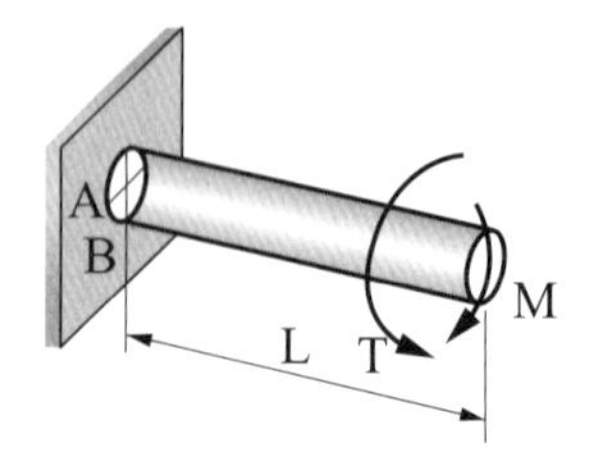

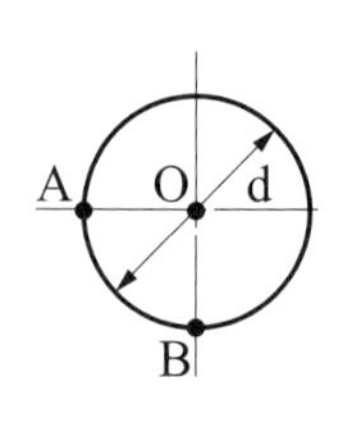

受扭矩作用產生剪應力 $\tau = \dfrac{T \cdot r}{J} = \dfrac{16T}{\pi d^3}$

$\therefore$ 最大主應力 $\sigma_{max} = \frac{\sigma}{2} + \sqrt{(\frac{\sigma}{2})^2 + (\tau)^2}$

$$= \frac{(\frac{-32M}{\pi d^3})}{2} + \sqrt{[\frac{(\frac{-32M}{\pi d^3})}{2}]^2 + (\frac{16T}{\pi d^3})^2}$$

$$= \frac{16}{\pi d^3}(-M + \sqrt{M^2 + T^2})$$

τ σ B σ τ

範例 3

某直徑 10 mm 之圓軸同時承受 7000 N–cm 彎矩及 24000 N–cm 扭矩作用，則其最大剪應力應為多少 MPa？

解題觀念

先由 $T_e = \sqrt{M^2 + T^2}$ 求 T 再代入 $\tau_{max} = \frac{16T_e}{\pi d^3}$。

解 $T_e = \sqrt{M^2 + T^2} = 25000$ N–cm $= 25000 \times 10$ N–mm

$$\tau_{max} = \frac{16T_e}{\pi d^3} = \frac{16 \times 250000}{\pi \times 10^3} = \frac{4000}{\pi} \text{ MPa}$$

範例 4

一軸 d = 100 mm 同時受 300 N–m 之彎矩及 400 N–m 之扭矩，則最大主應力和最大剪應力各為若干？

解題觀念

代入 $\sigma_{max} = \frac{M_e y}{I}$ 與 $\tau_{max} = \frac{T_e r}{J}$ 即為所求。

解 $T_e = \sqrt{M^2 + T^2} = \sqrt{(300)^2 + (400)^2} = 500$ N–m $= 500 \times 1000$ N–mm

$M_e = \frac{1}{2}(M + \sqrt{M^2 + T^2}) = 400$ N–m $= 400 \times 1000$ N–mm

$$\sigma_{max} = \frac{M_e y}{I} = \frac{400000 \times \frac{100}{2}}{\frac{\pi \times (100)^4}{64}} = 4.07 \text{ MPa}$$

$$\tau_{max} = \frac{T_e r}{J} = \frac{500000 \times \frac{100}{2}}{\frac{\pi \times (100)^4}{32}} = 2.55 \text{ MPa}$$

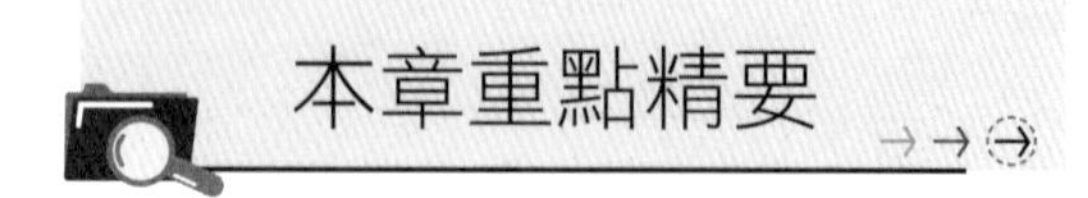

1. 構件所承受之負荷常為兩種以上之負荷。
2. 作用力可分解成一拉力 P 及一彎矩 $M = P \cdot e$，分別作用於構件上（e 為負荷與中心軸距離）。
3. $\sigma_{max} = \sigma_A = (\frac{-P}{A}) + (\frac{-My}{I})$（壓應力），$\sigma_{min} = \sigma_B = (\frac{-P}{A}) + \frac{My}{I}$
4. 主應力 $\sigma_{max} = \frac{\sigma}{2} + \sqrt{(\frac{\sigma}{2})^2 + (\tau_2)^2} = \frac{16M}{\pi d^3} + \sqrt{(\frac{16M}{\pi d^3})^2 + (\frac{16T}{\pi d^3})^2}$
5. 最大主應力 $\sigma_{max} = \frac{16}{\pi d^3}(M + \sqrt{M^2 + T^2}) = \frac{32}{\pi d^3} M_e$

   $\therefore d = \sqrt[3]{\frac{32 M_e}{\pi \sigma_{max}}}$
6. 最大剪應力 $\tau_{max} = \frac{16}{\pi d^3}\sqrt{M^2 + T^2} = \frac{16}{\pi d^3} T_e$

   $\therefore d = \sqrt[3]{\frac{16 T_e}{\pi \tau_{max}}}$。
7. R 點表面受剪力所產生之剪應力和扭矩所產生之剪應力，所以 R 點僅受剪應力（∵彎曲應力為零）。

   $\therefore \tau_R = \tau_1 + \tau_2 = \frac{4V}{3A} + \frac{16T}{\pi d^3}$

學習評量練習

1. 一直徑為 200 mm 之軸，同時受 3000 N–m 之彎矩及 4000 N–m 之扭矩作用，則其最大彎曲應力為多少 MPa？
2. 一直徑為 200 mm 之軸，同時受 30 kN–m 之彎矩及 40 kN–m 之扭矩作用，則其產生之最大剪應力約為多少 MPa？
3. 如右圖所示，截面為 150 mm × 400 mm 之懸臂樑，試求其最大拉應力及最大壓應力。

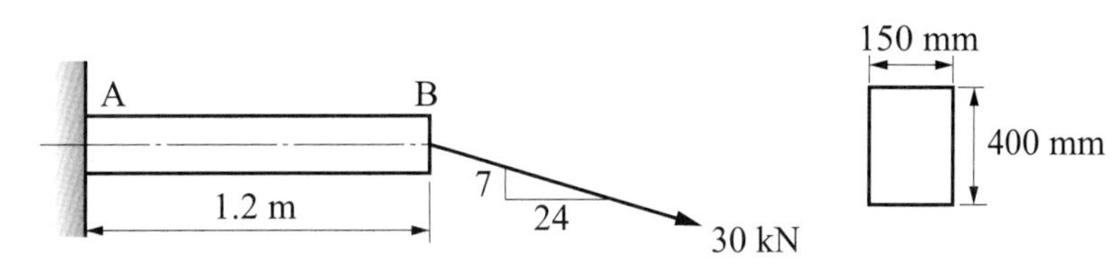

4. 壓力 36000 N 作用在邊長 6 cm 之正方形斷面上，距中心 2 cm 如圖所示，則最大應力在那一點，且大小為若干？中立軸距 A 點多少 cm？

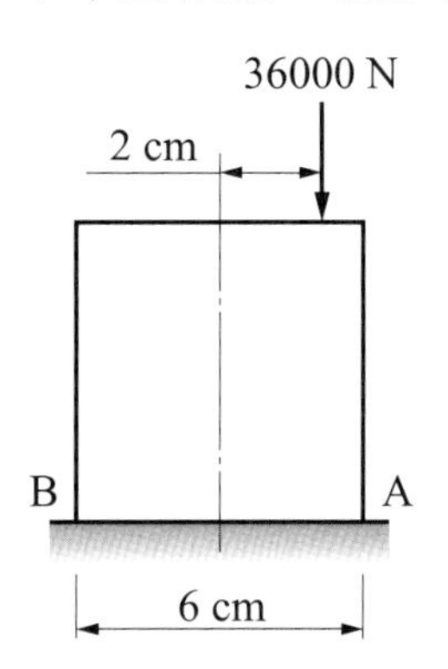

5. 如右圖所示一受偏心壓負荷 P = 24000 N，則最大拉應力與最大壓應力各為多少？

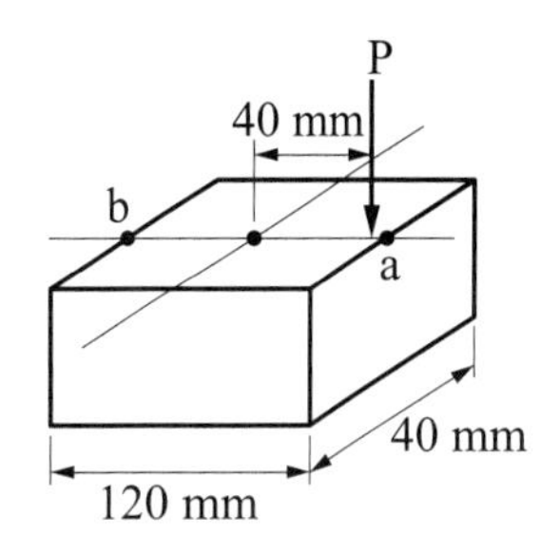

6. 一實心圓軸同時受彎曲力矩 $M = 450\pi$ N–m 和扭矩 $T = 600\pi$ N–m 之作用，若容許張應力為 300 MPa，容許剪應力為 96 MPa，試求此實心圓軸之最小直徑。

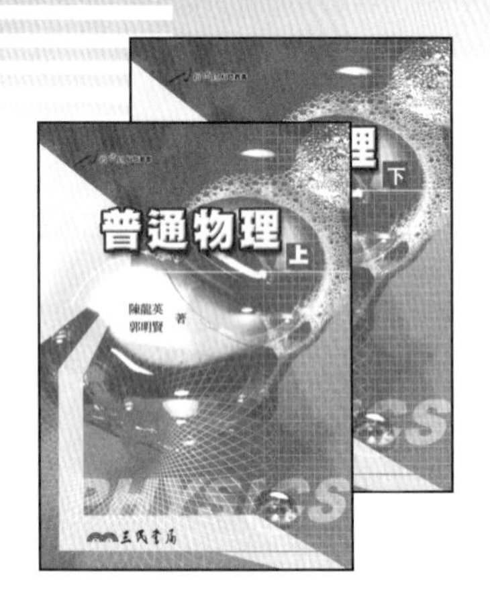

◎ 普通物理（上）（下）　陳龍英、郭明賢／著

本書係根據技職體系一貫課程，為技職院校的普通物理科目課程所適用的教科書。目標在協助學生了解物理學的基本概念，並熟練科學方法，培養基礎科學的能力，而能與實務接軌，配合相關專業學科的學習與發展。為配合上、下學期的課程分為上、下冊。內容包含運動學、固體的力學性質、流體簡介、熱力學、電磁學、電子學、波動、光、近代物理等；皆從基本的觀念出發，以日常生活實例說明，引發學習興趣。此外著重與高職物理教材的銜接，配合學生的能力，引入適切的例題與習題及適合程度的數學計算，供讀者課後練習。

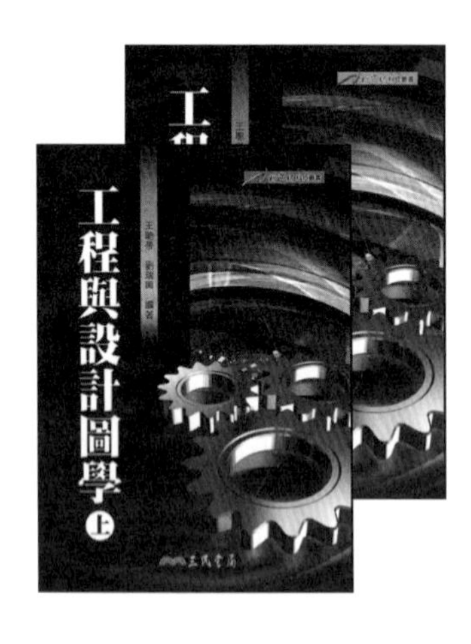

◎ 工程與設計圖學（上）（下）

王聰榮　劉瑞興／編著

對從事工程及設計的專業人員來說，圖學是一門必須研習的學科；唯有習得製圖與識圖之後，才能了解產品的形狀、尺寸、規格與特徵，進一步製作、設計出良好的產品。

本書分為上、下兩冊。上冊主要介紹基礎圖學的知識及技能，例如工程圖學之內容、製圖設備、線條及字法、應用幾何、基本投影、剖視圖、輔助視圖、習用畫法、立體圖等；下冊則深入介紹透視圖、表面粗糙度、公差與配合、徒手畫與實物測繪、工作圖、建築製圖等進階內容。

新世紀科技叢書

◎ 應用力學 — 靜力學　金佩傑／著

本書依據四年制科技大學及技術學院機械學群之「應用力學」及動力機械學群之「工程力學」課程綱要為基本架構編寫，貼合技職院校一貫的教學需求。各章內容皆從基本觀念談起，要言不煩，並即時輔以精選例題加強學習效果，讓讀者能系統性地了解靜力學的概念。習題數量力求適中，並儘量避免偏澀或艱難的問題，著重觀念的啟發與應用，使讀者能藉由實際的演算練習，建立良好的分析及計算能力。

◎ 應用力學 — 動力學　金佩傑／著

本書除了以深入淺出的方式介紹動力學相關之基本原理及觀念外，同時配合詳細解說之例題及精心設計之習題。為求內容之連貫，同時使讀者能夠掌握重要觀念之應用時機，書中特別對各章節間之相互關係，以及各主要原理間之特性及差異均加以充分比較及說明。相較於國內外其他相關書籍，本書除了提供傳統的介紹方式外，更在許多章節加入創新之解說，相信對於教學雙方均有極大之助益。

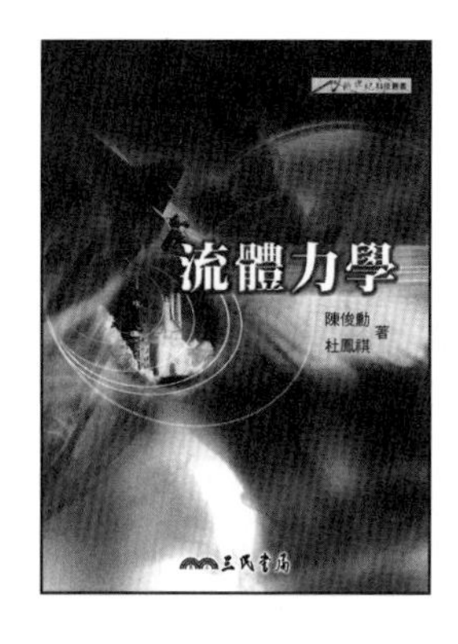

◎ 流體力學　陳俊勳、杜鳳棋／著

本書共分為八章，係筆者累積多年的教學經驗，配合平常從事研究工作所建立的概念，針對流體力學所涵蓋的範疇，分門別類、提綱挈領予以規劃說明。對於航太、機械、造船、環工、土木、水利……等工程學科，本書都是研修流體力學不可或缺的教材。全書包括基本概念、流體靜力學、基本方程式推導、理想流體流場、不可壓縮流體之黏性流、可壓縮流體以及流體機械等幾個部分。每章均著重於一個論題之解說，配合詳盡的例題剖析，使讀者有系統地建立完整的觀念。章末並附有習題，提供讀者自行練習，俾使達到融會貫通之成效。

新世紀科技叢書

◎ 工程數學／工程數學題解　羅錦興／著

數學幾乎是所有學問的基礎，工程數學便是將常應用於工程問題的數學收集起來，深入淺出的加以介紹。首先將工程上常面對的數學加以分類，再談此類數學曾提出的解決方法，並針對此類數學變化出各類題目來訓練解題技巧。我們不妨將工程數學當做歷史來看待，因為工程數學其實只是在解釋工程於某時代碰到的難題，數學家如何發明工具解決這些難題的歷史罷了。你若數學不佳，請不用灰心，將它當歷史看，對各位往後助益會很大的。假若哪天你對某問題有興趣，卻又需要工程數學的某一解題技巧，那奉勸諸位不要放棄，板起臉認真的自修，你才會發現你有多聰明。